L'AMI
DU PÊCHEUR

PARIS. — IMPRIMERIE DE E. MARTINET, RUE MIGNON, 2

Pêcheur à la mouche artificielle.

L'AMI
DU PÊCHEUR

TRAITÉ PRATIQUE

DE

LA PÊCHE A TOUTES LIGNES

OUVRAGE COMPRENANT

LA JURISPRUDENCE EN MATIÈRE DE PÊCHE

PAR

M. B. POITEVIN

Avec 88 gravures et 4 planches hors texte.

PARIS

G. MASSON, ÉDITEUR

PLACE DE L'ÉCOLE-DE-MÉDECINE

1873

AU LECTEUR

Si quarante ans d'expérience autorisent à traiter un sujet favori et peuvent donner l'espoir de faire un livre utile, celui que je vous présente mériterait votre attention.

Malheureusement, si le temps est le meilleur des maîtres pour apprendre à bien pêcher, il ne suffit pas pour faire acquérir les qualités dont dépend souvent le succès, celles d'être clair dans l'exposition, concis dans le développement et sobre dans les détails.

Ce n'est donc point ici, ami lecteur, l'ouvrage d'un auteur qui aurait écrit sur la pêche comme il eût pu écrire sur toute autre matière, mais c'est le fruit de méditations quotidiennes et d'observa-

tions multipliées; c'est l'œuvre d'un pêcheur qui a
longtemps pratiqué, et qui croit pouvoir affirmer
ce qu'il avance.

Lisez et vous jugerez.

L'AMI
DU PÊCHEUR

CHAPITRE PREMIER

DE LA PÊCHE A LA LIGNE

La pêche à la ligne est peut-être, de tous les amusements dont l'homme dispose, celui qui a exercé le plus la verve satirique des critiques de tous les temps ; mais les épigrammes passent et les pêcheurs restent : leur nombre augmente même dans de telles proportions, que, si cela continue, il y aura bientôt moins de poissons à prendre que de lignes tendues.

Quelles sont les causes de cet accroissement progressif, malgré le ridicule qu'on a essayé de jeter sur cet inoffensif passe-temps, si cher à ceux qui s'y adonnent? La principale raison, c'est que l'exercice de la pêche permet à celui qui s'y livre de savourer toutes les jouissances champêtres et d'admirer les paysages ravissants que les bords des rivières offrent à ses regards étonnés ! Que deviendraient les poëtes et les peintres, sans ces points de vue merveilleux et toujours nouveaux qui se déroulent devant eux et changent d'aspect à chaque méandre du fleuve, à toute heure du jour : que le soleil disperse ses rayons éclatants ou qu'il répande sa lumière tempérée par les nuages sur ces prairies d'un vert tendre, ces eaux agitées ou tranquilles, mystérieux miroir de la création dans ce qu'elle a de plus noble et de plus varié ? Personne, du reste, ne songe à nier que de toutes les localités voisines des grandes villes, celles qui sont baignées par des cours d'eau soient toujours les plus recherchées. Les bords des rivières offrant donc un attrait incontestable, et je crois incontesté, est-il étonnant que le plaisir qu'on y prend ait un double charme, surtout quand ce plaisir est un sujet d'études et d'observations continuelles? Tout le monde sait que si l'on se lasse facilement d'un travail manuel et dénué d'intérêt, on ne se fatigue jamais d'un exercice qui tient l'esprit attentif.

Jugée au point de vue le moins élevé, c'est-à-dire au point de vue des ignorants, la pêche à la ligne peut prêter à la satire, mais jugée comme elle doit l'être, avec toutes ses difficultés, elle doit être considérée comme une véritable science. D'ailleurs, ceux qui critiquent la pêche et les pêcheurs n'ont, ou jamais tenu une ligne en main, ou jamais réussi dans leurs tentatives. Leur ignorance ou leur maladresse est donc la principale cause de leurs sarcasmes. Voici un exemple dont je garantis l'exactitude.

Il y a trois ans environ, invité à une partie de pêche à la truite dans l'Eure, je me trouvais avec deux pêcheurs de la contrée et M. X... de Paris, l'un des plus impitoyables et des plus spirituels adversaires de la pêche. Le dîner fut gai, et pendant que ces messieurs daubaient à cœur-joie mon plaisir favori, je cherchais à reconnaître les traits de M. X... que j'étais pourtant sûr d'avoir rencontré autre part ; je finis enfin par me rappeler son nom : « Messieurs, dis-je, la truite, vous le savez, se lève de bonne heure, il faudrait donc ne pas se coucher trop tard ; mais avant de nous séparer, permettez-moi de vous raconter cette petite anecdote :

« De toutes les rives que j'ai fréquentées, il en

est une qui par sa proximité de Paris m'est particulièrement connue, c'est celle de la Seine entre
Chatou et Port-Marly, rives toujours délicieuses,
encore aujourd'hui recherchées par l'habitude
qu'on avait d'y prendre du poisson que le fleuve
recélait en cet endroit, mais qu'il ne possède plus
maintenant. L'époque dont je parle n'est pas bien
éloignée, c'était alors la mode des vêtements en toile
de couleur, et je me souviens encore d'un certain
costume en toile tannée porté fort élégamment par
un dandy de ces parages (M. X... écoutait attentivement); je me souviens d'autant plus de ce costume
qu'il devint peu à peu de couleur jaune, et qu'on
ne tarda pas à qualifier son propriétaire de l'homme
jaune. Ce malheureux pêcheur, doublement malheureux, était alors la terreur de tout le monde,
courant après ceux qui prenaient un poisson, et leur
adressant invariablement les mêmes questions :
« Êtes-vous monté finement?... Pêchez-vous sur
crin ou sur racine (florence)? A quoi péchez-vous?»
J'allais continuer, au milieu des rires de l'assemblée, — car tout le monde avait compris l'allusion, —
lorsque M. X... me coupa la parole pour terminer
l'histoire dont il était le héros.

« L'homme jaune, dit-il, comme vous l'appelez

avec raison, car c'est ainsi qu'on me surnommait, eut en effet la manie de la pêche; mais je dois l'avouer, je ne prenais rien ou à peu près rien. Un jour je m'emparai avec peine d'un goujon et de deux ablettes après avoir persévéré pendant dix heures; furieux de ma mauvaise chance, je jetai ma ligne et tout le reste dans la rivière... jurant, mais un peu tard, qu'on ne m'y prendrait plus. Depuis, je ne manque pas une occasion de me venger de votre absurde pêche... » Comme on le voit, l'aveu était complet, et le ton avec lequel il avait été prononcé marquait un certain dépit; notre amphytrion, qui se connaissait en hommes, devina que ce dépit si mal dissimulé cachait un pêcheur. Nous lui préparâmes une ligne, et le lendemain il vint avec nous. Invoqua-t-il le dieu des mazettes, c'est ce que je ne pourrais dire, mais toujours est-il qu'aidé de nos conseils il prit une truite, une seule; mais c'était la plus belle! M. X..., négociant dans le quartier de la Bourse, est aujourd'hui un des meilleurs et des plus opiniàtres pêcheurs de la Marne. On pourra dire de son fils ce qu'on disait au xvie siècle des fils de pêcheurs : « Il est gentilhomme de droite ligne, son père était pêcheur. »

Je ne veux pas soutenir que l'exemple invoqué

par moi soit applicable à tous ceux qui critiquent, mais je suis convaincu que c'est celui du plus grand nombre. L'homme est malheureusement ainsi fait, il aime mieux rester dans l'ignorance toute sa vie, que d'avouer une seule fois qu'il ne sait pas.

De bons traités de pêche auraient leur utilité en pareil cas, mais ils sont rares. Nous ne sommes pas malheureusement aussi riches sur cette matière que les Anglais nos voisins. Comment pourrait-il en être autrement, d'ailleurs, dans un pays où lord Byron et Walter Scott quittaient si souvent leurs plumes pour prendre leurs lignes. Tandis qu'en France, certaines gens semblent vouloir faire de la pêche à la ligne le monopole des niais et des imbéciles, en Angleterre, on la juge au contraire au double point de vue de l'utilité et de la distraction, et la langue possède deux mots spéciaux qui désignent le pêcheur amateur (*angler*) et le pêcheur de profession (*fisherman*). Les Français semblent ignorer que la pêche doit être considérée comme l'expression des plaisirs champêtres les plus utiles; ils ne savent donc pas que Jacques Laffitte a souvent oublié les soucis de la politique en confiant à sa ligne le soin de le détourner des ennuis du jour; ils semblent ignorer que Béranger aimait à méditer ses fameuses chansons en attendant le bon plaisir d'un imprudent goujon ou d'une innocente ablette. Que de noms illustres dans les arts, dans les sciences et dans les lettres ne pourrait-on pas joindre à ceux-là?

« Si vous parlez de pêche devant un bourgeois vulgaire, dit Alphonse Karr, dans son *Dictionnaire du pêcheur*, il vous interrompra en souriant, ne pouvant prendre sur lui de retarder le moment de placer une des cinq ou six plaisanteries qu'il possède. La pêche, dira-t-il, ah! oui, la pêche à la ligne, — toute la journée le bras tendu pour prendre un goujon. Et il rira, et son œil écarquillé ramassera autour de lui les sourires approbatifs de l'auditoire.

» Ce dédain pour la pêche, exercice pour lequel il est convenu qu'il faut beaucoup de patience, veut dire de la part du bourgeois en question : Moi je n'ai pas de patience; moi je suis un homme bouillant et passionné..... »

Et plus loin : « Revenons à ceux qui trouvent la pêche à la ligne une occupation si ridicule. Tâchez de savoir à quels divertissements ils se sont livrés hier et aujourd'hui. — Les uns ont joué aux échecs et aux dames — ces jeux inutilement laborieux, que Montaigne déclarait « n'être pas assez jeux ».

» Un Latin, je ne sais plus lequel, et le plaisir que je vous ferais en retrouvant son nom est si douteux que je ne vais pas le chercher ; un Latin a dit : Amusez-vous à des riens si vous voulez, mais il est honteux de faire des riens difficiles. *Turpe est difficiles habere nugas.*

» Ou il aura joué aux cartes, espérant, à force d'application, faire passer quelques écus de la poche de ses amis dans la sienne. Joli plaisir, ingénieuse réunion de gens dont la moitié s'en va toujours triste ou mécontente ! Et pour ce résultat, passer toute une soirée assis dans un salon sans air, à prononcer ces mots : Cœur — pique — trèfle — carreau — atout — je coupe — je passe — les honneurs — combien de levées ? Un des avantages de la pêche est celui-ci : Quand la pièce ne réussit pas, elle se sauve néanmoins par les décors ; — elle se joue au bord d'une rivière ou sur un bateau, entre les deux rives. Des vieux saules arrondis, au feuillage glauque, s'élancent les peupliers à la cime verte ; les nénuphars étalent sur l'eau leurs larges feuilles et leurs fleurs odorantes jaunes ou blanches ; la sagittaire lance de l'eau ses feuilles en fer de flèche et ses fleurs à trois pétales blancs à centre lie de vin ;

plus près de terre, le plantaire d'eau montre ses petits épis d'un blanc rose ; le wergiss mein-nicht, le myosotis, ses fleurs d'un bleu tendre ; le jonc fleuri, sa couronne de pêches ; la bergeronnette grise et jaune, la lavandière, marchent sur le sable en se balançant avec une grâce cadencée ; le martin-pêcheur, bleu, vert et jaune, s'élance d'une rive à l'autre d'un vol droit et rapide comme celui d'une flèche, en poussant un cri aigu. Les demoiselles, les libellules, dont les ailes de gaze soutiennent des corps d'émeraude, de saphir ou de turquoise, voltigent au-dessus des fleurs aquatiques.

» Et l'eau qui coule, par son murmure et son aspect, vous jette dans de douces et profondes rêveries.

» Comparez maintenant à cette scène un salon dans lequel règne une odeur confuse et nauséabonde — provenant de l'huile des lampes, de l'haleine des hommes, du punch et du chocolat que l'on promène sur des plateaux, des diverses pommades dont on a enduit les cheveux avant de les passer au fer, et qui fait des chevelures frites ; des figures fatiguées, des cartes qu'on remue, des grimaces de mauvaise humeur, etc., etc. »

Ajoutons à cette charmante boutade d'Alphonse

Karr ces quelques vers tirés du poëme : *Le pêcheur
à la ligne*, de l'auteur de la *Némésis*.

. . . .
Car je dois l'avouer, la pêche est ma manie;
A pêcher, nuit et jour, je passerais ma vie.
C'est une passion ou plutôt un travers....
Qu'importe qu'on me fronde?... Horace dit en vers :
« Chacun suit le penchant où son plaisir l'entraîne. »
Or le mien, c'est la pêche... Aussi quoi qu'il advienne,
Qu'il pleuve, ou bien qu'il vente, on est sûr, en tout temps,
De me voir absorbé dans ce doux passe-temps.
Pour m'y livrer, il n'est nul obstacle invincible,
Je tenterais, je crois, l'absurde et l'impossible.
Que la Seine, en effet, vienne à se dessécher,
Dans la rivière absente on me verra pêcher....
Bien plus! Si l'univers, dans une nuit profonde,
S'abîmait tout à coup,... sur les débris du monde,
On me trouverait, debout, l'œil aux aguets,
Tranquillement en train de tendre mes filets.
Mais puisque la saison loin de ces lieux m'exile,
Puisque un repos forcé rend ma ligne inutile,
Que faire dans Paris, où je suis consigné?
Prendre, hélas! patience, en pêcheur résigné;
Et, pour tromper l'ennui, m'adresser à moi-même
Quelques vers inédits, sous forme de poëme.
Je sais bien quel sujet ma muse ira chercher;
C'est la pêche... en parler, c'est presque encor pêcher....
A ce mot là, je sens que je deviens poëte!
Le feu sacré me gagne... embouchons la trompette!
Non pas celle qu'on prend pour chanter les héros,
La gloire, les combats, et la guerre et ses maux;
Ni celle dont se sert une voix inspirée,
Pour vanter le bonheur des dieux dans l'Empyrée.

Pourquoi monter ma lyre à ce haut diapason?
Ici de tels accents seraient hors de saison.
Je me borne à chanter en style un peu moins digne
Les plaisirs innocents du pêcheur à la ligne.
Cet être qu'on se plaît sans cesse à plaisanter
Moi je veux dans mes vers, le réhabiliter!
Assez longtemps il fut en butte à la satire;
De nos jours même encore, aux sots il prête à rire;
Il ne peut faire un pas, sans que, sur son chemin,
Un passant lui décoche un petit trait malin.
Où court-il donc, armé de cette immense gaule?
Dit un mauvais plaisant, qui croit paraître drôle.
C'est une canne à pêche, admirez les deux bouts!
Que voyez-vous? — Moi, rien. — Vraiment? — Parole, et
—Ah! ça, mon cher voisin, vous avez la berlue! [vous?..
Rien de particulier ne frappe votre vue?
Eh bien! moi j'aperçois, après ce long bâton,
D'un bout un imbécile, et de l'autre un poisson....
Voilà les traits d'esprit, les bons mots qu'on débite;
La grossièreté seule en fait tout le mérite.

BARTHÉLEMY.

Je le répète, si l'on voulait citer tous les hommes illustres qui ont aimé et pratiqué la pêche à la ligne, la liste en serait longue. J'ajoute qu'il est heureux, à tous les points de vue, de voir ce plaisir se répandre dans les classes laborieuses; dans ce cas, la pêche est non-seulement une utilité hygiénique, mais elle est aussi un délassement moralisateur.

Le dimanche, ce jour béni du Ciel, si précieux pour tous ceux qui travaillent, est tellement indispensable à la santé qu'il faudrait l'inventer s'il n'existait pas. Ce jour est avant tout un jour de repos; repos impérieusement commandé par la raison, car toute force humaine a une limite. Seulement il faut bien connaître la valeur du repos exigé par la nature; le mot *repos* ne veut pas dire absolument inaction. Il est évident que l'homme qui exerce un travail pénible et fatigant a besoin d'un repos qui ne sera pas celui d'un bureaucrate ou d'un homme dont la fatigue consiste à ne pas remuer. Eh bien, la pêche à la ligne est, par la diversité des genres qu'elle présente, de tous les amusements celui qui s'approprie le mieux aux exigences du corps. Pourquoi donc, satyrique Parisien, qui flànez le dimanche avec tant de bonheur sur ces bords de la Seine ou de la Marne, êtes-vous si heureux de décocher en passant un sarcasme à l'adresse de ce pêcheur tranquille? Veillant sur sa ligne, sa femme est assise à l'ombre d'un arbre, et ses enfants jouent sur l'herbe.

Le tableau qu'en fait Boisjolin ne vous séduit-il pas?

> Le pêcheur patient prend son poste sans bruit,
> Tient la ligne tremblante, et sur l'onde la suit.

Je sais bien que votre excellent cœur égale votre

Page 12

esprit railleur, et que celui qui vous jugerait sur vos lazzis se méprendrait singulièrement... Mais vos épigrammes sont-elles bien à leur place dans cette circonstance ?... Si vous réfléchissiez un instant, peut-être garderiez-vous vos quolibets pour une meilleure occasion. Est-ce à vous qu'il faut apprendre la position précaire de l'ouvrier, père de famille ce : pêcheur n'en est-il pas le type?

Quand on a passé la semaine entière, soit dans un atelier où l'air que l'on respire est toujours plus ou moins corrompu, soit dans un logement insalubre où la femme et les enfants ont à peine le cube d'oxygène nécessaire à leurs poumons, croyez-vous qu'on n'aspire pas à échanger pour quelques heures cette atmosphère perfide contre un air pur et sain? Croyez-vous que le chef de cette famille ne fait pas bien d'aller respirer au milieu des champs et de profiter de ces heures de liberté pour tâcher de prendre quelques bons poissons qui serviront au dîner de la famille. Préféreriez-vous qu'il allât au cabaret dépenser une partie du gain de sa semaine et ruiner sa santé en dégradant son âme? Comparez la rentrée de l'homme ivre au foyer domestique à celle de cette famille venant de passer tranquillement la journée sur le bord de la rivière, à l'ouvrier qui vient de passer agréablement son dimanche au profit de sa santé, de celle de sa femme et de ses enfants, en prenant un repos réparateur des fatigues de la semaine.

Heureusement, vos plaisanteries ne tirent pas à conséquence, et l'esprit que vous montrez a souvent le double avantage de vous plaire et de faire rire ceux contre lesquels vous l'exercez.

CHAPITRE II

CHASSEURS ET PÊCHEURS

Salut à vous, joyeux compagnons de chasse !
salut à vous, gais compagnons de pêche ! à vous
tous salut !

Votre souvenir m'est d'autant plus doux, qu'il
me rappelle ma jeunesse ; vous me rendez les émotions toujours vives et pleines de poésie de ces temps
heureux. La chasse et la pêche, ces deux plaisirs
jumeaux, sont en effet ceux qui répondent le mieux
à l'exubérante vigueur de l'homme, et de toutes les
sensations que l'on éprouve, on ne sait quelles sont
les plus agréables, de s'emparer de l'animal que
l'on poursuit, ou de jouir du spectacle magnifique
que la nature offre à vos yeux. Quel est le chasseur
qui n'a pas admiré le lever de l'aurore ! Quel est le

pêcheur qui n'a pas vu miroiter dans le cristal des eaux nacrées les paysages vaporeux qui embellissent les bords des rivières ! Quel est celui d'entre eux qui n'a pas entendu chanter ses victoires par un rossignol indulgent ou par une fauvette en gaieté !

Que de fois ces accents doux et plaintifs, cette nature calme et pleine de rêverie ont adouci les déceptions causées par un fusil trop généreux ou par une ligne trop insouciante !

Ce qui donne à la chasse et à la pêche une supériorité incontestable sur les plaisirs vulgaires, c'est qu'elles procurent à ceux qui s'y livrent une souplesse, une adresse qu'on acquerrait plus péniblement par d'autres exercices. L'activité qu'on y déploie devient une gymnastique fortifiante et agréable ; la nécessité de lutter de finesse et de ruse avec l'animal que l'on poursuit est aussi un exercice d'esprit des plus salutaires.

C'est donc au premier rang des plaisirs champêtres que se placent indistinctement la chasse et la pêche, où l'on éprouve une fatigue nécessaire ; car, il ne faut pas l'oublier, ne pas entretenir ses forces, c'est vouloir les perdre. Je me sers du mot indistinctement, parce que le chasseur place la chasse au-dessus de la pêche et se venge souvent sur le pêcheur à la ligne des épigrammes qu'il a reçues en sa qualité d'ami de Saint-Hubert ; cette petite boutade est-elle de bon goût ? Je ne le pense pas, surtout de la part de personnes qui ont le singulier privilége de servir de point de mire à tous les mauvais plaisants. Cette inimitié apparente contre les pêcheurs est d'autant plus étrange de la part des Nemrods parisiens, que bon nombre d'entre eux qui sont d'excellents tireurs, manient la ligne avec autant de plaisir que le fusil et côtoient les rivières avec la même ardeur qu'ils battent les buissons. J'en connais même plus d'un chez qui le pêcheur a fini par tuer le chasseur.

J'avoue, en toute sincérité, que j'en suis un exemple.

Depuis trente ans que je chasse, je ne puis partager l'erreur de ceux qui croient que toute l'habileté du chasseur consiste à tirer des perdreaux dans la plaine, ou à se placer à l'extrémité d'un carré, dans un bois, pour attendre le gibier que les batteurs lui envoient ; non, la chasse exige d'autres connaissances. Mais si l'on admet que la difficulté d'obtenir un résultat en rehausse le mérite, ce qu'il me paraît difficile de contester, si l'on reconnaît encore que le talent de l'observateur ne consiste pas

à regarder sans voir, mais à voir réellement ce qu'il
observe, à saisir ce qu'il voit; c'est alors la pêche
qu'il faut placer au-dessus de la chasse. Les difficultés pour réussir étant plus grandes, il faut nécessairement dépenser une plus grande somme d'intelligence. Si, de plus, on réfléchit que le chasseur
a dans son chien un guide sûr pour lui trouver le
gibier, tandis que le pêcheur n'a que son savoir,
et ne peut compter que sur la sûreté de son jugement pour trouver le poisson, on peut apprécier la
différence. Ainsi, lorsqu'il suffit au chasseur de rencontrer le gibier pour le tuer, il ne suffit pas au
pêcheur de trouver le poisson pour l'attirer; s'il
veut le prendre, il faut qu'il l'amène à se saisir de
l'appât. Là est toute la question, surtout si c'est du
gros poisson; or, ce résultat, qu'on le sache bien,
ne s'obtient qu'avec des connaissances réelles, qui
ne s'acquièrent que par l'étude et la persévérance.
Si l'on avait besoin d'une preuve des difficultés innombrables que le pêcheur est dans la nécessité de
vaincre pour réussir, on la trouverait dans le
nombre de ceux qui renoncent par un insuccès per-
sistant au plaisir de pêcher. Je ne crains pas de dire
que les moyens employés pour résoudre les difficultés qui se rencontrent forment un ensemble qu'on

est en droit d'élever à la hauteur d'une science.

Mais une opinion très-répandue dans le monde des chasseurs, et ce qui les flatte souvent à leur insu, c'est que le mot *chasseur* doit nécessairement signifier homme fort, tandis que l'épithète de *pêcheur à la ligne* est toujours un peu synonyme d'homme faible et puéril. En d'autres termes, la chasse retient l'homme viril ; la pêche à la ligne doit contenter l'enfant ou le vieillard. J'en demande pardon à mes confrères en Saint-Hubert, mais rien n'égale leur erreur ; la pêche est souvent plus fatigante que la chasse. Je ne vous citerai pas ces intrépides Anglais qui partent chaque année pour le Canada, la Norwége, etc., dans l'unique dessein de pêcher à la ligne ; je ne vous enverrai même pas en Écosse pour suivre ceux qui pêchent le saumon et la truite à la mouche artificielle ; mais je vous prierai modestement de m'accompagner en Suisse, dans les Vosges, ou dans les Pyrénées, pour pêcher la truite.

Et si, après avoir parcouru, comme je le fais ordinairement 15 à 20 kiomètres, le long d'une rivière presque partout bordée de rochers, qu'il faut toujours gravir avec une canne à pêche de 5 à 6 mètres de longueur et une ligne deux fois, sou-

vent même quatre fois, plus longue, si, après toute·
une journée, où vous aurez lancé la mouche artificielle à une distance de 15 à 25 mètres, vous dési-
rez, en rentrant le soir, aller à l'affût, alors, mais
alors seulement, je reconnaîtrai votre supériorité.
Jusque-là, je ne reconnais que votre erreur.

Après avoir combattu les raisons qui font croire
au chasseur qu'il a une supériorité réelle sur le
pêcheur, je crois devoir signaler maintenant ce qui
donne au pêcheur une supériorité incontestable sur
ce dernier : je ne devrais pas avoir besoin de le dire,
c'est la liberté. Pour celui qui habite la campagne,
que ce soit la pêche ou la chasse, il ne peut y
avoir qu'une question de préférence ; mais pour
le Parisien, c'est bien différent, car, à moins de
posséder une grande fortune, qui lui permette
d'avoir une chasse à lui seul, il ne pourra se
livrer à ce plaisir qu'aux dépens de son indépen-
dance. Membre d'une société de chasseurs, obligé
de suivre un règlement, il prendra toujours plus
d'ennui que de gibier. Le jour où il voudra chasser sera celui qui lui est interdit ; ses coassociés
seront plus ou moins aimables dans leurs relations,
et il enviera plus d'une fois la solitude du pêcheur,
qui, libre de toute contrainte, n'ayant pour limite

que ses propres forces, a pour lui l'espace, c'est-
à-dire la liberté, seule condition d'un plaisir
réel.

Conclusion. — De tous les plaisirs de l'homme qui
exigent, pour être pratiqués avec succès, adresse,
force et intelligence, la chasse doit-elle être placée
au-dessus de la pêche?

Oui, au point de vue de la mise en scène.

Non, au point de vue de la vérité.

CHAPITRE III

Faire un livre sur la pêche et ne pas donner le
texte de la loi qui fait connaître les droits et les
devoirs des pêcheurs, me semblerait un livre incomplet. Donner le texte de cette loi et ne pas dire
un mot de la manière dont elle est interprétée,
serait créer une lacune que je désire combler, ap-
pelant l'attention de nos administrateurs sur un
état de choses profondément regrettable, et dont
l'effet certain est l'appauvrissement de nos rivières,
en attendant leur dépeuplement complet.

La loi du 15 avril 1829, paraissant insuffisante,
a été complétée par un décret du 9 janvier 1852,

lequel n'a pas tardé lui-même à être remplacé par la loi du 31 mai 1865, complétée par un décret en date du 25 janvier 1868. Avec un tel renfort de lois, il ne semblait pas téméraire d'espérer un changement favorable. C'est le contraire qui est arrivé.

N'est-il pas à craindre que cette multiplicité de lois, dont personne ne s'occupe, moins encore les gouvernants que les gouvernés, ne jette du ridicule sur notre caractère national. Sommes-nous condamnés à assister à ce triste spectacle d'administrateurs détruisant d'une main ce qu'ils édifient de l'autre? Ce qu'il y a de certain c'est que le gouvernement seul est responsable du dépeuplement de nos rivières, par l'incurie des agents chargés de faire exécuter la loi. C'est en vain qu'on a recours à la pisciculture, c'en est fait de nos richesses fluviales si la loi n'est pas exécutée. Qui ne connaît l'insouciance de certains fonctionnaires du gouvernement qui répondent, lorsqu'on agite ces questions devant eux : « Que voulez-vous, les Français n'observent pas la loi. » Sans doute ils ne l'observent pas, aussi bien ceux qui sont chargés de la faire exécuter que ceux qui devraient y obéir, mais si ceux qui sont payés par les contribuables pour faire respecter la loi remplissaient leur devoir, la loi serait moins violée qu'elle ne l'est aujourd'hui.

Depuis bien des années, un règlement a interdit la pêche derrière un barrage à une distance de 100 mètres environ, ce qui n'empêchait pas de voir tous les jours, au barrage d'Andresy, un homme pêchant tranquillement et sans être inquiété, sur le barrage même, dans toute sa longueur ; et quelle pêche faisait-il encore ? la pêche au harpon, pêche que la raison défend plus encore que la loi, car pour un poisson que l'on prend, on en blesse vingt qui ne tardent pas à mourir de leurs blessures. Il y a fort peu de temps que ce scandale a cessé.

Ces abus se passent en présence des gardes, ce qui permet de croire qu'ils sont autorisés. Personne cependant ne doit avoir le droit de donner des permis qui violent la loi. S'il y a tolérance, elle doit exister pour tous, autrement cette tolérance devient de l'arbitraire.

Tout le monde applaudirait à une mesure générale, mais réelle et non apparente. L'insuffisance des gardes est une des grandes causes du désordre administratif que je signale ici, car il faut bien le dire, on a beau être garde, on n'a toujours que la force d'un homme, et il n'y a pas d'hommes qui puissent surveiller efficacement une étendue de rivière comme celle que l'on donne encore aujourd'hui. Il faut ajouter que s'ils ne sont pas nombreux, ils sont aussi fort peu payés, et quand on exerce un métier qui n'est pas rémunérateur, on le fait mal, on manque d'énergie et de courage. Est-il admissible qu'un garde puisse protéger tous les cantonnements placés sous sa surveillance, le jour, contre les pêcheurs en général, et la nuit, contre les pêcheurs de profession? Cela est matériellement impossible.

On pourrait citer de ces malheureux qui ont plus de 50 kilomètres de rivière à surveiller. Pourquoi ne pas donner une partie de ce travail aux brigades de gendarmerie des localités riveraines? Elles pourraient rendre de grands services sans se donner beaucoup de peine, étant sur les lieux. Il est vrai que si leur surveillance était aussi efficace le jour qu'elle l'est la nuit, ce ne serait guère la peine. Car la paperasserie a pénétré jusque dans les gendarmeries, et personne ne se doute de la correspondance échangée entre une brigade de gendarmerie, les maires du ressort et le capitaine qui est au chef-lieu d'arrondissement.

Le pêcheur de profession est pour beaucoup de gens un braconnier. C'est lui, dit-on, la seule cause du dépeuplement de nos rivières, lui seul les dévaste… Hélas, il y a bien un peu de vrai en cela. Mais à qui la faute, si ce n'est au gouvernement ? Cet état de choses existerait-il si la loi était exécutée ? Je vais surprendre bien des gens en affirmant que plusieurs de ces pêcheurs déplorent l'inexécution de la loi. Un jour, je disais à l'un d'eux qui se plaignait du peu de ressources qu'il trouvait dans son métier : Vous méritez ce qui vous arrive, si vous ne dévastiez pas la rivière toute la nuit, comme vous le faites, elle ne serait pas dans cet état; vous dites que vous ne pouvez plus vivre, vous le pourrez bien moins encore dans quelques années, vous détruisez tout. Voici exactement ce qu'il me répondit : « Croyez-vous que le travail de nuit soit agréable, et pensez-vous que ce soit par goût que je le fais? non, monsieur, non, détrompez-vous, mais si je ne sors pas la nuit, mon voisin sortira ; et quand j'arriverai le matin, je trouverai peut-être quelque chose à glaner, mais la grande récolte sera faite. Il faut pourtant que je nourrisse ma famille, et j'ai déjà bien du mal à y arriver. Soyez convaincu que si le gouvernement empêchait mon voisin d'aller pêcher pendant la nuit, je ne demanderais pas mieux que de rester chez moi à attendre le jour ; mais, je vous le répète, il faut vivre !... » *Il faut vivre* est en effet le mot de bien des situations. C'est ainsi que les pêcheurs de profession se débattent entre cet argument terrible de la nécessité, et la rareté de plus en plus grande du poisson, objet de leur industrie, cause de leur gain, pour lequel ils inventent chaque jour des moyens nouveaux de destruction, qui rendront bientôt la loi inutile par la disparition du dernier poisson.

Si l'on veut avoir cependant une idée de l'importance de la pêche, de l'intérêt bien entendu qu'il y a de ne pas laisser empirer sa situation, ce sont les pétitionnements des populations riveraines des grands fleuves, surtout de ceux qui avoisinent Paris. A la moindre restriction qu'on essaie de mettre à la pêche à la ligne, quel pauvre argument ne font-elles pas valoir ?... l'intérêt de la localité ! Il est impossible de montrer plus d'inintelligence : elles ne réfléchissent pas qu'une fois les rivières dépeuplées, elles sont abandonnées par les pêcheurs !... Leur véritable intérêt serait donc de conserver le poisson et de favoriser tout ce qui peut le sauver de la destruction. C'est le but que doit poursuivre le gouvernement

Si, d'un autre côté, on réfléchit aux ressources

qu'on peut tirer de nos rivières, au point de vue de l'a-
limentation ; au travail que fournit aux femmes cette
branche d'industrie; à la récréation salutaire, hygiénique et morale, de tant de personnes esclaves de
leur travail, pendant toute une semaine, on tirera
cette conclusion que le gouvernement doit faire
exécuter là loi, c'est là son unique devoir. Sans
doute, une bonne loi offre de grands avantages, mais
cela ne suffit pas; les lois sont d'abord très-difficiles
à faire, elles se ressentent presque toujours de la confusion inextricable de lois antérieures, de décrets,
d'ordonnances, d'arrêtés de préfecture, présentant
les contradictions les plus singulières et les moins
justifiées , et ce qu'il y a de pire , c'est qu'on
ne les considère trop souvent que comme lettres
mortes.

Voici, sur ce point, l'opinion d'un écrivain dont
on ne peut suspecter la partialité. Son ouvrage (1) est
publié sous les auspices du ministre de la Marine et
des colonies, du ministre du Commerce et de l'agriculture, et du ministre de l'Instruction publique, et
cependant, il y dit à propos de l'article 26 de la loi
de 1829 :

« Cet article, très-sage, laisse aux règlements à

(1) Voy. H. de la Blanchère, *Dictionnaire des pêches.*

» statuer sur les nombreux points de détail qu'il
» embrasse ; aussi l'ordonnance en date du 15 sep-
» tembre 1830 délègue-t-elle aux préfets des dé-
» partements la réglementation de ces faits. Elle
» indique en même temps le mode à suivre pour
» créer ces règlements, chose qui ne nous occupe
» pas ici, mais ne doit pas nous empêcher de dire
» que ce travail incomplet et mal fait est à refaire,
» et qu'il a créé une vraie cacophonie dans les
» termes, et les plus burlesques bouffonneries dans
» les faits : aussi nous avons eu la plus grande
» peine à nous procurer une partie des règlements
» préfectoraux sur cette matière. Non-seulement,
» dans ces actes incohérents, des termes diffé-
» rents indiquent une même chose, mais les mêmes
» termes représentent des choses différentes.
». Aussi ne donnons-nous les conclusions qui vont
» suivre que comme approximation de la vérité,
» que comme une moyenne des décisions géné-
» rales que nous avons comparées. Ce qui est vrai
» à gauche d'une rivière, est quelquefois faux à
» droite, et jugé du blanc au noir, défendu ou
» permis. Avec un tel système, l'abandon naît forcé-
» ment de la loi, qui, non exécutée, tombe en désué-
» tude ; — ce qui est arrivé — et souvent n'est ré-

» veillée du sommeil d'oubli qui l'enveloppe, que
» dans un but de vexation, d'intimidation ou de
» chantage. »

Quelle conclusion tirer de ce qu'on vient de lire,
si ne n'est que les fonctionnaires de l'État peuvent
se livrer aux actes les plus arbitraires, certains de jouir d'une complète impunité, impunité
qu'ils doivent à la confusion même de leurs instruc-
tions. Aussi faudrait-il être bien naïf pour croire
qu'en se conformant à la loi, on puisse être à l'abri
d'un procès-verbal, ce serait une étrange erreur.
Loin de moi l'idée qu'on ait voulu laisser la porte
ouverte à l'arbitraire, à cette soif dévorante de
faire de l'autorité ; mais ce qu'il y a de certain, c'est
que si l'on avait voulu le faire, on n'aurait pas
mieux réussi.

Je sais bien qu'en France on répète sur tous les
tons cet absurde aphorisme : *Nul n'est censé ignorer la loi*, mais je le demande humblement à nos
magistrats les plus émérites, connaissent-ils toutes
ces lois, et savent-ils par cœur ce fameux bulletin
qui est arrivé aujourd'hui à son 270ᵉ volume ? Non
assurément, alors pourquoi proclamer de tels axio=
mes, quand il serait si facile de ne rien dire, et de ne
faire qu'une seule loi bien claire, bien précise.

Est-ce pour donner aux avocats l'occasion de plaider? Je ne le pense pas, et cependant il serait si facile d'être compréhensible, et de parler une langue que tous les honnêtes gens comprendraient.

Mais à quoi sert d'élever des plaintes dans un pays où tout est parfait, ce pays le plus spirituel de la terre, renommé par son administration incomparable, sa magistrature inattaquable, ses lois admirables! Quoi qu'il en soit, voici un aperçu de ces perfections administratives dont j'ai failli être victime.

En 1869, dans les premiers jours d'avril, je pêchais la carpe dans le département de l'Ain, près de Bourg, lorsqu'un garde vint s'assurer si je ne pêchais pas de fond, chose toute naturelle puisque la loi est formelle à cet égard. Huit jours après, dans le même département, un autre garde vint s'assurer si je ne pêchais pas à la surface. Je remontais la London en pêchant la truite à la mouche artificielle, lorsque, arrivé à l'endroit où elle reçoit l'Almogne, je changeai mon bas de ligne pour suivre les bords de cette dernière rivière, qui est beaucoup plus couverte, et dans laquelle on pêche de préférence au ver rouge. J'avais à peine parcouru un kilomètre, lorsqu'un garde vint me demander à voir mon hameçon; ma ligne était tellement chargée à cause de la rapidité du courant que je n'étais pas sans inquiétude : « Bien, me dit-il après l'avoir regardé, je croyais que vous pêchiez à la mouche artificielle. — Mais la pêche à la mouche n'est pas défendue, lui dis-je à mon tour, c'est une pêche essentiellement de surface. — Si, monsieur, je vous aurais fait un procès-verbal. » Ceci se passait à un kilomètre de Saint-Genis. On eût verbalisé contre moi près de Bourg, si j'avais pêché de fond, il en eût été de même près de Saint-Genis, si j'avais pêché de surface ! Peut-on comprendre de semblables interprétations dans un même département ! Que devient la loi dans tout cela? Ainsi je pêche avec un genre de ligne dont l'usage gratuit est consacré par des arrêts de la Cour de Paris, et j'échappe par hasard à un procès.

Voici ces arrêts :

1° La ligne flottante peut avoir plusieurs hameçons le nombre n'en est pas limité. (*Cour d'appel de Paris,* 21 mai 1851.)

2° On peut pêcher aussi bien en bateau que sur les bords de l'eau avec une ligne flottante, pourvu toujours qu'on la tienne à la main. (*Cour d'appel de Paris,* 28 décembre 1835.)

3° On peut pêcher aussi bien au fond qu'au milieu et à la surface de l'eau, et l'on peut mettre du plomb en telle quantité que l'on veut, pourvu que le bouchon supporte ce plomb et qu'il n'empêche pas la ligne de suivre le cours de l'eau. » (*Cour d'appel de Paris*, 21 mai 1851.)

Nous donnons la partie la plus importante à connaître de l'arrêt de la Cour d'appel de Paris, du 21 mai 1851 :

« Considérant qu'aux termes de l'article 5, alinéa 2 de la loi du 15 août 1829 sur la pêche fluviale, il a été permis à tout individu de pêcher à la ligne flottante tenue à la main, dans les fleuves, rivières, canaux, et autres fossés navigables ou flottables dont l'entretien est à la charge de l'état ou de ses ayants cause ;

» Que cet article n'a fait que reproduire en cette partie les dispositions des anciennes ordonnances et des lois et arrêtés qui permettaient l'usage de la ligne flottante, tenue à la main ;

» Qu'en droit et en l'absence de toute définition légale de la ligne flottante, les tribunaux doivent se décider par le sens naturel des mots employés par le législateur, par le sens donné à ces mots par un usage constant, et par les conséquences du sens adopté, qui doivent être en harmonie avec l'esprit général des lois sur la pêche ;

» Considérant que, dans leur sens naturel, les mots de ligne flottante indiquent une ligne que le mouvement seul de l'eau rend mobile et fugitive, et qu'il faut que le pêcheur ramène sans cesse à lui ; qu'un usage constant a consacré cette interprétation ;

» Qu'il n'est résulté de la ligne flottante ainsi définie, aucune conséquence de nature à faire croire que l'intention du législateur a été de la prohiber, soit dans un ordre public, soit dans l'intérêt des fermiers de la pêche, lorsqu'elle serait garnie de quelques plombs ajustés au poids de l'hameçon pour le maintenir perpendiculairement au liége ou flotteur indicateur, à une profondeur déterminée;

» Qu'il suffit pour que la ligne ne cesse pas d'être flottante, qu'elle soit constamment soumise au mouvement du flot et du courant de l'eau, et par conséquent, que l'appât ne repose pas au fond et n'y reste pas immobile ;

» Que la loi exige seulement que le pêcheur tienne à la main la canne destinée à rejeter la ligne en amont toutes les fois que le courant la fait flotter en aval à une trop grande distance; que décider qu'une ligne n'est flottante que lorsqu'elle ne flotte qu'à la superficie de l'eau par le seul poids de l'hameçon, serait donner un sens restrictif aux expressions de l'article ci-dessus, et rendre illusoire la permission de pêcher à la ligne flottante résultant dudit article;

» Que les fermiers de la pêche ne seraient pas fondés à se plaindre du préjudice qu'ils pourraient en éprouver, puisqu'il ne s'agit que de l'application d'une disposition légale qu'ils n'ont pas pu ignorer, et qu'ils se sont soumis dès lors à cette condition en se rendant adjudicataires de la pêche;

» Considérant en fait, que le 17 février dernier, Moriceau a été trouvé pêchant à la ligne tenue à la main, dans le dix-huitième canton de la pêche, sur la rivière de Seine;

» Que s'il résulte du procès-verbal régulièrement dressé ledit jour et des aveux mêmes de Moriceau, que la ligne avec laquelle il pêchait était armée de deux hameçons et garnie de deux grains de plomb n° 4, destinés à faire plonger la ligne dans la partie inférieure de la rivière, ce poids ne pouvait suffire pour empêcher la ligne de flotter dans le courant ; et que le contraire n'est même pas allégué ;

» Que dès lors, et par les motifs ci-dessus déduits, la ligne dont s'est servi Moriceau devant être considérée comme flottante, la prévention n'est pas établie ;

» Met l'appellation et le jugement dont est appel au néant ; émondant, décharge Moriceau des condamnations contre lui prononcées ; au principal, le renvoie des fins de la poursuite, condamne l'administration forestière et Louis Fabrége, partie civile, aux frais de première instance et d'appel. »

Cet arrêt a trait au procès Moriceau qui donne la définition exacte de la ligne flottante. Ce procès fut perdu en première instance ; mais Moriceau, homme sérieux, intelligent, et de plus excellent pêcheur, sûr de son droit, ne se laissa pas intimider ; il en rappela, et la Cour d'appel lui donna raison en déclarant que la ligne flottante était ce que la raison et l'équité indiquent : une chose qui flotte. Ainsi que l'a fort bien dit Mᵉ Nogent-Saint-Laurent dans son remarquable plaidoyer : « Nous demandons à la Cour de déclarer *ligne flottante* une ligne qui *flotte*. Il est impossible de formuler une demande plus simple et plus naïve. »

En résumé, on entend par ligne flottante une ligne tenue à la main, qui suit le cours de l'eau ; quelle que soit la quantité de plomb dont le bas de la ligne se trouve chargé, si la flotte le soutient sans que l'hameçon touche le fond, *c'est une ligne flottante.*

Les lignes à fouetter, à la grande volée, à la surprise, à la mouche naturelle ou artificielle, sont des lignes flottantes, aussi bien que celles qu'on emploie pour la pêche au vif, lorsqu'elle est tenue à la main. Mais nous savons par expérience que dans certains départements les lignes qu'on emploie pour la pêche au vif ne rentrent point toujours dans la catégorie des lignes flottantes.

L'arrêt que nous venons de publier consacrant d'une manière non équivoque la définition de la ligne flottante, et ne laissant plus aucune prise à la moindre chicane, on pouvait penser qu'il n'y avait plus rien à redouter de la part de l'administration et de ses agents; mais on avait oublié les préfets. La justice rend des arrêts, les préfets, eux, prennent des arrêtés. Or, ces arrêtés, exécutoires dans l'étendue du département, ne violent pas précisément la loi, mais ils s'en éloignent souvent, et de même qu'on a vu des décrets violer des lois, de simples arrêtés ministériels annuler des décrets, on voit l'esprit local se livrer aux excès de pouvoir et arranger les lois au profit des intérêts de clocher, comme au beau temps des coutumes provinciales.

C'est ainsi que dans certains départements on a réglementé les hameçons, en déterminant leur grandeur et leur poids. Je demande à tout homme sensé, consciencieux, si avec un pareil système il est possible de mettre une ligne à l'eau avec certitude de ne pas être en contravention. Que la loi accorde aux préfets, sur l'avis des conseils généraux, le droit de prendre telle ou telle mesure pour la protection de certaines espèces particulières à leurs départements, c'est une mesure sage et une précaution nécessaire ; mais que dire de ces règlements sans utilité, insignifiants, qui n'ont d'autres mérites que de procurer à des agents inoccupés l'occasion de faire du zèle. Anacharsis a bien raison lorsqu'il compare les lois à ces toiles d'araignées, qui ne prennent que les mouches et laissent passer les oiseaux.

L'article 84 de la loi du 15 avril 1829 dit :

« Les prohibitions portées par les articles 6, 8 et 10, et la prohibition de pêcher à autres heures que depuis le lever du soleil jusqu'à son coucher, portée par l'article 5 du titre XXXI de l'ordonnance de 1669, continueront à être exécutées jusqu'à la promulgation des ordonnances royales, qui, aux termes de l'article 26 de la présente loi, détermineront les temps où la pêche sera interdite dans tous les cours d'eau, ainsi que les filets et instruments de pêche dont l'usage sera prohibé. »

On le voit, la loi est formelle. Il n'est permis de pêcher que du lever au coucher du soleil, et cependant n'est-il pas au su de tout le monde que c'est

la nuit que les rivières sont dévastées? Les pêcheurs
ne s'en cachent même pas.

L'article 25 de la même loi est ainsi conçu :

« Quiconque aura jeté dans les eaux des drogues ou appâts qui sont de nature à enivrer le poisson ou à le détruire,
sera puni d'une amende de 30 à 300 francs, et d'un emprisonnement d'un mois à trois mois. »

On ne veille pas mieux à faire observer cet article
que le précédent. Il y a des contrées en France où
l'on n'a presque pas d'autres manières de pêcher.

L'article 27 de la même loi porte :

« Quiconque se livrera à la pêche pendant les temps,
saisons et heures prohibés par les ordonnances, sera puni
d'une amende de 30 à 200 francs. »

On fait si bien exécuter cet article, que dans
beaucoup de provinces on ne se doute même pas
qu'il existe. La Seine, la Marne, aux environs de
Paris, ont, en certains endroits, presque autant de
pêcheurs sur leurs bords, qu'en temps ordinaire. Il
va sans dire que les pêcheurs de nuit, surtout ceux
qui ont des réservoirs, attendent cette saison pour
faire leur récolte ; ayant une connaissance exacte de
la rivière, ils savent où le poisson va frayer. Ceux-là
seuls que ces choses intéressent n'ignorent pas ce

qui s'en détruit dans les nuits de mai et de juin. J'en ai vu un matin du mois de mai, chez un de ces pêcheurs, plus de 500 kilogrammes qui avaient été pris dans la nuit.

Pour quelques rivières seulement, — celles qui ont des poissons de choix, — sans doute à cause de la cherté du fermage et des réclamations des fermiers, on y tient plus sérieusement la main ; mais ce sont les seules.

En dehors de la loi même, qui a réglementé la taille des poissons qui peuvent être pris ou qu'on doit rejeter, il y a l'article 3 d'un règlement du préfet de la Seine, ainsi conçu :

« Ne pourront être pêchés et seront rejetés en rivière : 1º Les truites, carpes, barbeaux, ombres, brêmes, brochets, meuniers ou chevennes, ayant moins de 160 millimètres entre l'œil et la naissance de la nageoire de la queue; 2º les tanches, perches, gardons, lottes et autres ayant moins de 135 millimètres, également entre l'œil et la naissance de la queue; 3º et les anguilles ayant moins de 75 millimètres de tour au milieu du corps. »

Le fait suivant, que je donne sans commentaires, va édifier sur la manière dont les fonctionnaires du gouvernement entendent leur devoir concernant la loi ou les règlements.

En 1870, un jour, en traversant la Halle, mon attention fut attirée par un tas de goujons exposés en vente; il y en avait de si beaux, que je m'approchai pour les regarder. Or, ces goujons, exposés en pleine Halle, étaient, dans la proportion de trois sur neuf, des petits barbillons!...

Conclusion. — Si je voulais m'écarter de mon sujet, je pourrais prouver que beaucoup de professions dans notre pays ne s'exerceraient pas si les lois et règlements qui s'y rapportent étaient appliqués à la lettre. Il en est de même de la pêche à la ligne; il ne serait pas possible de la pratiquer, si on tenait la main à l'exécution sérieuse des lois et règlements qui la régissent. C'est en voulant aller jusqu'à l'impossible, en toutes choses, qu'on n'arrive même pas au possible; un besoin effréné de compliquer tout, quitte à ne rien exécuter, est le trait caractéristique de notre caractère national.

Dans mon chapitre intitulé : *Appel à tous les pêcheurs*, je donne un aperçu des dispositions prises en Angleterre pour la protection des rivières. J'y renvoie le lecteur désireux de comparer cette législation avec la nôtre. Il y verra l'importance qu'on attache dans ce pays à la conservation de la pêche fluviale.

Ce n'est pas d'ailleurs au point de vue de l'agrément que les rivières doivent être protégées, mais au point de vue de l'alimentation publique. Car, grâce à cette protection, le pauvre y trouverait une ressource et l'État un revenu, revenu d'autant plus important que les rivières seraient mieux empoissonnées.

Une note (1) fort intéressante de M. Forcade La Roquette, insérée dans le *Bulletin de la Société*

(1) *Note sur les produits de la pêche dans les cours d'eau, les lacs et les étangs d'eau douce de la France*, par M. de Forcade la Roquette, conseiller d'État.

L'industrie de la pêche dans les eaux douces de la France s'exerce sur les cours d'eau et les canaux, et sur les lacs et les étangs, savoir :

7600 kil. de fleuves et rivières navigables et flottables, affermés par l'administration des forêts au prix de 575 643 fr., soit 76 fr. par kilomètre.

5000 kil. de canaux et de fleuves ou rivières canalisées, affermés par l'administration des ponts et chaussées au prix de 146 134 francs, soit par 29 fr. par kilomètre.

500 kil. d'embouchures de fleuves et rivières soumises à l'inscription maritime, d'un produit total de 1 153 517 francs.

1500 kil. de rivières et canaux concédés ou appartenant à des particuliers, d'un produit approximatif de 67 500 francs, soit 45 francs par kilomètre.

18 500 kil. de rivières et ruisseaux non navigables ni flottables, dans lesquels la pêche est exploitée par les propriétaires ou par les riverains.

200 000 hect. de lacs et étangs appartenant à des particuliers.

Il en résulte que l'État et l'inscription maritime exercent le droit de pêche sur 13 100 kil. de canaux et de cours d'eau, et que les particuliers exercent le même droit sur : 1° 1500 kil. de canaux et rivières *zoologique d'Acclimatation*, 1860, p. 136, sur les produits de la pêche, peut donner une idée de ce

canalisés ; 2° 18 500 kil. de petits cours d'eau ; 3° 200 000 hect. de lacs et étangs.

Il est intéressant de rechercher quelle peut être la valeur réelle du poisson pêché dans ces diverses eaux.

Pour celles qui sont affermées par l'État, on a une donnée exacte dans les prix de location, qui sont :

Pour l'administration des forêts (1)   575 643 fr.
Pour celle des ponts et chaussées   146 134

            Total   721 777 fr.   722 000 fr.

D'après les documents du ministère de la marine, les embouchures soumises à l'inscription maritime produisent 1 153 517 fr. L'eau y est alternativement douce et jaunâtre, et l'on y pêche en grande quantité des poissons qui doivent être classés parmi les espèces d'eau douce, tels que le saumon, la truite saumonée, l'alose et l'anguille. Leur valeur doit être estimée à la moitié de la production totale, soit   577 000

Dans les rivières et les canaux concédés temporairement ou à perpétuité, et dans les canaux appartenant en propre à des particuliers, la production totale en poisson d'eau douce peut être évaluée, d'après les baux de fermage et le produit des pêches périodiques, au moins à   3 000

Pour les 185 000 kilom. de cours d'eau non navigables ni flottables, les documents statistiques et les

(1) Les produits de l'administration des forêts ont toujours progressé, quoique l'étendue des rivières affermées ait diminué ; en trouve en effet :

            Année 1829   459,551 francs pour 11,300 kilomètres.
              —   1830   489,229   —   8,200
              —   1850   524,335   —   7,700
              —   1859   575,643   —   7,600

La surveillance de la pêche par les brigadiers et gardes spéciaux de l'administration des forêts, au nombre de 450, ne coûte à l'État qu'environ 250 000 fr., c'est-à-dire moins de la moitié de la recette nette, ce n'est donc point un avoir sacrifié et exploité à un point de vue purement fiscal.

qu'ils rapporteraient si les cours d'eau étaient suffisamment protégés.

résultats obtenus sur les portions affermées au profit des riverains, indiquent une production moyenne d'environ 28 fr. par kilomètre dans plusieurs départements répartis sur les diverses régions de la France. Mais pour rester toujours dans de sages limites d'évaluation, on adopte ici une moyenne plus basse, soit 20 fr. par kilomètre ; on aura pour les cours d'eau une production totale de   370 000

Production des canaux et des cours d'eau   5 066 000 fr.

L'étendue des lacs et des étangs est d'au moins 200 000 hectares (177 000 hect. d'étangs figurent au cadastre et sont imposés). D'après M. Masson, propriétaire de l'étang de l'Indre, auteur d'un excellent travail sur le produit des étangs, le rendement annuel d'un étang serait de 75 fr. par hectare. On abaisse ce chiffre à 50 fr., pour les motifs exposés plus haut, soit   10 000 000

Total   15 066 000 fr.

Mais dans l'évaluation du produit des canaux et des cours d'eau, on n'a pas tenu compte des bénéfices des fermiers et des prix généraux de pêche qui représentent au moins une valeur égale à celle du produit net.

On aura par conséquent

Canaux et cours d'eau	10 000 000 fr.
Lacs et étangs	10 000 000
Production totale	20 000 000 fr.

Il en résulte que les eaux douces de la France livrent annuellement à la consommation une quantité de poissons représentant une valeur réelle de 20 000 000 francs.

A Paris, où les produits de toute nature tendent à affluer des diverses régions de la France, la consommation annuelle du poisson donne, pour chaque habitant, une moyenne de 12 kilog. 767, savoir:

Poisson de mer	12^k,112, soit 0^v,95
Poisson d'eau douce	0^k,655, soit 0^k.05

Voici maintenant la loi du 1er avril 1829 :

LOI RELATIVE A LA PÈCHE FLUVIALE

Au château des Tuileries, le 15 avril 1829.

CHARLES, par la grâce de Dieu, ROI DE FRANCE ET DE NAVARRE, à tous présents et à venir, SALUT.

NOUS AVONS PROPOSÉ, LES CHAMBRES ONT ADOPTÉ, NOUS AVONS ORDONNÉ ET ORDONNONS ce qui suit :

TITRE PREMIER

DU DROIT DE PÊCHE.

Art. 1er. Le droit de pêche sera exercé au profit de l'État :

1° Dans tous les fleuves, rivières, canaux et contre-fossés navigables ou flottables avec bateaux, trains ou radeaux, et dont l'entretien est à la charge de l'État ou de ses ayants cause;

2° Dans les bras, noues, boires et fossés qui tirent leurs eaux des fleuves et rivières navigables ou flottables, dans lesquels on peut en tout temps passer ou pénétrer librement en bateau de pêcheur, et dont l'entretien est également à la charge de l'État.

Sont toutefois exceptés les canaux et fossés existants, ou qui seraient creusés dans des propriétés particulières, et entretenus aux frais des propriétaires.

2. Dans toutes les rivières et canaux autres que ceux qui sont désignés dans l'article précédent, les propriétaires riverains auront, chacun de son côté, le droit de pêche jusqu'au milieu du cours de l'eau, sans préjudice des droits contraires établis par possessions ou titres.

3. Des ordonnances royales, insérées au *Bulletin des lois*, détermineront, après une enquête *de commodo et incommodo*, quelles sont les parties des fleuves et rivières, et quels sont les canaux désignés dans les deux premiers paragraphes de l'article 1er où le droit de pêche sera exercé au profit de l'État.

De semblables ordonnances fixeront les limites entre la pêche fluviale et la pêche maritime dans les fleuves et rivières affluant à la mer. Ces limites seront les mêmes que celles de l'inscription maritime; mais la pêche qui se fera au-dessus du point où les eaux cesseront d'être salées, sera soumise aux règles de police et de conservation établies pour la pêche fluviale.

Dans le cas où des cours d'eau seraient rendus ou déclarés navigables ou flottables, les propriétaires qui seront privés du droit de pêche auront droit à une indemnité préalable, qui sera réglée selon les formes prescrites par les articles 16, 17 et 18 de la loi du 8 mars 1810, compensation faite des avantages qu'ils pourraient retirer de la disposition prescrite par le gouvernement.

4. Les contestations entre l'administration et les adjudicataires, relatives à l'interprétation et à l'exécution des conditions des baux et adjudications, et toutes celles qui s'élèveraient entre l'administration ou ses ayants cause et des tiers intéressés à raison de leurs droits ou de leurs propriétés, seront portées devant les tribunaux.

5. Tout individu qui se livrera à la pêche sur les fleuves et rivières navigables ou flottables, canaux, ruisseaux ou cours d'eau quelconques, sans la permission de celui à qui le droit de pêche appartient, sera condamné à une amende de vingt francs au moins, et de cent francs au plus, indépendamment des dommages-intérêts.

Il y aura lieu, en outre, à la restitution du prix du poisson qui aura été pêché en délit, et la confiscation des filets et engins de pêche pourra être prononcée.

Néanmoins il est permis à tout individu de pêcher à la ligne flottante tenue à la main, dans les fleuves, rivières et canaux désignés dans les deux premiers paragraphes de l'article premier de la présente loi, le temps du frai excepté.

TITRE II

DE L'ADMINISTRATION ET DE LA RÉGIE DE LA PÊCHE.

6. (Article 3 du *Code forestier*.) « Nul ne peut exercer l'emploi de garde-pêche, s'il n'est âgé de vingt-cinq ans accomplis. »

7. (Article 5 du *Code forestier*.) « Les préposés chargés de la surveillance de la pêche ne pourront entrer en fonctions qu'après avoir prêté serment devant le tribunal de première instance de leur résidence, et avoir fait enregistrer leur commission et l'acte de prestation de leur serment au greffe des tribunaux dans le ressort desquels ils devront exercer leurs fonctions.

» Dans le cas d'un changement de résidence qui

les placerait dans un autre ressort en la même qualité, il n'y aura pas lieu à une nouvelle prestation de serment. »

8. Les gardes-pêche pourront être déclarés responsables des délits commis dans leurs cantonnemens, et passibles des amendes et indemnités encourues par les délinquans, lorsqu'ils n'auront pas dûment constaté les délits.

9. L'empreinte des fers dont les gardes-pêche font usage pour la marque des filets sera déposée au greffe des tribunaux de première instance.

TITRE III.

DES ADJUDICATIONS DES CANTONNEMENS DE PÊCHE.

10. La pêche au profit de l'État sera exploitée, soit par voie d'adjudication publique aux enchères et à l'extinction des feux, conformément aux dispositions du présent titre, soit par concession de licence à prix d'argent.

Le mode de concession par licence ne pourra être employé qu'à défaut d'offres suffisantes.

En conséquence, il sera fait mention, dans les procès-verbaux d'adjudication, des mesures qui auront été prises pour leur donner toute la publicité possible, et des offres qui auront été faites.

11. L'adjudication publique devra être annoncée au moins quinze jours à l'avance par des affiches apposées dans le chef-lieu du département, dans les communes riveraines du cantonnement et dans les communes environnantes.

12. (Article 18 du *Code forestier*.) « Toute location faite autrement que par adjudication publique, sera considérée comme clandestine et déclarée nulle. Les fonctionnaires et agens qui l'auraient ordonnée ou effectuée, seront condamnés solidairement à une amende *égale au double* du fermage annuel du cantonnement de pêche. »

Sont exceptées les concessions par voie de licence.

13. (Article 19 du *Code forestier*.) « Sera de même annulée toute adjudication qui n'aura point été précédée des publications et affiches prescrites par l'article 11, ou qui aura été effectuée dans d'autres lieux, à autres jour et heure que ceux qui auront été indiqués par les affiches ou les procès-verbaux de remise en location.

» Les fonctionnaires ou agens qui auraient contrevenu à ces dispositions, seront condamnés solidairement à une amende égale à la valeur annuelle du cantonnement de pêche, et une amende pareille sera prononcée contre les adjudicataires en cas de complicité. »

14. (Article 20 du *Code forestier*.) « Toutes les contestations qui pourront s'élever, pendant les opérations d'adjudication, sur la validité des enchères ou sur la solvabilité des enchérisseurs et des cautions, seront décidées immédiatement par le fonctionnaire qui présidera la séance d'adjudication. »

15. (Article 21 du *Code forestier*.) « Ne pourront prendre part aux adjudications, ni par eux-mêmes, ni par personnes interposées, directement ou indirectement, soit comme parties principales, soit comme associés ou cautions :

» 1° Les agens et gardes forestiers et les gardes-pêche dans toute l'étendue du royaume; les fonctionnaires chargés de présider ou de concourir aux adjudications, et les receveurs du produit de la pêche, dans toute l'étendue du territoire où ils exercent leurs fonctions;

» En cas de contravention, ils seront punis d'une amende qui ne pourra excéder le quart ni être moindre du douzième du montant de l'adjudication; et ils seront, en outre, passibles de l'emprisonnement et de l'interdiction qui sont prononcés par l'article 175 du Code pénal;

» 2° Les parens et alliés en ligne directe, les frères et beaux-frères, oncles et neveux des agens et gardes forestiers et gardes-pêche, dans toute l'étendue du territoire pour lequel ces agens ou ces gardes sont commissionnés;

» En cas de contravention, ils seront punis d'une amende égale à celle qui est prononcée par le paragraphe précédent ;

» 3° Les conseillers de préfecture, les juges, officiers du ministère public et greffiers des tribunaux de première instance, dans tout l'arrondissement de leur ressort ;

» En cas de contravention, ils seront passibles de tous dommages et intérêts, s'il y a lieu ;

» Toute adjudication qui sera faite en contravention aux dispositions du présent article sera déclarée nulle. »

16. (Article 22 du *Code forestier*.) « Toute association secrète ou manœuvre entre les pêcheurs ou autres, tendant à nuire aux enchères, à les troubler ou à obtenir les cantonnemens de la pêche à plus bas prix, donnera lieu à l'application des peines portées par l'article 412 du Code pénal, indépendamment de tous dommages-intérêts ; et si l'adjudication a été faite au profit de l'association secrète

ou des auteurs desdites manœuvres, elle sera déclarée nulle. »

17. (Article 23 du *Code forestier.*) « Aucune déclaration de commande ne sera admise, si elle n'est faite immédiatement après l'adjudication, et séance tenante. »

18. (Article 24 du *Code forestier.*) « Faute par l'adjudicataire de fournir les cautions exigées par le cahier des charges, dans le délai prescrit, il sera déclaré déchu de l'adjudication par un arrêt du préfet, et il sera procédé dans les formes ci-dessus prescrites à une nouvelle adjudication du cantonnement de pêche, à sa folle-enchère.

» L'adjudicataire déchu sera tenu par corps de la différence entre son prix et celui de la nouvelle adjudication, sans pouvoir réclamer l'excédant, s'il y en a. »

19. (Article 25 du *Code forestier.*) « Toute personne capable et reconnue solvable, sera admise, jusqu'à l'heure de midi du lendemain de l'adjudication, à faire une offre de surenchère, qui ne pourra être moindre du cinquième du montant de l'adjudication.

» Dès qu'une pareille offre aura été faite, l'adjudicataire et les surenchérisseurs pourront faire de semblables déclarations de simple surenchère jusqu'à l'heure de midi du surlendemain de l'adjudication, heure à laquelle le plus offrant restera définitivement adjudicataire.

» Toutes déclarations de surenchère devront être faites au secrétariat, qui sera indiqué par le cahier des charges, et dans les délais ci-dessus fixés ; le tout sous peine de nullité.

» Le secrétaire commis à l'effet de recevoir ces déclarations sera tenu de les consigner immédiatement sur un registre à ce destiné, d'y faire mention expresse du jour et de l'heure précise où il les aura reçues, et d'en donner communication à l'adjudicataire et aux surenchérisseurs, dès qu'il en sera requis ; le tout sous peine de trois cents francs d'amende, sans préjudice de plus fortes peines en cas de collusion.

» En conséquence, il n'y a lieu à aucune signification des déclarations de surenchère, soit par l'administration, soit par les adjudicataires et surenchérisseurs. »

20. (Article 26 du *Code forestier*.) « Toutes contestations au sujet de la validité des surenchères seront portées devant les conseils de préfecture. »

21. (Article 27 du *Code forestier*.) « Les adjudicataires et surenchérisseurs sont tenus, au moment de l'adjudication ou de leurs déclarations de surenchère, d'élire domicile dans le lieu où l'adjudication aura été faite : faute par eux de le faire, tous actes postérieurs leur seront valablement signifiés au secrétariat de la sous-préfecture. »

22. (Article 28 du *Code forestier*.) « Tout procès-verbal d'adjudication emporte exécution parée et contrainte par corps contre les adjudicataires, leurs associés et cautions, tant pour le payement du prix principal de l'adjudication que pour accessoires et frais.

» Les cautions sont en outre contraignables solidairement et par les mêmes voies au payement des dommages, restitutions et amendes qu'aurait encourus l'adjudicataire. »

TITRE IV.

CONSERVATION ET POLICE DE LA PÊCHE.

23. Nul ne pourra exercer le droit de pêche dans les fleuves et rivières navigables ou flottables, les canaux, ruisseaux ou cours d'eau quelconques qu'en se conformant aux dispositions suivantes :

24. Il est interdit de placer dans les rivières navigables ou flottables, canaux et ruisseaux, aucun barrage, appareil ou établissement quelconque de pêcherie ayant pour objet d'empêcher entièrement le passage du poisson.

Les délinquans seront condamnés à une amende de cinquante francs à cinq cents francs, et, en outre, aux dommages-intérêts ; et les appareils ou établissemens de pêche seront saisis et détruits.

25. Quiconque aura jeté dans les eaux des drogues ou appâts qui sont de nature à enivrer le poisson ou à le détruire, sera puni d'une amende de trente francs à trois cents francs, et d'un emprisonnement d'un mois à trois mois.

26. Des ordonnances royales détermineront :

1° Les temps, saisons et heures pendant lesquels la pêche sera interdite dans les rivières et cours d'eau quelconque ;

2° Les procédés et modes de pêche qui, étant de nature à nuire au repeuplement des rivières, devront être prohibés;

3° Les filets, engins et instrumens de pêche qui seront défendus comme étant de nature à nuire au repeuplement des rivières ;

4° Les dimensions de ceux dont l'usage sera

permis dans les divers départemens pour la pêche des différentes espèces de poissons ;

5° Les dimensions au-dessous desquelles les poissons de certaines espèces qui seront désignées ne pourront être pêchés, et devront être rejetés en rivière ;

6° Les espèces de poissons avec lesquels il sera défendu d'appâter les hameçons, nasses, filets ou autres engins.

27. Quiconque se livrera à la pêche pendant les temps, saisons et heures prohibés par les ordonnances, sera puni d'une amende de trente à deux cents francs.

28. Une amende de trente à cent francs sera prononcée contre ceux qui feront usage, en quelque temps et en quelque fleuve, rivière, canal ou ruisseau que ce soit, de l'un des procédés ou modes de pêche, ou de l'un des instrumens ou engins de pêche prohibés par les ordonnances.

Si le délit a eu lieu pendant le temps du frai, l'amende sera de soixante à deux cents francs.

29. Les mêmes peines sont prononcées contre ceux qui se serviront, pour une autre pêche, de filets permis seulement pour celle du poisson de petite espèce.

Ceux qui seront trouvés porteurs ou munis, hors de leur domicile, d'engins ou d'instrumens de pêche prohibés, pourront être condamnés à une amende qui n'excèdera pas vingt francs, et à la confiscation des engins ou instrumens de pêche, à moins que ces engins ou instrumens ne soient destinés à la pêche dans des étangs ou réservoirs.

30. Quiconque pêchera, colportera· ou débitera des poissons qui n'auront point les dimensions déterminées par les ordonnances, sera puni d'une amende de vingt à cinquante francs, et de la confiscation desdits poissons. Sont néanmoins exceptées de cette disposition les ventes de poissons provenant des étangs ou réservoirs.

Sont considérés comme des étangs ou réservoirs les fossés et canaux appartenant à des particuliers, dès que leurs eaux cessent naturellement de communiquer avec les rivières.

31. La même peine sera prononcée contre les pêcheurs qui appâteront leurs hameçons, nasses, filets ou autres engins, avec des poissons des espèces prohibées qui seront désignées par les ordonnances.

32. Les fermiers de la pêche et porteurs de licences, leurs associés, compagnons et gens à gages,

ne pourront faire usage d'aucun filet ou engin quelconque, qu'après qu'il aura été plombé ou marqué par les agens de l'administration de la police de la pêche.

La même obligation s'étendra à tous les autres pêcheurs compris dans les limites de l'inscription maritime, pour les engins et filets dont ils feront usage dans les cours d'eau désignés par les paragraphes 1 et 2 de l'article 1er de la présente loi.

Les délinquans seront punis d'une amende de vingt francs pour chaque filet ou engin non plombé ou marqué.

33. Les contre-maîtres, les employés du balisage et les mariniers qui fréquentent les fleuves, rivières et canaux navigables ou flottables, ne pourront avoir dans leurs bateaux ou équipages, aucun filet ou engin de pêche, même non prohibé, sous peine d'une amende de cinquante francs, et de la confiscation des filets.

A cet effet, ils seront tenus de souffrir la visite, sur leurs bateaux et équipages, des agens chargés de la police de la pêche, aux lieux où ils aborderont.

La même amende sera prononcée contre ceux qui s'opposeront à cette visite.

34. Les fermiers de la pêche et les porteurs de licences, et tous pêcheurs en général, dans les rivières et canaux désignés par les deux paragraphes de l'article premier de la présente loi, seront tenus d'amener leurs bateaux, et de faire l'ouverture de leurs loges et hangars, bannetons, huches et autres réservoirs ou boutiques à poisson, sur leurs cantonnemens, à toute réquisition des agens et préposés de l'administration de la pêche, à l'effet de constater les contraventions qui pourraient être par eux commises aux dispositions de la présente loi.

Ceux qui s'opposeront à la visite ou refuseront l'ouverture de leurs boutiques à poisson seront, pour ce seul fait, punis d'une amende de cinquante francs.

35. Les fermiers et porteurs de licences ne pourront user, sur les fleuves, rivières et canaux navigables, que du chemin de halage; sur les rivières et cours d'eau flottables, que du marchepied. Ils traiteront de gré à gré avec les propriétaires riverains pour l'usage des terrains dont ils auront besoin pour retirer et asséner leurs filets.

TITRE V.

DES POURSUITES EN RÉPARATION DE DÉLIT.

SECTION 1.— *Des poursuites exercées au nom de l'administration.*

36. Le gouvernement exerce la surveillance et la police de la pêche dans l'intérêt général.

En conséquence, les agens spéciaux par lui institués à cet effet, ainsi que les gardes champêtres, éclusiers des canaux et autres officiers de police judiciaire, sont tenus de constater les délits qui sont spécifiés au titre IV de la présente loi, en quelques lieux qu'ils soient commis; et lesdits agens spéciaux exerceront, conjointement avec les officiers du ministère public, toutes les poursuites et actions en réparation de ces délits.

Les mêmes agens et gardes de l'administration, les gardes champêtres, les éclusiers, les officiers de police judiciaire, pourront constater également le délit spécifié en l'article 5, et ils transmettront leurs procès-verbaux au procureur du roi.

37. Les gardes-pêche nommés par l'administration sont assimilés aux gardes forestiers royaux.

38. Ils recherchent et constatent par procès-verbaux les délits dans l'arrondissement du tribunal près duquels ils sont assermentés.

39. (Article 161 du *Code forestier*.) « Ils sont autorisés à saisir les filets et autres instrumens de pêche prohibés, ainsi que le poisson pêché en délit. »

40. Les gardes-pêche ne pourront, sous aucun prétexte, s'introduire dans les maisons et enclos y attenant pour la recherche des filets prohibés.

41. Les filets et engins de pêche qui auront été saisis comme prohibés ne pourront, dans aucun cas, être remis sous caution : ils seront déposés au greffe, et y demeureront jusqu'après le jugement, pour être ensuite détruits.

Les filets non prohibés, dont la confiscation aurait été prononcée en exécution de l'article 5, seront vendus au profit du Trésor.

En cas de refus de la part des délinquans de remettre immédiatement le filet déclaré prohibé après la sommation du garde-pêche, ils seront condamnés à une amende de cinquante francs.

42. Quant au poisson saisi pour cause de délit, il sera vendu sans délai dans la commune la plus voisine du lieu de la saisie, à son de trompe et aux

enchères publiques, en vertu d'ordonnance du juge de paix ou de ses suppléans, si la vente a lieu dans un chef-lieu de canton, ou, dans le cas contraire, d'après l'autorisation du maire de la commune : ces ordonnances ou autorisations seront délivrées sur la requête des agens ou gardes qui auront opéré la saisie, et sur la présentation du procès-verbal régulièrement dressé et affirmé par eux.

Dans tous les cas, la vente aura lieu en présence du receveur des Domaines, et, à défaut, du maire ou adjoints de la commune, ou du commissaire de police.

43. Les gardes-pêche ont le droit de requérir directement la force publique pour la répression des délits *en matière de pêche*, ainsi que pour la saisie des filets prohibés et du poisson *péché en délit*.

44. (Article 165 du *Code forestier*.) « Ils écriront eux-mêmes leurs procès-verbaux; ils les signeront, et les affirmeront, au plus tard le lendemain de la clôture desdits procès-verbaux, pardevant le juge de paix du canton ou l'un de ses suppléants, ou pardevant le maire ou l'adjoint, soit de la commune de leur résidence, soit de celle où le délit a été commis ou constaté; le tout sous peine de nullité.

» Toutefois, si par suite d'un empêchement quelconque, le procès-verbal est seulement signé par le garde-pêche, mais non écrit en entier de sa main, l'officier public qui en recevra l'affirmation devra lui en donner préalablement lecture, et fera ensuite mention de cette formalité; le tout sous peine de nullité du procès-verbal. »

45. (Article 166 du *Code forestier*.) « Les procès-verbaux dressés par les agens forestiers, les gardes généraux et les gardes à cheval, soit isolément, soit avec le concours des gardes-pêche royaux et des gardes champêtres, ne seront point soumis à l'affirmation. »

46. Dans le cas où le procès-verbal portera saisie, il en sera fait une expédition qui sera déposée dans les vingt-quatre heures au greffe de la justice de paix, pour qu'il en puisse être donné communication à ceux qui réclameraient les objets saisis.

Le délai ne courra que du moment de l'affirmation pour les procès-verbaux qui sont soumis à cette formalité.

47. (Article 170 du *Code forestier*.) « Les procès-verbaux seront, sous peine de nullité, enregistrés dans les quatre jours qui suivront celui de

l'affirmation, ou celui de la clôture du procès-verbal, s'il n'est pas sujet à l'affirmation.

» L'enregistrement s'en fera en débet.

48. Toutes les poursuites exercées en réparation de délits pour fait de pêche seront portées devant les tribunaux correctionnels.

49. (Article 172 du *Code forestier*.) « L'acte de citation doit, à peine de nullité, contenir la copie du procès-verbal et de l'acte d'affirmation. »

50. (Article 173 du *Code forestier*.) « Les gardes de l'administration *chargés de la surveillance de la pêche* pourront, dans les actions et poursuites exercées en son nom, faire toutes citations et significations d'exploits, sans pouvoir procéder aux saisies-exécutions.

» Leurs rétributions pour les actes de ce genre seront taxées comme pour les actes faits par les huissiers des juges de paix. »

51. (Article 174 du *Code forestier*.) « Les agens de cette administration ont le droit d'exposer l'affaire devant le tribunal, et sont entendus à l'appui de leurs conclusions. »

52. Les délits en matière de pêche seront prouvés, soit par procès-verbaux, soit par témoins à défaut

de procès-verbaux ou en cas d'insuffisance de ces actes.

53. Les procès-verbaux, revêtus de toutes les formalités prescrites par les articles 44 et 47 ci-dessus, et qui sont dressés et signés par deux agens ou gardes-pêche, font preuve, jusqu'à inscription de faux, des faits matériels relatifs aux délits qu'ils constatent, quelles que soient les condamnations auxquelles ces délits peuvent donner lieu.

Il ne sera en conséquence admis aucune preuve outre ou contre le contenu de ces procès-verbaux, à moins qu'il n'existe une cause légale de récusation contre l'un des signataires.

54. Les procès-verbaux revêtus de toutes les formalités prescrites, mais qui ne seront dressés et signés que par un seul agent ou *garde-pêche*, feront de même preuve suffisante jusqu'à inscription de faux, mais seulement lorsque le délit n'entraînera pas une condamnation de plus de cinquante francs, tant pour amendes que pour dommages-intérêts.

55. (Article 178 du *Code forestier*.) « Les procès-verbaux qui, d'après les dispositions qui précèdent, ne font point foi et preuve suffisante jusqu'à inscription de faux, peuvent être corroborés et combattus par toutes les preuves légales, confor-

mément à l'article 154 du Code d'instruction criminelle. »

56. Le prévenu qui voudra s'inscrire en faux contre le procès-verbal sera tenu d'en faire par écrit et en personne ou par un fondé de pouvoirs spécial par acte notarié la déclaration au greffe du tribunal avant l'audience indiquée par la citation.

Cette déclaration sera reçue par le greffier du tribunal ; elle sera signée par le prévenu ou son fondé de pouvoirs, et, dans le cas où il ne saurait ou ne pourrait signer, il en sera fait mention expresse.

Au jour indiqué pour l'audience, le tribunal donnera acte de la déclaration, et fixera un délai de huit jours au moins et de quinze jours au plus, pendant lequel le prévenu sera tenu de faire au greffe le dépôt des moyens de faux, et des noms, qualités et demeures des témoins qu'il voudra faire entendre.

A l'expiration de ce délai, et sans qu'il soit besoin d'une citation nouvelle, le tribunal admettra les moyens de faux, s'ils sont de nature à détruire l'effet du procès-verbal, et il sera procédé sur les faux conformément aux lois.

Dans le cas contraire, et faute par le prévenu d'avoir rempli toutes les formalités ci-dessus prescrites, le tribunal déclarera qu'il n'y a lieu à admettre les moyens de faux, et ordonnera qu'il soit passé outre au jugement.

57. (Article 180 du *Code forestier*.) « Le prévenu contre lequel aura été rendu un jugement par défaut sera encore admissible à faire sa déclaration d'inscription de faux pendant le délai qui lui est accordé par la loi pour se présenter à l'audience sur l'opposition par lui formée. »

58. (Article 181 du *Code forestier*.) « Lorsqu'un procès-verbal sera rédigé contre plusieurs prévenus et qu'un ou quelques-uns d'entre eux seulement s'inscriront en faux, le procès-verbal continuera de faire foi à l'égard des autres, à moins que le fait sur lequel portera l'inscription de faux ne soit indivisible et commun aux autres prévenus. »

59. Si, dans une instance en réparation de délit, le prévenu excipe d'un droit de propriété ou tout autre droit réel, le tribunal saisi de la plainte statuera sur l'incident.

L'exception préjudicielle ne sera admise qu'autant qu'elle sera fondée, soit sur titre apparent, soit sur des faits de possession équivalens, articulés avec précision, et si le titre produit ou les faits

articulés sont de nature, dans le cas où ils seraient
reconnus par l'autorité compétente, à ôter au fait
qui sert de base aux poursuites tout caractère de
délit.

Dans le cas de renvoi à fin civile, le jugement
fixera un bref délai dans lequel la partie qui aura
élevé la question préjudicielle devra saisir les juges
compétens de la connaissance du litige et justifier
de ses diligences, sinon il sera passé outre. Toutefois, en cas de condamnation, il sera sursis à l'exécution du jugement sous le rapport de l'emprisonnement, s'il était prononcé, et le montant des
amendes, restitutions et dommages-intérêts, sera
versé à la Caisse des dépôts et consignations, pour
être remis à qui il sera ordonné par le tribunal qui
statuera sur le fond de droit.

60. (Article 183 du *Code forestier.*) « Les agens
de l'administration *chargés de la surveillance de
la pêche* peuvent, en son nom, interjeter appel
des jugemens et se pourvoir contre les arrêts et
jugemens en dernier ressort; mais ils ne peuvent se désister de leurs appels sans son autorisation spéciale. »

61. (Article 184 du *Code forestier.*) « Le droit
attribué à l'administration et à ses agens de se

pourvoir contre les jugemens et arrêts par appel ou par recours en cassation, est indépendant de la même faculté qui est accordée par la loi au ministère public, lequel peut toujours en user, même lorsque l'administration ou ses agens auraient acquiescé aux jugemens et arrêts. »

62. Les actions en réparation de délits en matière de pêche se prescrivent par un mois, à compter du jour où les délits ont été constatés, lorsque les prévenus sont désignés dans les procès-verbaux. Dans le cas contraire, le délai de prescription est de trois mois à compter du même jour.

63. Les dispositions de l'article précédent ne sont pas applicables aux délits et malversations commis par les agens, préposés ou gardes de l'administration, dans l'exercice de leurs fonctions ; les délais de prescription à l'égard de ces préposés et de leurs complices seront les mêmes que ceux qui sont déterminés par le Code d'instruction criminelle.

64. Les dispositions du Code d'instruction criminelle sur les poursuites des délits, sur défaut, oppositions, jugemens, appels et recours en cassation, sont et demeurent applicables à la poursuite des délits spécifiés par la présente loi, sauf les modifications qui résultent du présent titre.

Section II. — *Des poursuites exercées au nom et dans l'intérêt
des fermiers de la pêche et des particuliers.*

65. Les délits qui portent préjudice aux fermiers de la pêche, aux porteurs de licences et aux propriétaires riverains, seront constatés par leurs gardes, lesquels sont assimilés aux gardes-bois des particuliers.

66. (Article 188 du *Code forestier.*) « Les procès-verbaux dressés par ces gardes feront foi jusqu'à preuve contraire. »

67. Les poursuites et actions seront excercées au nom et à la diligence des parties intéressées.

68. Les dispositions contenues aux articles 38, 39, 40, 41, 42, 43, 44, 45, 46, 47, paragraphe 1er, 49, 52, 59, 62 et 64 de la présente loi, sont applicables aux poursuites exercées au nom et dans l'intérêt des particuliers et des fermiers de la pêche, pour les délits commis à leur préjudice.

TITRE VI

DES PEINES ET CONDAMNATIONS.

69. Dans le cas de récidive, la peine sera toujours doublée.

Il y a récidive lorsque, dans les douze mois précédens, il a été rendu contre le délinquant un premier jugement pour délit en matière de pêche.

70. Les peines seront également doublées lorsque les délits auront été commis la nuit.

71. (Article 202 du *Code forestier*.) « Dans tous les cas où il y aura lieu à adjuger des dommages-intérêts, ils ne pourront être inférieurs à l'amende simple prononcée par le jugement. »

72. Dans tous les cas prévus par la présente loi, si le préjudice causé n'excède pas vingt-cinq francs, et si les circonstances paraissent atténuantes, les tribunaux sont autorisés à réduire l'emprisonnement même au-dessous de six jours, et l'amende même au-dessous de seize francs; ils pourront aussi prononcer séparément l'une ou l'autre de ces peines, sans qu'en aucun cas elle puisse être au-dessous des peines de simple police.

73. (Article 204 du *Code forestier*.) « Les restitutions et dommages-intérêts appartiennent aux fermiers, porteurs de licences et propriétaires riverains, si le délit est commis à leur préjudice; mais lorsque le délit a été commis par eux-mêmes au détriment de l'intérêt général, ces dommages-intérêts appartiennent à l'État.

« Appartiennent également à l'État toutes les amendes et confiscations. »

74. Les maris, pères, mères, tuteurs, fermiers et porteurs de licences, ainsi que tous propriétaires, maîtres et commettans, seront civilement responsables des délits en matière de pêche commis par leurs femmes, enfants mineurs, pupilles, bateliers et compagnons, et tous autres subordonnés, sauf tout recours de droit.

Cette responsabilité sera réglée conformément à l'article 1384 du Code civil.

TITRE VII.

DE L'EXÉCUTION DES JUGEMENS.

SECTION I. — *De l'exéeution des jugemens rendus à la requête de l'administration ou du ministère public.*

75. (Article 209 du *Code forestier.*) « Les jugemens rendus à la requête de l'administration chargée de la police de la pêche, ou sur la poursuite du ministère public, seront signifiés par simple extrait qui contiendra le nom des parties et le dispositif du jugement.

» Cette signification fera courir les délais de l'opposition et de l'appel des jugemens par défaut. »

76. Le recouvrement de toutes les amendes pour délits de pêche est confié aux receveurs de l'enregistrement et des domaines. Ces receveurs sont également chargés du recouvrement des restitutions, frais et dommages-intérêts résultant des jugemens rendus en matière de pêche.

77. (Article 211 du *Code forestier*.) « Les jugemens portant condamnation à des amendes, restitutions, dommages-intérêts et frais, sont exécutoires par la voie de la contrainte par corps; et l'exécution pourra en être poursuivie cinq jours après un simple commandement fait aux condamnés.

» En conséquence, et sur la demande du receveur de l'enregistrement et des domaines, le procureur du roi adressera les réquisitions nécessaires aux agens de la force publique chargés de l'exécution des mandemens de justice. »

78. (Article 212 du *Code forestier*.) « Les individus contre lesquels la contrainte par corps aura été prononcée pour raison des amendes et autres condamnations et réparations pécuniaires, subiront l'effet de cette contrainte jusqu'à ce qu'ils

aient payé le montant desdites condamnations,
ou fourni une caution admise par le receveur des
domaines, ou, en cas de contestation de sa part,
déclarée bonne et valable par le tribunal de l'arrondissement. »

79. (Article 213 du *Code forestier*.) « Néanmoins
les condamnés qui justifieront de leur insolvabi-
lité, suivant le mode prescrit par l'article 420 du
Code d'instruction criminelle, seront mis en liberté après avoir subi quinze jours de détention,
lorsque l'amende et les autres condamnations pécuniaires n'excéderont pas quinze francs.

» La détention ne cessera qu'au bout d'un mois,
lorsque les condamnations s'élèveront ensemble de
quinze à cinquante francs.

» Elle ne durera que deux mois, quelle que soit
la quotité desdites condamnations.

» En cas de récidive, la durée de la détention
sera double de ce qu'elle eût été sans cette circonstance. »

80. (Article 214 du *Code forestier*.) « Dans tous
les cas, la détention employée comme moyen de
contrainte est indépendante de la peine d'emprisonnement prononcée contre les condamnés pour
tous les cas où la loi l'inflige. »

Section II. — Des poursuites exercées au nom et dans l'intérêt
des fermiers de la pêche et des particuliers.

81. Les jugemens contenant des condamnations en faveur des fermiers de la pêche, des porteurs de licences et des particuliers, pour réparation des délits commis à leur préjudice, seront, à leur diligence, signifiés et exécutés suivant les mêmes formes et voies de contrainte que les jugemens rendus à la requête de l'administration chargée de la surveillance de la pêche.

Le recouvrement des amendes prononcées par les mêmes jugemens sera opéré par les receveurs de l'enregistrement et des domaines.

82. La mise en liberté des condamnés détenus par voie de contrainte par corps, à la requête et dans l'intérêt des particuliers, ne pourra être accordée, en vertu des articles 78 et 79, qu'autant que la validité des cautions ou la solvabilité des condamnés aura été, en cas de contestation de la part desdits propriétaires, jugée contradictoirement entre eux.

TITRE VIII.

DISPOSITIONS GÉNÉRALES.

83. Sont et demeurent abrogés toutes lois, ordonnances, édits et déclarations, arrêts du Conseil, arrêtés et décrets, et tous règlemens intervenus, à quelque époque que ce soit, sur les matières réglées par la présente loi, en tout ce qui concerne la pêche.

Mais les droits acquis antérieurement à la présente loi seront jugés, en cas de contestation, d'après les lois existant avant sa promulgation.

DISPOSITIONS TRANSITOIRES.

84. Les prohibitions portées par les articles 6, 8 et 10, et la prohibition de pêcher à autres heures que depuis le lever du soleil jusqu'à son coucher, portée par l'article 5 du titre XXXI de l'ordonnance de 1669, continueront à être exécutées jusqu'à la promulgation des ordonnances royales qui, aux termes de l'article 26 de la présente loi, détermineront les temps où la pêche sera interdite dans tous les cours d'eau, ainsi que les filets et instrumens de pêche dont l'usage sera prohibé.

Toutefois, les contraventions aux articles ci-dessus énoncés de l'ordonnance de 1669 seront soumises aux dispositions de la présente loi, ainsi que tous les délits qui y sont prévus, à dater de sa publication.

La présente loi, discutée, délibérée et adoptée par la Chambre des pairs et par celle des députés, et sanctionnée par nous ce jourd'hui, sera exécutée comme loi de l'État ; voulons, en conséquence, qu'elle soit gardée et observée dans notre royaume, terres et pays de notre obéissance.

Si donnons en mandement à nos Cours et tribunaux, préfets, corps administratifs et tous autres, que les présentes ils gardent et maintiennent, fassent garder, observer et maintenir, et, pour les rendre plus notoires à tous nos sujets, ils les fassent publier et enregistrer partout où besoin sera : car tel est notre bon plaisir ; et afin que ce soit chose ferme et stable à toujours, nous y avons fait mettre notre scel.

Donné en notre château des Tuileries, le quinzième jour du mois d'avril de l'an de grâce 1829, et de notre règne le cinquième.

Signé : CHARLES.

Nous donnons ici la loi de 1865 réglementée par le décret de 1868 que l'on trouvera plus loin.

LOI RELATIVE A LA PÈCHE DU 31 MAI 1865.

NAPOLÉON, par la grâce de Dieu et la volonté nationale, EMPEREUR DES FRANÇAIS, à tous présents et à venir, SALUT.

AVONS SANCTIONNÉ et SANCTIONNONS, PROMULGUÉ et PROMULGUONS ce qui suit :

LOI.

Extrait du procès-verbal du Corps législatif.

LE CORPS LÉGISLATIF A ADOPTÉ LE PROJET DE LOI dont la teneur suit :

ART. 1er. Ces décrets rendus en Conseil d'État, après avis des conseils généraux de département, détermineront :

1° Les parties des fleuves, rivières, canaux et

cours d'eau réservées pour la reproduction, et dans lesquelles la pêche des diverses espèces de poissons sera absolument interdite pendant l'année entière ;

2° Les parties des fleuves, rivières, canaux et cours d'eau dans les barrages desquels il pourra être établi, après enquête, un passage appelé *échelle*, destiné à assurer la libre circulation du poisson.

2. L'interdiction de la pêche pendant l'année entière ne pourra être prononcée pour une période de plus de cinq ans. Cette interdiction pourra être renouvelée.

3. Les indemnités auxquelles auront droit les propriétaires riverains qui seront privés du droit de pêche par application de l'article précédent, seront réglées par le conseil de préfecture, après expertise, conformément à la loi du 16 septembre 1807.

Les indemnités auxquelles pourra donner lieu l'établissement d'échelles dans les barrages existants seront réglées dans les mêmes formes.

4. A partir du 1er janvier 1866, des décrets, rendus sur la proposition des ministres de la marine et de l'agriculture, du commerce et des travaux publics, régleront d'une manière uniforme pour la pêche fluviale et pour la pêche maritime dans les fleuves, rivières, canaux affluant à la mer :

1° Les époques pendant lesquelles la pêche des diverses espèces de poissons sera interdite ;

2° Les dimensions au-dessous desquelles certaines espèces ne pourront être pêchées.

5. Dans chaque département, il est interdit de mettre en vente. de vendre, d'acheter, de transporter, de colporter, d'exporter et d'importer les diverses espèces de poissons pendant le temps où la pêche en est interdite, en exécution de l'article 26 de la loi du 15 avril 1829.

Cette disposition n'est pas applicable aux poissons provenant des étangs ou réservoirs définis en l'article 30 de la loi précitée.

6. L'administration pourra donner l'autorisation de prendre et de transporter, pendant le temps de la prohibition, le poisson destiné à la reproduction.

7. L'infraction aux dispositions de l'article premier et du premier paragraphe de l'article 5 de la présente loi sera punie des peines portées par l'article 27 de la loi du 15 avril 1829, et, en outre, le poisson sera saisi et vendu sans délai, dans les formes prescrites par l'article 42 de ladite loi.

L'amende sera double et les délinquants pourront être condamnés à un emprisonnement de dix jours à un mois :

1° Dans les cas prévus par les articles 69 et 70 de la loi du 15 avril 1829 ;

2° Lorsqu'il sera constaté que le poisson a été enivré ou empoisonné ;

3° Lorsque le transport aura lieu par bateaux, voitures ou bêtes de somme.

La recherche du poisson pourra être faite en temps prohibé, à domicile, chez les aubergistes. chez les marchands de denrées comestibles, et dans les lieux ouverts au public.

8. Les dispositions relatives à la pêche et au transport des poissons s'appliquent au frai de poisson et à l'alevin.

9. L'article 32 de la loi du 15 avril 1839 est abrogé en ce qui concerne la marque ou le plombage des filets.

Des décrets détermineront le mode de vérification de la dimension des mailles des filets autorisés pour la pêche de chaque espèce de poisson, en exécution de l'article 26 de la loi du 15 avril 1829.

10. Les infractions concernant la pêche, la vente, l'achat, le transport, le colportage, l'exportation et l'importation du poisson seront recherchées et constatées par les agents des douanes, les employés des contributions indirectes et des octrois, ainsi que par

les autres agents autorisés par la loi du 15 avril 1829 et par le décret du 9 janvier 1852.

Des décrets détermineront la gratification qui sera accordée aux rédacteurs des procès-verbaux ayant pour objet de constater les délits. Cette gratification sera prélevée sur le produit des amendes.

11. La poursuite des délits et contraventions et l'exécution des jugements pour infractions à la présente loi auront lieu conformément à la loi du 15 avril 1829 et au décret du 9 janvier 1852.

12. Les dispositions législatives antérieures sont abrogées en ce qu'elles peuvent avoir de contraire à la présente loi.

Délibéré en séance publique, à Paris, le 15 mai 1865.

Le Vice-Président,

Signé SCHNEIDER.

Les Secrétaires,

Signé comte PELLETIER D'AUNAY, H. DE SAINT-GERMAIN,
LAFOND DE SAINT-MUR, ALFRED DARIMON.

Voici maintenant le rapport du ministre de l'agriculture qui précède le décret du 25 janvier 1868.

RAPPORT A L'EMPEREUR

Paris, le 25 janvier 1868.

« SIRE,

» Je viens soumettre à l'approbation de Votre Majesté un décret portant règlement sur la pêche dans les cours d'eau de l'Empire. Il me paraît nécessaire, dans une matière qui intéresse à un haut degré l'alimentation publique, de placer sous les yeux de l'Empereur les divers éléments d'instruction qui ont servi à la préparation de ce règlement et les considérations principales qui en expliquent les dispositions et permettent d'en apprécier le but et la portée.

» La loi du 15 mai 1865 a introduit quatre dispositions nouvelles très-importantes dans la législation relative à la pêche fluviale. Ces dispositions concernent : la création de réserves pour la reproduction des espèces, l'établissement d'échelles dans les barrages afin de faciliter la rencontre des poissons voyageurs, la fixation d'une manière uniforme des époques d'interdiction de la pêche dans les parties fluviales et maritimes des fleuves qui aboutissent à la mer; l'interdiction de la vente, du colportage, de l'importation et de l'exportation des différentes espèces pendant la période d'interdiction de la pêche.

» Les prescriptions de cette loi ont, dès à présent, reçu en partie leur exécution. Des études ont été faites pour déterminer l'emplacement des réserves ; un décret vient d'être rendu pour la fixation de ces réserves dans les cours d'eau du domaine public du bassin de la Seine ; d'autres décrets interviendront successivement pour les bassins de la Loire, de la Garonne et du Rhône. Des échelles ont déja été construites dans plusieurs des barrages existant sur différentes rivières ; je citerai notamment la Moselle, la Dordogne, la Vienne, le Blavet. Il en sera établi un certain nombre d'autres aux emplacements désignés par les conseils généraux et les ingénieurs, au fur et à mesure que les crédits affectés au service de la pêche le permettront. Enfin trois décrets des

19, 26 octobre 1863 et 7 février 1866 ont réglé d'une manière uniforme pour toutes les rivières de l'Empire, dans les parties fluviales comme dans les parties maritimes, l'époque de l'interdiction de la pêche du saumon et de la truite. Cette époque a été fixée du 20 octobre au 21 janvier.

» Là ne devait pas se borner l'action de l'administration. La loi de 1865 a maintenu en vigueur les dispositions de celle du 15 avril 1829 concernant la police de la pêche ; l'article 26 de cette loi dispose que les ordonnances royales détermineront les périodes d'interdiction de la pêche, les procédés, modes de pêche, filets et engins autorisés, les dimensions au-dessous desquelles les poissons ne peuvent être pêchés, les espèces avec lesquelles il est défendu d'appâter les instruments de pêche.

» Une ordonnance royale du 15 novembre 1830, rendue en exécution de cet article de la loi, a énuméré les filets et engins dont l'emploi serait interdit d'une manière absolue, et a délégué aux préfets le soin de régler, sur l'avis des conseils généraux et sauf approbation par ordonnance royale, l'exécution des autres prescriptions de l'article précité.

» Des règlements distincts sont ainsi intervenus dans chaque département ; il en est résulté une grande diversité tant dans les époques d'interdiction de la pêche des nombreuses espèces qui fréquentent nos rivières que dans les procédés, modes, filets ou engins de pêche autorisés ou prohibés. Ces dispositions contradictoires ont eu le grave inconvénient de faciliter la fraude en rendant souvent illusoire la répression des contraventions.

» Il a semblé utile de mettre un terme à cette situation, en adoptant un même règlement pour tous les cours d'eau de l'Empire, sauf quelques dispositions spéciales à certaines localités.

» L'uniformité dans les prescriptions concernant la largeur des mailles de filets, les engins ou modes de pêche autorisés ou prohibés et les dimensions au-dessous desquelles tel ou tel poisson serait rejeté à l'eau, ne pouvait soulever d'objections sérieuses ; l'application d'une semblable mesure ne devait appeler la discussion qu'en ce qui touche les époques d'interdiction de la pêche des différentes espèces. L'uniformité ne s'harmonise pas en effet complétement avec les lois naturelles de la reproduction ; ces lois varient selon les climats et les espèces ; cependant il a paru que, pour tous les poissons habitant les eaux douces de notre territoire, on pouvait admettre un classement correspondant à deux périodes

distinctes de ponte, celle d'hiver pour les salmo-
nidées, et celle d'été pour les autres espèces ; puis
déterminer dans chacune de ces périodes un intervalle moyen entre les saisons extrêmes du frai, de
manière à protéger suffisamment les espèces les
plus hâtives comme les plus tardives.

» Un projet de règlement général, préparé d'après
ces bases, a été transmis aux préfets, au mois
d'août 1865, par mon prédécesseur, pour être communiqué aux conseils généraux. Le peu de temps
qui s'était écoulé entre l'envoi de ce règlement et le
moment de la session n'a pas permis à tous ces conseils d'émettre un avis motivé. L'examen du projet
a dû être repris à la session de 1866. Les délibérations auxquelles ce projet a donné lieu montre
l'importance que les conseils généraux ont attachée
à l'étude de cette question. Ces délibérations m'ont
été adressées par les préfets, avec leurs observations
personnelles et les rapports des ingénieurs des ponts
et chaussées. Mon administration a puisé dans ces
délibérations et ces rapports les éléments d'une
étude nouvelle. Le projet revisé a été soumis à la
commission de la pêche réunie sous ma présidence,
commission dans le sein de laquelle ont été appelées
les personnes les plus autorisées et les plus compé-

tentes. Sous les inspirations de cette commission, le projet a subi de nouvelles modifications, en vue de le rendre aussi libéral que possible, tout en sauvegardant les intérêts qu'il devait spécialement protéger.

» L'article 26 de la loi du 15 avril 1829 ayant disposé que les actes réglementaires de la police de la pêche seraient approuvés par des ordonnances royales, j'aurais pu directement soumettre à la sanction de Votre Majesté le règlement ainsi préparé.

» Cependant il m'a paru que, dans une question complexe, on donnerait aux nombreux intérêts qu'elle touche une garantie de plus de la sollicitude du gouvernement en provoquant les lumières du Conseil d'État. Dans cette pensée, j'ai demandé l'avis de la section de l'agriculture, du commerce, des travaux publics et des beaux-arts.

» A la suite d'un examen approfondi, la section a émis un avis favorable au projet, dans lequel elle a introduit de nouvelles et utiles modifications.

» On peut considérer le règlement sorti de cette longue instruction comme répondant à l'esprit de la loi du 31 mai 1865 ; s'il édicte quelques prescriptions nouvelles, il en supprime plusieurs dont l'application rigoureuse pouvait paraître excessive, et donnait, par cela même, prétexte à des fraudes nombreuses.

» Dans cette matière importante, qui touche par des côtés divers les habitudes et le bien-être des populations, nous nous sommes efforcé de concilier le respect des intérêts individuels avec les besoins de l'alimentation publique.

» Je suis, avec un profond respect, Sire, de Votre Majesté, le très-humble et très-obéissant serviteur et fidèle sujet.

Le Ministre de l'Agriculture, du Commerce
et des Travaux publics,

DE FORCADE.

RÈGLEMENT SUR LA PÊCHE

DANS LES COURS D'EAU DE L'EMPIRE

NAPOLÉON, par la grâce de Dieu et la volonté nationale, EMPEREUR DES FRANÇAIS, à tous présents et à venir, SALUT.

Sur le rapport de notre ministre de l'agriculture, du commerce et des travaux publics ;

Vu la loi du 15 avril 1829 ;

Vu la loi du 31 mai 1865 ;

La section de l'agriculture, du commerce, des travaux publics et des beaux-arts de notre Conseil d'État entendue,

Avons décrété et décrétons ce qui suit :

Art. 1ᵉʳ. Les époques pendant lesquelles la pêche est interdite, en vue de protéger la reproduction du poisson, sont fixées comme il suit :

1° Du 20 octobre au 31 janvier, est interdite la pêche du saumon, de la truite et de l'ombre-chevalier ;

2° Du 15 avril au 14 juin, est interdite la pêche de tous les autres poissons et de l'écrevisse.

Est comprise dans cette interdiction la pêche de l'ombre commun, de l'anguille et de la lamproie, mais non celle des autres poissons qui vivent alternativement dans les eaux douces et dans les eaux salées.

Les interdictions prononcées dans les paragraphes précédents s'appliquent à tous les procédés de pêche, même à la pêche à la ligne flottante tenue à la main.

Art. 2. Les préfets pourront, chaque année, par des arrêtés spéciaux, après avoir pris l'avis des con-

seils généraux, interdire exceptionnellement la pêche de toutes les espèces de poissons pendant l'une
ou l'autre desdites périodes, lorsque cette interdiction sera nécessaire pour protéger l'espèce prédo-
minante.—Ces arrêtés seront soumis à l'approbation
de notre ministre de l'agriculture, du commerce et
des travaux publics.

Art. 3. Dans la semaine précédant chaque période
d'interdiction de la pêche, des publications seront
faites dans les communes pour rappeler les dates
du commencement et de la fin de ces périodes.

Art. 4. Quiconque, pendant la période de l'interdiction de la pêche, transportera ou débitera des
poissons provenant des étangs ou réservoirs, sera
tenu de justifier de l'origine de ces poissons.

Art. 5. Les poissons saisis et vendus aux enchères,
conformément à l'article 42 de la loi du 15 avril
1829, ne pourront pas être exposés de nouveau en
vente.

Art. 6. La pêche n'est permise que depuis le lever
jusqu'au coucher du soleil.

Toutefois, la pêche de l'écrevisse et de l'anguille
pourra être autorisée après le coucher et avant le
lever du soleil, aux heures fixées par un arrêté pré-
fectoral. Cet arrêté déterminera, pour l'écrevisse, la

nature et les dimensions des engins dont l'emploi sera permis.

Art. 7. Le séjour dans l'eau des filets et engins ayant les dimensions réglementaires est permis à toute heure, sous la condition qu'ils ne pourront être placés et relevés que depuis le lever jusqu'au coucher du soleil.

Art. 8. Les dimensions au-dessous desquelles les poissons et écrevisses ne pourront être pêchés et devront être immédiatement rejetés à l'eau, sont déterminées comme il suit pour les diverses espèces :

1° Les saumons et anguilles, vingt-cinq centimètres de longueur ;

2° Les truites, ombres-chevaliers, ombres communs, carpes, brochets, barbeaux, brèmes, meuniers, muges, aloses, perches, gardons, tanches, lottes et lamproies, quatorze centimètres de longueur ;

3° Les soles, plies et flets, dix centimètres de longueur ;

3° Les écrevisses, huit centimètres de longueur.

La longueur des poissons ci-dessus mentionnés sera mesurée de l'œil à la naissance de la queue, celle de l'écrevisse de l'œil à l'extrémité de la queue déployée.

Les prescriptions qui précèdent ne sont pas applicables aux poissons pris à la ligne flottante.

Art. 9. Les mailles des filets, mesurées de chaque côté, après leur séjour dans l'eau, et l'espacement des verges, des bires, nasses et autres engins employés à la pêche des poissons, auront les dimensions suivantes :

1° Pour les saumons, quarante millimètres au moins ;

2° Pour les grandes espèces autres que le saumon et pour l'écrevisse, vingt-sept millimètres au moins ;

3° Pour les petites espèces, telles que goujons, loches, vérons, ablettes et autres, dix millimètres.

La mesure des mailles sera prise avec une tolérance d'un dixième.

Art. 10. Les filets fixes ou flottants ne pourront excéder en longueur les deux tiers de la largeur mouillée des cours d'eau où on les manœuvrera. Plusieurs filets ne pourront être employés simultanément sur la même rive ou sur les deux rives opposées qu'à une distance au moins triple de leur développement.

Art. 11. Les filets fixes employés à la pêche seront soulevés par le milieu pendant trente-six heures de chaque semaine, du samedi à six heures du soir au lundi à six heures du matin, sur une longueur équivalente au dixième de leur développement, et de manière à laisser entre le fond de la ralingue intérieure un espace libre de cinquante centimètres au moins de hauteur.

Art. 12. Sont prohibés tous les filets traînants, à l'exception du petit épervier jeté à la main et manœuvré par un seul homme. Est pareillement prohibé l'emploi des lacets ou collets.

Art. 13. Il est interdit :

1° D'établir dans les cours d'eau des appareils ayant pour objet de rassembler le poisson dans des noues, boires, fossés ou mares dont il ne pourrait plus sortir, ou de le contraindre à passer par une issue garnie de piéges;

2° D'accoler aux écluses, barrages, chutes naturelles, pertuis, vannages, coursiers d'usines et échelles à poissons, des nasses, paniers et filets à demeure;

3° De pêcher avec tout autre engin que la ligne flottante tenue à la main, dans l'intérieur des écluses, barrages, pertuis, vannages, coursiers d'usines et passages ou échelles à poissons, ainsi qu'à une distance moindre de trente mètres en amont et en aval de ces ouvrages;

4° De pêcher dans les parties des rivières, canaux ou cours d'eau dont le niveau serait accidentellement abaissé, soit pour y opérer des curages ou travaux quelconques, soit par suite du chômage des usines ou de la navigation.

Art. 14. Sur la demande des adjudicataires de la pêche des cours d'eau et canaux navigables et flottables, et sur la demande des propriétaires de la pêche des autres cours d'eau et canaux, les préfets pourront autoriser, dans des emplacements et à des époques déterminés, des manœuvres d'eau et des pêches extraordinaires pour détruire certaines espèces, dans le but d'en propager d'autres plus précieuses.

Art. 15. Des arrêtés préfectoraux, rendus sur les avis des ingénieurs et des conseils de salubrité, détermineront :

1° La durée du rouissage du lin et du chanvre dans les cours d'eau, et les emplacements où cette opération pourra être pratiquée avec le moins d'inconvénients pour le poisson ;

2° Les mesures à observer pour l'évacuation, dans les cours d'eau, des matières et résidus susceptibles de nuire au poisson et provenant des fabriques et établissements industriels quelconques.

Art. 16. Sont abrogés les ordonnances des 15 novembre 1830 et 28 février 1842, les décrets des 19 octobre 1863 et 7 février 1866, ainsi que tous les règlements locaux sur la pêche et les ordonnances et décrets qui les approuvent.

Toutefois, les dispositions du présent décret ne sont pas applicables au Rhin et à la Bidassoa, lesquels restent soumis aux lois et règlements qui les régissent spécialement.

Art. 17. Notre ministre de l'agriculture, du commerce et des travaux publics, est chargé de l'exécution du présent décret.

Fait au palais des Tuileries, le 25 janvier 1868.

NAPOLÉON.

Par l'Empereur,

Le Ministre de l'Agriculture, du Commerce,
et des Travaux publics.

DE FORCADE.

DES DROITS CONFÉRÉS PAR LA LOI AUX PÊCHEURS
A LA LIGNE.

C'est pour éviter des recherches aux pêcheurs, pour leur épargner l'étude de la loi, que je résume ici la définition de la ligne flottante, c'est-à-dire le mode de pêche gratuit conféré par la loi à tous ceux qui veulent s'y livrer ; il est d'autant plus important d'être fixé sur ce point, que les fermiers et même les gardes sont souvent enclins à restreindre les droits que la loi accorde aux pêcheurs.

Il n'est pas sans intérêt non plus de connaître les temps et les heures pendant lesquels on peut pêcher.

Voici les articles de cette loi qui intéressent le plus les pêcheurs à la ligne :

TITRE PREMIER.

« Article Ier. Le droit de pêche sera exercé au profit de l'État :

» 1° Dans tous les fleuves, rivières, canaux, contre-fossés navigables ou flottables avec bateaux, trains ou radeaux, et dont l'entretien est à la charge de l'État ou de ses ayants cause ;

» 2° Dans les bras, noues, boires et fossés qui tirent leurs eaux des fleuves et rivières navigables ou flottables dans lesquels on peut en tout temps passer ou pénétrer librement en bateau de pêcheur, et dont l'entretien est également à la charge de l'État.

» Sont toutefois exceptés les canaux et fossés existants, ou qui seraient creusés dans les propriétés particulières, et entretenus aux frais des propriétaires. »

« Art. 5. Tout individu qui se livrera à la pêche sur les fleuves et rivières navigables ou flottables, canaux, rivières ou cours d'eau quelconques, sans la permission de celui à qui le droit de pêche appartient, sera condamné à une amende de 20 francs au moins et de 100 francs au plus, indépendamment des dommages-intérêts.

» Il y aura lieu, en outre, à la restitution du prix du poisson qui aura été pêché en délit, et la confiscation des filets et engins de pêche pourra être prononcée.

» Néanmoins, il est permis à tout individu de pêcher à la ligne flottante tenue à la main, dans les fleuves, rivières et canaux désignés dans les deux paragraphes de l'article 1er de la présente loi, le temps du frai excepté. »

Ainsi qu'on peut le voir, le droit absolu pour tout le monde de pêcher gratuitement avec la ligne flottante est établi d'une manière formelle par ce dernier paragraphe, excepté dans les réserves de l'État, et pendant l'époque du frai, qui est dans toute la France du 20 octobre au 31 janvier pour certaines espèces, et du 15 avril au 15 juin pour toutes les autres.

On a pu lire plus haut les arrêts des tribunaux qui définissent très-explicitement la ligne flottante.

L'article 3 du règlement du préfet de la Seine relatif à la taille du poisson est aboli pour les pêcheurs à la ligne par le décret du 25 janvier 1868 ; après avoir spécifié la taille à laquelle chacun d'eux doit être pêché, le paragraphe 4 de l'article 8 s'exprime ainsi : « Les prescriptions qui précèdent ne sont pas applicables aux poissons pris à la ligne flottante. » On est donc autorisé dans ce cas à prendre tous les poissons.

Seulement on ne peut se livrer à cette pêche, avec cette ligne, comme à toutes les autres avec toutes les lignes, que depuis le lever du soleil jusqu'à son coucher.

CHAPITRE IV

QUELQUES OBSERVATIONS SUR LA PÊCHE A LA LIGNE EN GÉNÉRAL

La première chose à faire, lorsque l'on veut pêcher à la ligne, est, après avoir choisi un endroit propice, de le sonder sans bruit, en ayant soin de bien s'assurer de la profondeur de l'eau, de la nature du terrain et de l'état de propreté du fond trois ou quatre mètres autour de l'emplacement où l'on se propose de faire descendre l'hameçon. Pour amorcer, si l'eau est dormante, on descend l'amorce sur la place même, tandis que s'il y a du courant, il faut la poser plus haut en proportionnant la distance à la vitesse du courant, pour qu'elle arrive au fond à l'endroit où l'on doit pêcher.

Pour sonder comme pour amorcer, on doit agir sans bruit, et n'approcher que le moins possible du bord. afin que rien ne fasse soupçonner la présence du pêcheur au poisson, ce qui l'empêcherait de prendre l'appât.

Lorsqu'on pêche le gros poisson, il faut être sobre d'amorces. et si l'on pêche la blanchaille, il ne faut pas en être avare.

Quand on a ferré un gros poisson, il ne faut pas le brusquer ; qu'on se souvienne que sur dix grosses pièces perdues, il y en a huit qui le sont par la faute du pêcheur, l'impatience de le tenir le faisant presque toujours perdre. Aussitôt piqué, on doit relever le sion, le moulinet étant libre ; en pressant légèrement la ligne sur la canne, on donnera un tirage qui ralentira la fuite du poisson et l'empêchera d'aller loin ; il ne faut pas surtout chercher à le faire monter à la surface, il faut au contraire le laisser se fatiguer au fond. Et à mesure que sa vigueur s'épuisera, il y viendra de lui-même, ce qui n'empêche pas de prendre les plus grandes précautions, car, fût-il sur le côté, immobile et en apparence à moitié mort, il faudrait encore se méfier, il partirait de nouveau, la vue de l'épuisette lui faisant presque toujours retrouver ses forces.

Il est nécessaire de ne jamais serrer ses lignes sans les faire sécher, et ne pas se mettre en pêche sans avoir visité préalablement ses ustensiles. il faut abattre, sans hésiter, toutes les parties de la ligne qui semblent faiblir, soit par suite des frottements contre des corps durs ou tout autre chose, et refaire avec soin tous les empilages qui paraissent usés, sans négliger l'examen des pointes des hameçons.

Une bonne précaution à prendre est celle de frotter de temps en temps ses lignes avec de l'huile de lin cuite, de la cire jaune ou de la poix de cordonnier, pour éviter que la sécheresse ou l'humidité ne les détériore ; et de tenir, pour les conserver, les bas de lignes ainsi que les empiles dans un papier humecté d'huile d'amande douce.

Il faut éviter autant que possible les cannes lourdes, d'abord parce qu'on ferre et qu'on manœuvre mal un poisson, puis parce qu'on se fatigue soi-même ; tandis qu'avec des cannes légères, les moindres mouvements se produisent à la main et on les dirige mieux ;. ensuite on juge plus sûrement du degré de tension de la ligne pour céder lorsque la résistance du poisson devient telle qu'il y aurait danger à lui résister.

S'il est sage, lorsqu'on pêche à la ligne, de s'habituer à lancer la mouche artificielle sans l'aide du vent, afin d'exercer son œil et son bras, il est non moins sage, lorsqu'on pêche au coup, de s'habituer à se servir d'ustensiles fins. Du reste, les accidents qu'on éprouvera au commencement accoutumeront le pêcheur aux soins et aux précautions, mieux que ne le feraient toutes les recommandations.

Quand on fait un bas de ligne avec du crin ou de la florence, il faut préalablement laisser tremper ce crin et cette florence dans l'eau chaude; mais si c'est sur le bord de la ·rivière qu'on est obligé de rattacher ensemble deux morceaux d'une ligne brisée, il faut, à moins que la florence ne se soit trempée en pêchant, mettre, avant de les nouer, les deux bouts dans la bouche, et les garder cinq à six minutes pour les humecter. Bien que je donne dans cet ouvrage la manière habituelle de faire ces nœuds, on ne doit jamais négliger cependant de prendre conseil d'un pêcheur expérimenté s'il s'en trouve un près de soi, ces choses étant de celles qui s'apprennent plus facilement à les ·voir faire qu'à en entendre les descriptions les plus claires et les plus exactes.

Il est inutile de pêcher après la grêle ou par une

forte pluie ; mais si elle tombe légèrement et que la température soit tiède, on pourra obtenir quelquefois de bons résultats, car le poisson mange alors au fond, surtout dans les étangs. Après une pluie douce, si le temps est chaud, c'est le moment de pêcher à la mouche artificielle. Cette pêche est souvent aussi fructueuse dans ce cas que par les temps d'orage, qui sont généralement les meilleurs.

On ne doit jamais pêcher en été, par les grandes chaleurs, dans le milieu de la journée ; il n'y a chance de succès que le matin de bonne heure, ou tard dans l'après-midi ; tandis qu'en hiver, c'est le contraire qu'il faut faire, on ne doit pêcher que dans le milieu de la journée, ainsi que j'aurai occasion de le dire.

Une erreur généralement répandue est de croire que les temps orageux sont propices pour la pêche au coup ; rien n'étant absolu à la pêche, on pourra peut-être réussir une fois par hasard ; mais ce sera une exception, car ces temps sont ordinairement contraires : l'approche de l'orage influe sur le poisson, il ne mord pas au fond ; ceux de surface seulement courent après les insectes, et encore cessent-ils souvent lorsque le tonnerre gronde, la foudre et les éclairs les épouvantent à un tel point qu'ils se cachent pendant tout le temps que dure la tempête.

L'époque des herbes est presque toujours mauvaise, car, tant qu'elles sont tendres, le poisson les préfère à tous les appâts qu'on peut lui offrir. Il ne se décide même à prendre ces derniers que lorsqu'elles commencent à durcir, et il ne les prend avec avidité qu'à l'époque où les herbes pourrissent. Du reste, en cela comme en beaucoup d'autres choses, tout est pour le mieux; car si le pêcheur réussissait toujours, il ne serait pas longtemps à se dégoûter de la pêche.

Dès que les herbes se corrompent, il faut éviter de stationner longtemps dans les endroits où l'eau est immobile. D'abord, c'est dangereux pour la santé, puis le poisson y mord peu ; on ne doit donc pêcher que dans les courants où ces herbes se détachent et où elles sont entraînées à mesure qu'elles se décomposent. Lorsqu'on pêche dans les endroits où l'eau est sans courant, il faut choisir ceux où il n'y a pas d'herbes.

Si rien n'est absolu à la pêche, il ne faut pas croire cependant que tout y est hasard. Suivre les indications de la nature et celles que donne le poisson est une excellente méthode.

Par exemple, en faisant une pêche quelconque, si l'on voit chasser le brochet et la perche, on doit se mettre sans hésiter en mesure de les prendre. Il en est de même pour la truite et le chevenne, aussitôt qu'on les voit s'élancer après les insectes, c'est le moment de les pêcher. Lorsque, après la pluie, l'eau se trouve légèrement troublée sur les bords de la rivière, la pêche au coup est généralement bonne ; le poisson y vient chercher ce que les ruisseaux entraînent. C'est surtout dans les eaux dormantes et dans les étangs qu'il faut alors tendre sa ligne. On doit l'envoyer, au contraire, dans les courants et au large, lorsque l'eau est basse et naturellement claire sur les bords, tandis que si elle est profonde, on peut la placer dans les haïs et les tournants situés près des berges ; mais je ne saurais trop le répéter, si cette eau n'avait pas la profondeur voulue, on ne pourrait espérer aucun succès, car c'est grâce à cette profondeur que la limpidité de l'eau devient moins dangereuse.

Le poisson apercevant distinctement le pêcheur, la ligne et la flotte, se garderait de toucher à l'appât ; avec cette eau limpide et immobile, un temps calme et clair, l'ombre même du pêcheur et de la ligne suffisent pour l'éloigner.

Par tous les vents, principalement par ceux qui sont froids, on doit pêcher dans les endroits abrités, que préfère toujours le poisson ; malheureusement il n'est pas seul à les aimer, surtout quand l'air est vif, que la saison avance, et que le soleil d'automne les réchauffe de ses derniers rayons, car les promeneurs et les bavards, encore plus redoutables que le vent, les recherchent avec non moins d'ardeur.

Si l'on est privé d'épuisette, il ne faut essayer de saisir un gros poisson avec la main qu'en cas de nécessité absolue, parce que l'on serait presque certain de le perdre. Cependant, lorsqu'on ne peut faire autrement, on doit prendre la canne d'une main et la ligne de l'autre, prêt à la lâcher dès qu'il tente un effort pour s'enfuir, en la laissant glisser dans ses doigts jusqu'à ce qu'elle soit tendue sur le scion, puis on se sert de nouveau de la canne jusqu'au complet épuisement du poisson.

Il y a des années où le poisson ne prend pas l'appât qu'il recherchait avec avidité un an auparavant à la même époque ; il faut le lui présenter à nouveau tous les quatre ou cinq jours, jusqu'à ce qu'il le prenne, car il arrive souvent que ce n'est que trois semaines ou un mois après qu'il se décide.

Une chose très-importante et souvent bien négligée, c'est de proportionner la grosseur de la flotte à la profondeur de l'eau ; on peut être assuré que c'est plus qu'on ne le pense un élément de réussite ou d'insuccès. Si dans les grandes profondeurs, on peut impunément se servir d'une grosse flotte supportant beaucoup de plomb, il n'en saurait être ainsi dans les endroits où il y a peu d'eau, on ne pourrait dans ce cas les mettre trop petites ; il ne faut jamais perdre de vue que c'est souvent la flotte qui donne l'éveil au poisson.

Dans bien des circonstances une plume est la meilleure des flottes ; il ne faut pas négliger pour s'en servir d'arrondir intérieurement les angles des coulants, ils sont souvent vifs et useraient la ligne en peu de temps. Du reste, il est toujours préférable de les ôter pour descendre ou monter la plume.

Lorsque vous pêchez au coup dans une eau courante, il faut qu'il n'y ait pas plus d'un mètre d'intervalle entre la flotte et le scion. Le scion doit, autant que possible, accompagner et se trouver directement au-dessus de la flotte de manière que cette partie de la ligne tombe perpendiculairement de l'un à l'autre ; elle ne doit être que légèrement lâche sans toucher l'eau, afin qu'un simple coup de poignet suffise pour ferrer instantanément à la première touche.

Quand vous pêchez le gros poisson, si vous en

accrochez un, et qu'en le fatiguant il vous échappe, vous avez presque la certitude d'être longtemps sans en piquer d'autres ; aussitôt dégagé de l'hameçon, il ira çà et là donner l'alarme à tous les autres. Ce n'est que par l'amorce qu'on peut espérer en faire revenir, seulement il faudra la faire descendre doucement dans l'eau pour ne pas faire de bruit : un poisson dont on éveille la méfiance ne prend que difficilement l'appât, quoi qu'on fasse.

Si l'on pêche dans une rivière qu'on ne connaît pas, on devra chercher les poissons au bord d'un courant, dans les tournants, près des moulins, des estacades, etc., mais toujours dans l'eau courante.

La pêche de nuit est la plus fructueuse, surtout à soutenir au barbillon, mais elle rapporte encore plus de maladies que de poisson. Quand on pratique cette pêche avec une canne, il arrive souvent que l'humidité ayant fait gonfler le bois, on ne peut plus disjoindre les morceaux qui la composent ; pareille chose arrive aussi de jour par la pluie ; pour faire évaporer l'humidité qui cause ce gonflement, il suffit de mettre la virole au-dessus de la flamme d'une chandelle ou d'un morceau de papier allumé.

CHAPITRE V

CONSEILS AUX PÊCHEURS

Je n'ai jamais vendu et je ne vendrai jamais aucune espèce d'ustensiles de pêche, le conseil que je donne ici est donc complétement désintéressé. Il y a quarante ans que je les achète, ou que je les fais moi-même , et j'ai appris à mes dépens qu'en ceci comme en toutes choses, c'est souvent ce que l'on paye bon marché qui est le plus cher. Aussi je n'hésite pas à dire à ceux de mes lecteurs qui peuvent ne pas trop regarder à la dépense : en articles de pêche, ne vous attachez pas au luxe, mais ne négligez rien pour obtenir une solidité réelle, vous payerez plus cher qu'en achetant certains objets de même apparence qui coûte moins, mais vous regagnerez, en durée, ce que vous aurez perdu en argent, et vous serez plus sûr de réussir en employant des instruments sur la solidité desquels vous pourrez compter.

A ceux dont les ressources sont limitées, qui ne peuvent dépenser le nécessaire pour arriver au prix de ce dont ils peuvent être sûr comme solidité, je leur conseille de confectionner eux-mêmes leurs apprêts. Les bords de la rivière sont peuplés de pêcheurs qui ne font pas autre chose, bien que la position de fortune de plusieurs d'entre eux ne les y oblige en aucune manière; les uns et les autres se feront un véritable plaisir de l'enseigner à ceux qui l'ignorent. Ce que l'on apprête soi-même est généralement fait avec moins d'élégance que ce qu'on achète tout fabriqué, mais on est sûr de la solidité, et c'est le principal. Ces observations s'appliquent surtout aux bas de ligne, aux empilages des hameçons destinés à être vendus bon marché. On verra dans le cours de cet ouvrage avec quelle négligence ils sont exécutés; aussi combien de fois manque-t-on d'*énormes poissons*, à entendre certains pêcheurs, et comme on serait bien venu de dire à l'un d'eux que l'*énorme poisson* qui vient de le démonter n'est qu'une malheureuse ablette....

Rien de plus vrai cependant. S'habituer à empiler ses hameçons est donc ce que tout pêcheur doit faire ; l'empilage sur le bord de l'eau, que ce soit sur crin ou sur florence, étant toujours avantageux, d'abord parce que dans ce genre de travail on n'est sûr que de ce qu'on fait soi-même. Puis, au lieu de changer d'empile pour remplacer l'hameçon perdu, on se sert de la même, jusqu'à ce qu'elle soit devenue trop courte.

Avantage doublement précieux, puisque plusieurs hameçons peuvent être montés sur la même empile ; ensuite.le séjour prolongé du bas dè ligne dans l'eau tout le temps que dure la pêche, assouplit à ce point le crin ou la florence, qu'on en obtient toute la solidité possible. Je me résume en disant qu'il n'y a pas à hésiter : ou l'on doit s'adresser à une maison de confiance pour l'achat de ces objets, ou l'on doit les apprêter soi-même.

CHAPITRE VI

DES ENGINS DE PÊCHE.

§ 1. — *Des cannes en général.*

La canne est au pêcheur ce que le fusil est au chasseur, l'un comme l'autre doivent être à sa main. C'est une question de tact et de sentiment très-difficile à expliquer.

Lorsque l'on achète une canne, si l'on n'a pas l'expérience de la pêche, il faut avoir soin d'expliquer à quel usage on la destine, et après qu'on en aura monté plusieurs du genre désiré, il faut les réunir toutes avant de faire un choix, car ce n'est qu'en les essayant les unes après les autres, et en faisant le mouvement de ferrer un poisson, qu'on sentira la canne qui est le mieux à la main.

Quant à la solidité, on subit le sort commun. Je ne connais aucun moyen de juger ce travail lorsqu'il est fini, les ligatures, les viroles et le vernis cachant tous les défauts, s'il y en a. Mais de même que tout bas de ligne en florence casse toujours à un nœud, une canne ne casse presque jamais qu'à une virole, avec cette différence que dans le premier cas il est impossible de l'éviter et que dans le second on n'a qu'à vouloir. Si l'élégance ne nuisait pas à la solidité, le désir du fabricant de vendre un objet plus joli serait fort naturel, mais ôter de la matière sous la virole, pour la puérilité d'éviter un peu de saillie sur la canne, et diminuer l'épaisseur des viroles pour satisfaire aux lois de l'élégance, c'est un mauvais calcul. Gagner si peu en beauté pour perdre autant en solidité, est un système qu'il faut abandonner.

J'admets jusqu'à un certain point que cela se fasse dans les cannes de bois où l'on peut laisser le trou destiné au goujon plus petit, et conséquemment conserver de la solidité; mais est-il sensé, de diminuer l'épaisseur d'un roseau ordinaire ou de Chine, quand son épaisseur naturelle est déjà trop mince? C'est vouloir le casser au moindre effort. Quant à moi, pénétré de cette vérité, jamais je ne commande une canne sans la condition expresse de laisser ces parties intactes.

Toute canne peut à la rigueur servir à pêcher, mais non à bien pêcher. Ce qui est une qualité pour les unes dans certaines pêches serait un défaut pour les autres ; et comme il doit exister une harmonie parfaite entre tous les objets qui constituent une ligne, si l'on veut avoir un bon instrument en main, il faut que la finesse du cordonnet, celle de la florence et des hameçons, soient proportionnées à la légèreté de la canne. Il est donc urgent qu'une canne soit appropriée au genre de pêche qu'on veut faire, ce qui explique la nécessité où sont les pêcheurs d'en avoir de rechange, selon les lieux où ils vont, et les pêches qu'ils font.

Car il ne faut pas l'oublier : si les outils ne font pas l'ouvrier, ce dernier ne peut rien faire sans eux.

§ 2. — *Canne à brochet.*

Je n'aurais pas consacré un chapitre à la canne au brochet (beaucoup de pêcheurs ne l'utilisent pas), si elle ne servait qu'à cette pêche, mais son double emploi m'y oblige.

La solidité de cette canne doit être l'unique préoccupation de celui qui la choisit, même au double point de vue de ses deux destinations, qui sont la pêche ordinaire du brochet et celle à la cuillère.

. Le lancé de la cuillère exige un peu de flexibilité, c'est le seul motif pour lequel on doit s'en occuper; du reste cette pêche généralement peu connue en France est l'objet d'un chapitre spécial auquel je renvoie le lecteur.

S'il est à la rigueur indifférent qu'à toutes les autres cannes les anneaux dans lesquels passe la ligne soient fixes ou se renversent, il n'en est pas de même pour celle-ci, non-seulement il faut les fixer, mais il faut les faire sensiblement plus grands qu'on ne les met d'habitude, comme l'indique le dessin qui la représente (fig. 1).

Fig. 1.   On verra par l'emploi de cette canne que cette précaution est indispensable.

§ 3. — *Canne à carpe et autres gros poissons.*

La canne pour la pêche de la carpe doit comme toutes les autres être le moins lourde possible, par la raison qu'on ferre mieux, même un gros poisson, avec une canne légère qu'avec une pesante. Elle doit être solide et longue de 6 à 7 mètres, qu'on pêche en bateau ou de la berge; seulement, comme sa longueur la rendrait trop lourde en bois, il faut la prendre en roseau d'Amérique ou .en roseau ordinaire. Ce dernier serait plus léger, mais il n'a pas la solidité de l'autre qui lui est préférable. Aussi lorsqu'on fait une canne en roseau de France, la moitié ou au moins le tiers de la partie supérieure doit-elle être en roseau d'Amérique dit bambou. Le roseau ordinaire a entre autres inconvénients sérieux, celui de se fendre, lorsque après avoir été atteint par l'humidité il est frappé par un rayon de soleil ; je le répète, pour cette canne surtout, le roseau d'Amérique vaut mieux.

La solidité dans toutes ses parties ne permettra qu'une flexibilité modérée, il en faut

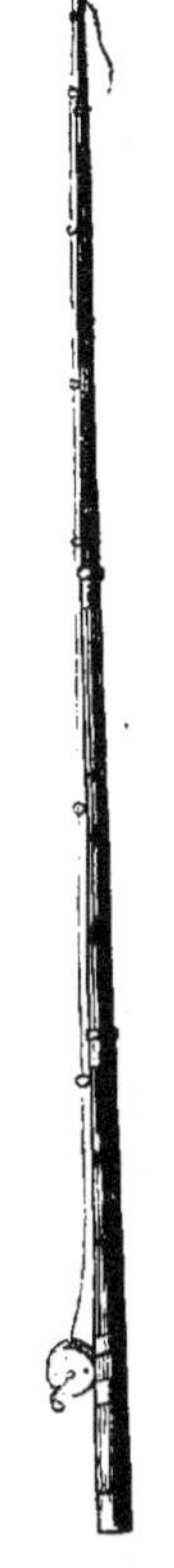

Fig. 2.

cependant. C'est le seul palliatif pour que la canne ou la ligne ne soit pas brisée dans les mains du pêcheur, quand il vient de ferrer un poisson, surtout s'il est gros, et mieux encore, si c'est une grosse carpe.

Cette canne (fig. 2) destinée aux gros poissons de fond, en général, comme le barbillon, le gros chevenne, doit être *sûre*. Je ne saurais donc trop recommander l'observation que j'ai faite au paragraphe précédent à propos de l'ajustement des viroles.

§ 4. — *Cannes pour la pêche à la mouche artificielle.*

Solidité, flexibilité, légèreté, telles sont les qualités, je ne dirai pas essentielles, mais indispensables, que les cannes pour la pêche à la mouche artificielle doivent avoir. De toutes les cannes, c'est celle qui fatigue le plus, et, conséquemment, celle qui exige le plus de soin pour sa fabrication ; aussi n'y a-t-il guère que les ouvriers les plus habiles qui peuvent la faire, les difficultés à vaincre étant excessives pour qu'elle soit bien faite.

La première condition pour qu'elle soit réussie est une précision parfaite dans l'ajustement des parties qui la composent. Les viroles qui garnissent le bout de chaque morceau doivent être presque cylindriques, afin que l'entrée de l'une dans l'autre se fasse par un frottement *gras* et continu jusqu'au fond, lequel doit avoir 8 à 9 centimètres environ de pénétration. Le même soin doit être employé dans l'ajustement du goujon qui sera alors un auxiliaire utile, au lieu d'être, comme il l'est trop souvent, un simple ornement ne servant qu'à augmenter le poids, qu'il faudrait, au contraire, diminuer. Si ces ajustements sont bien faits, une canne montée ne bougera pas plus que si elle était d'un seul morceau, qualité inappréciable, car l'action incessante qu'exige cette pêche, l'effort vigoureux qu'il faut pour lancer la mouche, et le choc qui se produit en ferrant un poisson, la feraient casser infailliblement s'il y avait le moindre ballottement.

A cette solidité doit se joindre une grande flexibilité, qualité indispensable pour cette pêche ; il faut que la canne soit flexible et ferme tout à la fois, car après avoir décrit un arc au lancé de la mouche, elle doit reprendre instantanément sa forme naturelle.

Petites, moyennes ou grandes, les cannes doivent être fabriquées, comme je viens de le dire, sans perdre de vue que leur légèreté est un élément réel de réussite. Pour que cette légèreté soit obtenue sans nuire ni à la solidité, ni à la flexibilité, il faut une décroissance graduée et régulière dans toute sa longueur, pour obtenir à son extrémité, la finesse d'une grosse aiguille, nulle rupture n'étant à redouter au bout du scion (fig. 3).

Ces cannes, généralement en bois d'hickory (noyer blanc de l'Amérique du Sud), sont un peu lourdes; pour les faire paraître légères, on ménage à la poignée, c'est-à-dire à la partie tenue par la main, un renflement qui augmente le poids du gros bout, en diminuant d'autant l'autre extrémité. Ce système produit un résultat plus apparent que réel, puisqu'il n'en donne pas moins un excédant de poids; on ne doit donc l'employer que pour les petites cannes, et dans de faibles proportions pour la commodité de la main.

Fig. 3. Ch. de Massas, très-habile à cette pêche, comprenait si bien l'inconvénient des cannes lourdes, qu'il en avait fait de plus légères en roseau rubanné pour remplacer celles en bois. Ces cannes étaient excellentes, mais elles n'eurent pas le succès qu'elles méritaient. Elles étaient pourtant précieuses pour la grande canne à deux mains de 6 à 7 mètres : celles en bois de cette dimension présentent de grandes difficultés à cause de leur poids, lorsqu'il faut les manier. Si l'on veut pêcher aisément, leur longueur ne doit pas excéder 5 mètres 50. Les Anglais, qui font très-bien ce genre de cannes, en fabriquent rarement de plus longues; je dirai même qu'il serait difficile, pour ne pas dire impossible, de les faire mieux. Elles sont élégantes, solides, flexibles et légères. En un mot, elles réunissent toutes les qualités désirables; je parle bien entendu des meilleures. Ceux qui croiraient qu'il suffit qu'une canne soit faite enAngleterre pour être bonne seraient dans une grande erreur. J'en ai tenu à Londres dont je n'aurais voulu à aucun prix, tandis que j'en ai fait faire à Paris qui peuvent supporter à leur avantage toute espèce de comparaison.

La longueur de ces cannes doit varier selon les lieux où l'on veut pêcher; dans les cours d'eau de peu de largeur, comme les ruisseaux, 3 mètres sont suffisants; pour les petites rivières, 3 mètres 50 à 4 mètres; et pour les rivières en général, 5 mètres à 5 mètres 50 suffisent.

Je conviens volontiers qu'une canne de 6 à 7 mètres serait préférable pour les grandes rivières et pour les lacs, mais quel est le bras qui pourrait s'en servir? D'ailleurs il ne faut pas oublier que la pêche est une distraction, et non pas un travail fatigant. Autrement on se lasse, on pêche mal, et le résultat se ressent de l'ennui qu'on a éprouvé.

§ 5. — *Cannes pour le petit poisson.*

Le choix de ces cannes est on ne peut plus facile, les plus légères sont les meilleures.

N'ayant aucun effort à redouter, c'est l'aisance et la commodité qu'il faut chercher; une canne en roseau ordinaire, avec un petit scion en bambou recoupé, d'une longueur de 2 mètres 50 à 3 mètres, et d'une flexibilité moyenne, est assurément ce qu'il y a de plus convenable pour cette pêche dite au petit coup.

Ce genre de canne peut également servir pour la pêche à fouetter, à moins qu'on ne lui préfère dans ce cas un sureau.

Je ne saurais trop le répéter, la supériorité de cette canne consiste dans sa légèreté, c'est donc avant tout de la légèreté qu'il faut s'occuper.

§ 6. — *Aiguille à amorcer ou à enferrer le poisson.*

Cette aiguille est une tige de fer ou d'acier, se terminant en pointe d'un côté, et dont l'autre extrémité, recourbée, présente un crochet en forme d'anneau (fig. 4). Après avoir mis la boucle de l'em-

FIG. 4.

pile dans le crochet, on passe cette aiguille bien doucement dans la bouche du poisson, et on la sort par l'anus. Si l'on a opéré avec la précaution voulue le poisson n'en ressent aucun mal.

§ 7. — *Le décrochoir* ou *l'anneau à décrocher.*

Le décrochoir est un anneau ordinairement en cuivre, armé de quatre à cinq dents en pointes, un peu recourbées sur elles-mêmes (fig. 5).

Lorsqu'un hameçon est accroché à un piquet, à une branche ou à une racine, comme il s'en trouve tant au fond de l'eau, au lieu de le tirer de droite et de gauche, ce qui ne sert qu'à l'accrocher davantage, puisqu'on fait pénétrer plus avant l'hameçon dans l'obstacle, il faut faire entrer le gros bout de la canne dans le décrochoir, faire glisser ce dernier jusqu'à l'autre extrémité, afin qu'en tombant le long de la ligne (qui s'y trouve dedans) jusqu'à l'hameçon, il le décroche par son poids. Lorsque la première chute ne suffit pas, en tirant la ficelle où il doit toujours être attaché, afin de ne pas être perdu,

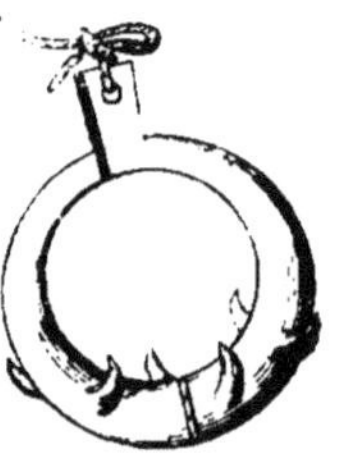

FIG. 5.

on le fait remonter et on le lâche de nouveau jusqu'à ce que l'hameçon cède.

Si, au lieu d'être accroché à un corps dur, l'hameçon l'est à des herbes, on tire le décrochoir et on le laisse retomber plusieurs fois, de façon que les pointes recourbées arrachent les herbes et dégagent l'hameçon.

Le décrochoir peut être un anneau simple pour ceux qui pêchent avec une ligne ordinaire, mais il doit être ouvrant pour ceux qui pêchent avec un moulinet, par la raison qu'il serait impossible de le faire passer d'un bout de la canne à l'autre, à moins qu'il ne soit d'une grandeur excessive.

J'ai dit que le décrochoir était ordinairement en cuivre. Je dois ajouter que ceux qui ne redoutent pas d'alourdir leur trousse le préfèrent en plomb. Car alors, plus lourd que le cuivre, il décroche plus facilement l'hameçon. Du reste, qu'il soit en cuivre ou en plomb, il doit toujours être dans la trousse du pêcheur, puisqu'au moment où l'on s'y attend le moins, on peut en avoir besoin. Il est aussi précieux au point de vue de l'économie que de l'utilité ; car neuf fois sur dix qu'on s'accroche, on ne perd rien, grâce à son décrochoir. Si cet utile auxiliaire manque, sur dix fois qu'on est embarrassé, il y en a neuf où l'on perd toujours l'hameçon, le bas de la ligne souvent et quelquefois tout reste au fond de l'eau. Puis, par les efforts réitérés que l'on fait pour se décrocher, on ébranle la canne elle-même, dont la solidité ne tarde pas à disparaître. En résumé, on peut affirmer qu'il y a utilité, économie de temps et d'argent : utilité, puisqu'on ne peut dégager sa ligne sans danger de tout briser; économie de temps, puisqu'on peut la détacher en quelques minutes ; enfin, économie d'argent, puisque cela évite de remplacer les parties brisées.

§ 8. — *Le dégorgeoir.*

Le dégorgeoir (fig. 6) est une petite fourche longue de 15 à 30 centimètres environ, selon la grosseur du poisson que l'on pêche. Cet instrument, ordinairement en fer, en cuivre, en corne

Fig. 6.

ou en bois, est indispensable dans bien des cas. Quand un poisson avale l'hameçon, soit qu'il l'ait dans l'estomac ou seulement dans la gorge, il est impossible de le retirer sans un dégorgeoir. Il arrive même souvent, surtout avec le petit poisson, qu'en voulant le retirer avec les doigts. à moins qu'il ne soit à l'extrémité des lèvres, on en casse la pointe ; tandis qu'avec cet instrument, ce danger se trouve écarté : on fait descendre la fourche sur l'hameçon, le long de la ligne qu'on tient de l'autre main, et on le décroche en appuyant dessus. Les dégorgeoirs destinés à la pêche du brochet sont les plus longs.

§ 9. — *Du harpeau ou grappin.*

Cet instrument de fer est formé d'une longue tige à trois branches pointues et placées triangulairement. On en fait de plusieurs grandeurs.

FIG. 7.

Le grappin de petite dimension doit toujours être dans le panier du pêcheur qui va lever ses lignes de fond dites traînées, afin de pouvoir les retrouver ou les relever, lorsqu'elles sont perdues ou accrochées.

Le grappin de grande dimension sert, comme les ancres, à retenir le bateau dans un endroit où il y a du courant.

§ 10. — *L'épuisette.*

Si l'épuisette est utile à tous les pêcheurs, on ne peut pas dire qu'elle soit commode dans toutes les pêches. C'est un filet conique en forme de poche

monté sur un cercle de fil de fer assez fort, dont les
deux extrémités sont coudées et emmanchées sur
un roseau. Ce fil de fer, d'un diamètre inférieur au
filet, lui fait former la poche qui sert à retirer de
l'eau le poisson dont le poids serait un danger pour

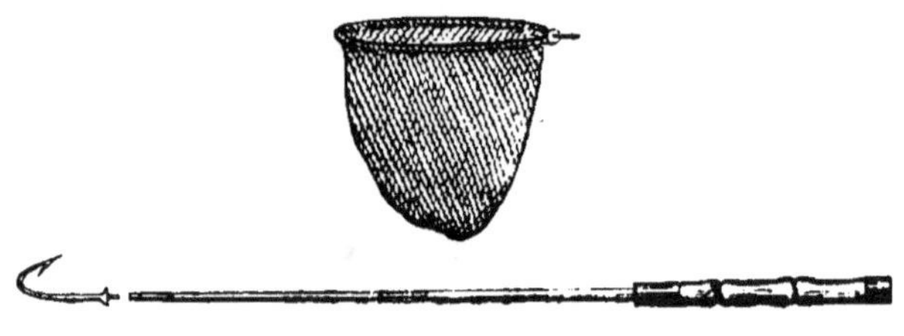

FIG. 8.

la ligne. Ce genre d'épuisette, qui ne se démonte
pas, est difficilement transportable en voyage; il y
en a de plus commodes, se vissant sur un manche
qui se démonte et dont le fil de fer, au moyen de
brisures, se plie en quatre, ce qui les rend très-
portatives (fig. 8). Si l'épuisette n'offre pas d'inconvénients pour la pêche sédentaire, puisqu'on reste
à la même place, il n'en est pas de même pour la
pêche à la mouche artificielle, où l'on est toujours
en mouvement. Dans le premier cas, elle ne gêne
pas le pêcheur, puisqu'il la pose à côté de lui; dans
le second cas, c'est tout le contraire, car, ainsi que

je l'ai déjà dit, à cette pêche, il faut toujours marcher, et l'une des conditions pour réussir est la liberté des deux mains, qui n'existe pas s'il faut porter la trop gênante épuisette.

Des nombreux essais que j'ai vu faire pour garder cette épuisette avec soi, un seul m'a paru à peu près praticable : on emploie un ceinturon auquel pend un fourreau exactement semblable à ceux dont nos garde-barrières de chemins de fer se servent pour enrouler leur petit drapeau de signal. Ce ceinturon est porté de façon que le fourreau reçoit le bas du manche de l'épuisette, tandis qu'un cordon passé autour de l'épaule sert d'appui à l'autre bout. Cette manière de la porter est assez commode le long d'une berge nue ; mais elle devient très-incommode sur celles qui sont boisées.

Quant à ce qui me concerne, j'ai fini par où j'aurais dû commencer : autant je prends mes précautions pour ne pas oublier l'épuisette lorsque je pêche au coup (à moins que je ne veuille prendre du petit poisson), autant je m'empresse de la remplacer par l'hameçon-harpon, qui est moins gênant et remplit le même but, lorsque je pêche à la mouche artificielle.

On porte sur soi, en bandoulière ou autrement,

un roseau ou bambou composé de trois parties ren-
trantes l'une dans l'autre, au bout duquel s'em-
manche un gros hameçon servant de harpon.

Ces trois parties, d'une longueur de 50 centimètres environ chacune, sont adhérentes entre elles,
de façon que par un mouvement brusque de la
main, elles se superposent tout d'un coup les unes
aux autres, sans se séparer.

Lorsque le poisson est pris et amené au bord, on
tient la ligne avec la main gauche, et l'on se sert de
la droite pour le harponner avec l'hameçon dont
je viens de parler.

§ 11. — *Le moulinet.*

Il y a trois sortes de moulinets : le premier est
simple; le deuxième est simple avec encliquetage, et
le troisième est multiplicateur. Les uns comme les
autres portent la ligne qui sert à pêcher, en passant
dans les anneaux de la canne pour sortir par le dernier à l'extrémité du scion (fig. 9).

Le moulinet simple et celui avec encliquetage ne
font exactement que le nombre de tours exécutés
par la manivelle dirigée par les doigts du pêcheur
lorsqu'il replie sa ligne.

Dans le multiplicateur, au contraire, il y a, à l'aide
d'un engrenage, une transmission de rotation qui
donne plusieurs tours pour un de la manivelle ; on
replie donc sa ligne beaucoup plus vite, résultat

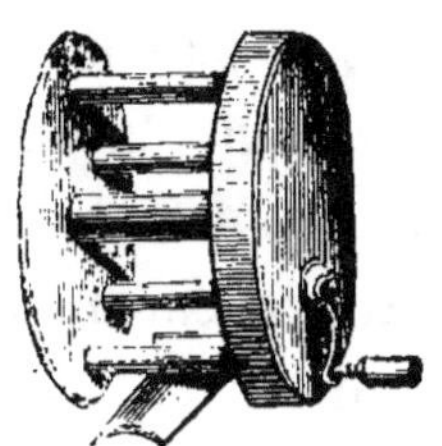

Fig. 9.

précieux dans certains cas. Du reste, qu'il soit multiplicateur ou simple, le moulinet est l'auxiliaire
le plus utile, lorsqu'on veut être maître d'un gros
poisson pris à l'hameçon.

Quand un pêcheur a l'habitude de s'en servir,
il ne peut plus s'en passer. Indispensable dans
certaines pêches, il est utile dans toutes. Qu'il soit
simple ou avec un engrenage, il ne doit avoir
aucune espèce d'arrêt, un arrêt quelconque sur
un moulinet étant non-seulement un défaut, mais
même un non-sens.

Le multiplicateur a plusieurs avantages sur le
moulinet simple, tandis que celui-ci n'en a qu'un

sur le multiplicateur. Le voici. Quand on pêche
avec la canne posée, si une carpe ·qui gagne le
large aussitôt qu'elle a pris l'appât sent de la résistance en s'éloignant, elle rejette cet appât huit fois
sur dix, à cause de l'engrenage du multiplicateur,
qui nécessite une tension plus ou moins forte, lorsqu'il est mis en mouvement; tandis qu'elle le garde
avec le moulinet simple, qui n'oppose aucune résistance; il part instantanément, étant aussi libre
qu'une poulie sur une tige. Là il y a avantage
réel pour ce dernier.

Malheureusement, de cet avantage naît un danger.
Dès qu'un gros poisson se sent pris, la vitesse et la
force d'entraînement avec lesquelles il fuit sont telles,
qu'il faut absolument les modérer par la pression de
la ligne contre la canne : mais le doigt qui la presse
ne peut pas toujours appuyer jusqu'à la fin; la vitesse
de la ligne arrive à ce point, qu'il ne tarde pas à
éprouver un vif sentiment de brûlure, lorsqu'il n'est
pas fendu, ce qui arrive souvent, si on ne le lève pas
à temps. Le poisson alors, se croyant libre, ne fait
qu'un bond jusqu'au milieu de la rivière, et le moulinet en reçoit une si forte impulsion, qu'il tourne
encore lorsque le poisson, un peu rassuré, s'arrête
un instant; de sorte qu'une partie de la ligne se

trouve enroulée en sens inverse, à moins que cette partie ne soit sortie du moulinet par le lâche qui s'y est opéré. Dans un cas comme dans l'autre, si l'on n'a pas eu le temps de remettre la ligne en place, avant que le poisson ne reparte, elle court les plus grands dangers.

De ce qui précède, il résulte que le moulinet simple avec encliquetage est préférable à celui qui n'en a pas, l'encliquetage empêchant le moulinet de tourner seul ; mais il a l'inconvénient signalé pour celui qui est multiplicateur, inconvénient que le pêcheur, il est vrai, peut neutraliser, ainsi qu'on le verra plus loin.

D'ailleurs un poisson qu'on tient au bout de sa ligne n'est pas pour cela dans le panier, et c'est afin de l'y faire venir que le multiplicateur a son utilité, ainsi qu'on pourra en juger, lorsque nous nous occuperons de la pêche à la carpe. Démontrer l'avantage qu'il y a de se servir de l'un ou de l'autre, c'est nécessairement reconnaître qu'il en faut toujours un. J'ajouterai même que certaines pêches sont impossibles sans son concours, et de ce nombre est la pêche à la mouche artificielle.

Suivant l'endroit où l'on se trouve, on est obligé d'allonger ou de raccourcir sa ligne. Ici c'est une plage dont le courant se trouve au large ; là c'est une grande couche d'herbes qui vous en sépare ; plus loin, la berge est à pic et se trouve rasée par le courant. Comment allongera-t-on ou raccourcira-t-on sa ligne sans le moulinet? et si l'on pique un gros poisson, surtout dans l'eau rapide, qui double sa force, comment évitera-t-on la rupture de la canne ou de la ligne ?

Pour tous ces motifs et bien d'autres qu'on appréciera plus loin, le moulinet est une sauvegarde contre toutes les surprises si fréquentes à la pêche. La nécessité de son emploi est pour moi tellement démontrée par l'expérience, qu'en pêchant simplement le petit poisson, je me sers d'un moulinet construit pour cet usage, et qui garantit ma' ligne de tout accident, dans le cas où l'appât serait pris par un gros.

Plus d'un pêcheur, il est vrai, en a été surpris, mais il l'était bien davantage encore, lorsque croyant ferrer un petit poisson, il en piquait un gros qui instantanément brisait sa ligne.

J'ajouterai que j'ai employé le moulinet avec succès pour la plus infime des pêches, c'est-à-dire la pêche à fouetter, ainsi qu'on le verra au chapitre qui lui est consacré.

§ 12. — *Le panier.*

Tout ce qui est commode pour la pêche doit sans hésitation être adopté : éviter la gêne, les embarras, doit toujours être le soin du pêcheur. Or rien n'est moins embarrassant que ce qu'on appelle le panier de pêche (fig. 10) : destiné au même usage que

Fig. 10.

le carnier du chasseur, il se porte de même, laissant entière la liberté du corps, chose appréciable pour toute pêche, mais principalement pour celle à la mouche artificielle. On a fait bien des essais pour le remplacer, on n'y est pas parvenu, et je doute qu'on y parvienne, puisque sa forme, à la fois heureuse et commode, offre une capacité que nulle autre forme ne présenterait, à volume égal.

Sa supériorité réelle justifie donc pleinement une faveur en tout point méritée.

§ 13. — *Les plioirs.*

Le plioir (fig. 11) est une petite planchette de bois plat, entaillée aux deux extrémités, de telle sorte que les deux côtés de chaque bout restent plus longs que le centre. Le plioir, ainsi que son nom l'in-

Fig. 11.

dique, sert à plier les lignes, ou simplement les bas de ligne, en les roulant dessus : c'est la manière la plus prompte, la plus commode, et la plus sûre d'arranger une ligne pour l'empêcher de se mêler. On place la courbe de l'hameçon à l'une des extrémités du plioir, on roule la ligne dans sa longueur, et l'on en fait entrer le bout, pour l'arrêter, dans une entaille pratiquée sur le côté par un trait de scie.

On a essayé de faire plusieurs genres de plioirs, sans arriver à aucune amélioration sensible. On a surtout cherché à les faire entrer dans les porte-feuilles de pêche ; mais comme c'étaient toujours des espèces de plioirs, plus ou moins bien disposés, on s'est aperçu que le seul avantage obtenu était d'augmenter le volume du portefeuille ; aussi est-on revenu à celui dont je parle au commencement de ce chapitre, c'est-à-dire au plus simple, qui, par sa forme plate et peu volumineuse, se place avec facilité partout et ne coûte presque rien. C'est celui que nous conseillons d'employer.

§ 14. — *Du scion emmanché.*

Cet instrument, sans nom connu, et que je nommerai *scion emmanché*, est un simple morceau de baleine d'une longueur de 30 centimètres environ, entré et collé dans un morceau de liége cylindrique, dont la base est convexe. Il est léger, commode ; il emplit bien la main et facilite la sûreté du coup quand on ferre. La baleine, arrondie en fuseau, porte à l'extrémité un arrêt ligaturé qu'on y a pratiqué avec de la soie poissée (fig. 12).

Pour se servir de cet instrument, on roule la ligne sur le liége, afin de la tenir dans la main, et l'on tourne cette ligne en spirale autour de la baleine pour l'arrêter à son extrémité.

FIG. 12.

§ 15. — *Le portefeuille du pêcheur.*

Un portefeuille bien confectionné est d'autant plus nécessaire au pêcheur à la mouche artificielle, qu'il remplace pour lui la trousse, les autres ustensiles et les appâts indispensables à la pêche ordinaire, puisque tout ce dont il a besoin devrait s'y trouver; mais, on doit en convenir, il n'est pas heureux de ce côté. Au point de vue pratique, on trouve dans l'industrie des objets dont la conception a été si parfaite, qu'elle ne laisse désirer aucune amélioration. Tel n'est pas le portefeuille du pêcheur. Rien de ce qu'on a fait pour l'usage auquel il est destiné ne remplit le but. Tous sont aussi utiles qu'insuffisants. Cela est d'autant plus étrange, que ce portefeuille n'exige pas de complication; bien qu'il doive contenir tout ce dont le pêcheur à la mouche artificielle a besoin pour une campagne plus ou moins longue, il ne faut pas une grande dépense d'imagination pour établir les compartiments nécessaires, tout se bornant à :

1° Dix à douze mètres de soie poissée ;

2° Quelques bas de ligne de rechange ;

3° Une petite pierre d'un grain fin, propre à refaire au besoin la pointe des hameçons ;

4° Une paire de petits ciseaux ou un canif ;

5° Un assortiment de mouches, dont le nombre et la grosseur seront proportionnés à la durée de la campagne, et aux rivières dans lesquelles on doit pêcher.

C'est là tout l'arsenal, on ne peut plus facile à loger dans un portefeuille de pêche.

§ 16. — *L'émérillon.*

L'émérillon est un petit instrument indispensable au pêcheur (fig. 13); on doit donc en avoir plusieurs de rechange et de différentes grandeurs dans sa trousse.

Nul genre de pêche, avec un poisson vivant ou

Fig. 13.

mort pour appât, n'est praticable sans son secours. Il est nécessaire pour les appâts artificiels, comme le petit poisson d'étain, le tue-diable, la cuiller, etc. Ces deux derniers seraient même complétement impossibles sans l'émérillon : leur mouvement de rotation, trop lent pour produire l'effet attendu, suffirait cependant à tordre et à vriller la ligne; tandis que, placé entre l'appât et la ligne, l'émérillon, tournant sur lui-même, empêchera celle-ci de bouger.

CHAPITRE VII

HAMEÇONS, BOYAU DE VER A SOIE, EMPILAGE
ET AMORCES.

§ 1. — *Des hameçons et de la manière de les empiler* (1).

L'hameçon est un de ces rares instruments qui n'ont jamais eu deux manières d'être : c'est-à-dire, tel il existe, tel il a toujours existé ; seulement on en a perfectionné la matière et régularisé la forme, mais cette forme est restée au fond la même. Du reste, elle indique si bien ce à quoi il est

(1) La longueur de la queue des hameçons gravés pour cet ouvrage a été exagérée pour faire mieux comprendre la théorie de la démonstration à laquelle je me livre pour expliquer les gravures.

Je n'ai pas besoin d'ajouter que les pêcheurs ne doivent pas prendre ces hameçons pour modèles lorsqu'ils voudront en acquérir pour leur usage ; ils savent que les plus courts sont toujours préférables.

destiné, que je ne vois pas ce qu'on pourrait y changer. Autrefois les hameçons fabriqués en Angleterre étaient les seuls qui fussent bons; mais l'extension considérable qu'a prise la pêche à la ligne, et la consommation qui en est la conséquence, ont créé d'autres lieux de production recommandables par leurs produits. Cependant l'Angleterre a conservé sa supériorité, et sa renommée est justifiée.

Ces hameçons ne laisseraient rien à désirer, s'il n'y en avait de mal tournés, surtout si les pointes étaient mieux acérées et mieux faites; c'est en les regardant au microscope, qu'on peut les juger. Quelle différence avec les pointes d'aiguilles dont la partie conique est conservée parfaitement ronde jusqu'à l'extrémité aiguë, condition essentielle pour qu'une pointe soit bonne et durable! tandis que celle d'un hameçon n'est, le plus souvent, ni ronde, ni carrée, ni ovale; c'est quelque chose d'informe, rendu piquant simplement par un coup de grosse lime. Une pointe dans ces conditions n'a aucune durée, elle ne tarde pas à s'émousser ou à se ployer. Il y a là une lacune que le marchand d'ustensiles de pêche peut combler, en exigeant du fabricant des pointes semblables à celles des aiguilles à coudre, lesquelles ne s'émoussent qu'à la longue; ou, tout au moins, en les faisant refaire à la main, chose facile, puisque la plupart des pêcheurs les refont eux-mêmes. Pour mon compte, à moins qu'elle ne se trouve bonne, je ne me sers d'un hameçon qu'après en avoir refait la pointe.

Mais rien ne donne une idée de la négligence que les pêcheurs mettent dans leur choix : s'assurer de la grosseur des hameçons dont ils ont besoin et essayer avec le doigt si la pointe est aiguë, sont les seules choses dont ils s'occupent .C'est méconnaître l'importance de l'hameçon. Il ne suffit pas qu'il y ait une pointe, il faut examiner avec soin comment elle est faite, si elle est dans des conditions de durée; il faut surtout examiner la forme qu'on a donnée à l'hameçon, en le tournant, et s'assurer que la pointe s'incline en bas vers la droite. S'il est reconnu qu'un hameçon bien tourné est préférable à un droit, il ne faut pas oublier que s'il est mal tourné, c'est la pire des choses, car c'est là qu'on doit chercher la cause d'insuccès fréquents. Ma conviction, qui a pour base une vieille expérience, est telle sur ce point, que j'en suis arrivé, lorsque je n'en trouve pas à ma convenance, à prendre des hameçons droits et à les tourner moi-même. La figure 14 représente la forme qui est vicieuse, et la figure 15 celle qu'ils doivent avoir.

Je les tourne toujours à droite (1), et c'est ainsi qu'il faut les choisir, par la raison que si la pointe se trouve à gauche, il sera presque impossible d'y placer un appât comme il doit l'être, à moins que ce ne soit de la pâte. En tenant un hameçon entre le

FIG. 14 et 15.

pouce et l'index, comme on le tient toujours, c'est-à-dire dans la position indiquée par la figure et qu'il doit avoir pour le faire entrer dans un appât quelconque, s'il est tourné à droite (fig. 15), la pointe, qui a une tendance marquée à sortir du côté de l'appât qui vous fait face, se trouve directement placée sous les yeux du pêcheur, qui peut ainsi la diriger à son gré ; si, au contraire, c'est un hameçon tourné à gauche (fig. 14), la pointe, à l'inverse de ce qui précède, tend à sortir du côté

(1) En tenant l'hameçon par la palette, la courbure en haut et la pointe en face, cette pointe doit être inclinée à droite.

opposé, et, comme on ne peut la diriger, elle sor
où le hasard la conduit : or un appât mal placé,
qui tient trop ou trop peu, et ne cache pas assez
l'hameçon, empêche le poisson de mordre ou d'être
pris lorsqu'on le ferre.

On fait des hameçons soit avec *palette*, soit avec
anneau. On appelle *palette* un aplatissement de l'extrémité de l'hameçon, formant un évasement suffisant pour maintenir le nœud au moyen duquel on le
fixe à la ligne. On appelle *anneau* le bout de l'hameçon retourné sur lui-même, de manière à former
une tige circulaire qui sert aux mêmes fins que la
palette.

On fabrique également des hameçons sans palette ni anneau, qui sont préférés par les pêcheurs.

Il existe encore un hameçon de provenance an-

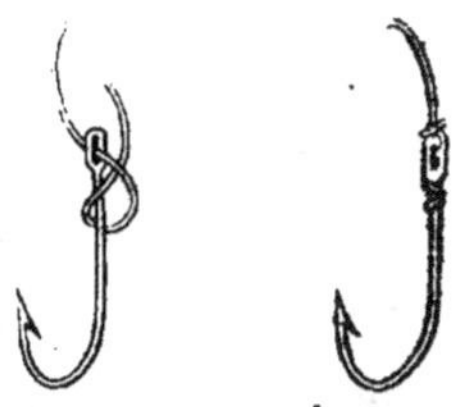

Fig. 16.

glaise, dit à chas ou à aiguille, qu'on pourrait, en ne
voyant que l'extrémité de sa queue, prendre pour

une aiguille à coudre. Il s'empile promptement et facilement (fig. 16). Si l'on pouvait être sûr du soin apporté à la bonne exécution du trou, il serait précieux pour la pêche du petit poisson ; malheusement, si le trou n'est pas bien arrondi sur ses bords intérieurs, il devient le pire des empilages, car il casse l'empile presque aussitôt.

Dans le département de l'Ain où l'ombre abonde, on fait avec des aiguilles à coudre un hameçon qui ne se trouve pas dans le commerce. On détrempe, en les faisant rougir au feu, des aiguilles fines de bonne qualité ; pendant qu'elles sont chaudes, et au moyen de petites pinces rondes, on courbe le côté de la pointe en forme d'hameçon, en l'inclinant un peu à droite. On fait rougir au feu les hameçons ainsi faits, et on les trempe dans l'eau froide, dans l'huile, ou dans le suif. Si l'on veut conserver à l'hameçon la blancheur de l'aiguille, avant de la mettre au feu, on la frottera avec du savon humecté. Une fois trempé et refroidi, on placera cet hameçon sur une plaque d'acier ou de cuivre mince, et on le fera revenir bleu en promenant la plaque sur la flamme d'une bougie, ou mieux encore d'une petite lampe à esprit-de-vin. Cette dernière opération a pour but de le rendre moins cassant.

On verra l'emploi de cet hameçon à la pêche à la mouche artificielle.

§ 2. — *Du boyau de ver à soie.*

Le boyau de ver à soie est connu sous différents noms. Il est probable que ces diverses dénominations sont dues au soin que prirent ceux qui eurent l'heureuse idée de se servir de cette substance pour la première fois, d'en cacher l'origine et le lieu de production, afin d'en conserver le plus longtemps possible le monopole. Voilà, je crois, la seule cause de ces noms si divers, qui varient selon les contrées et qu'on emploie indistinctement : *racine, florence, poil de Florence, tanse, mort à pêche, crin de Naples, crin marin, lison, herbe grecque,* etc., etc.

Le boyau de ver à soie, qu'on n'appelle jamais ainsi, est généralement connu sous le nom de *florence;* aussi est-ce celui que j'emploierai dans cet ouvrage.

Le boyau de ver à soie s'obtient de la manière suivante. On prend le plus gros ver à soie possible, lorsqu'il est sur le point de faire son cocon ; on choisit celui qui paraît contenir le plus de matière soyeuse, et on le plonge dans du vinaigre blanc très-fort. Après un bain de vingt-quatre heures, on prend le ver par

ses deux extrémités, en étirant le fil soyeux conservé
dans le corps de l'animal, et dont il se serait servi
pour former son cocon. Plus ce brin est régulier,
rond et transparent, meilleur il est ; c'est de là en effet
que dépend sa solidité. Les Anglais l'ont si bien compris, qu'ils passent ces brins dans une espèce de filière
d'où ils sortent parfaitement ronds et réguliers. Cette
opération n'augmente pas leur solidité, mais elle
permet, en mettant à jour le moindre défaut, d'apprécier leur force réelle et de rejeter ceux qui sont
défectueux. Il en est effectivement d'une florence
comme d'une barre de fer où il y aurait une paille;
la grosseur ne fait rien, s'il y a une partie faible. Les
brins semblent gros et forts, quand ils ne sont, le plus
souvent, que plats et faibles. On n'a pas à craindre
de semblables déceptions lorsqu'on emploie ceux qui
sont passés à la filière. Cette opération a en outre
l'avantage de faire disparaître le brillant si vif dont
le boyau de ver à soie est revêtu et qui est si défavo-
rable pour la pêche. Dans le cas où il est impossible
de se procurer de la florence ainsi préparée, il faut
choisir les brins les plus ronds, et n'employer que
les parties saines, en ayant soin de rejeter celles
qui sont plates ou filandreuses.

Cette substance, si précieuse, a cependant un

inconvénient grave, d'autant plus sérieux, qu'il est
impossible de l'éviter : je veux parler des nœuds.
S'il était possible d'obtenir un bas de ligne d'un
seul morceau, rien au monde ne le vaudrait, car
c'est toujours aux nœuds que la florence se brise.
Si l'on ne pêche que le petit ou le moyen poisson,
pour peu que l'on soit prudent, les accidents seront
rares ; mais il n'en est malheureusement pas ainsi,
quand on prend le gros : nul ne sait alors si la
florence ne se cassera pas. Pour mon compte, j'ai
à peu près renoncé à m'en servir pour la carpe, à
moins qu'il n'y ait pas d'obstacle dans l'endroit où
je pêche. J'ai eu des bas de ligne en florence avec
lesquels je prenais dix carpes de différentes grosseurs sans en changer, mais j'en ai employé aussi
qui se rompaient tout de suite.

Ce défaut inévitable pour les grosses pièces, dont
tous les pêcheurs se plaignent, a attiré l'attention de
ceux qui vendent ce produit, et ils ont cherché à
obvier à cet inconvénient, soit en nouant deux brins
parallèlement ensemble, soit en les tordant avec un
troisième pour en former une cordelette. Ces deux
moyens sont mauvais : le premier, parce qu'il y a
impossibilité de nouer deux florences de même
longueur sans que l'une ne fatigue pas plus que

l'autre; le second, c'est qu'en les tordant, on les fait vriller, et on leur ôte la force qu'elles avaient précédemment. On a cru, mais à tort, qu'en doublant ou en triplant la quantité des brins, on doublait ou triplait la force du bas de ligne; la force est plus grande, cela est certain, mais elle n'est pas en proportion du nombre.

La multiplicité des brins offre un très-grave inconvénient : elle donne au bas de ligne une roideur toujours mauvaise pour la pêche, et elle détruit l'avantage inappréciable de la florence d'être peu visible dans l'eau; avantage sans lequel, vu ses inconvénients, elle n'aurait plus raison d'être, car avec ces trois brins réunis, le bas de ligne devient trop apparent, plus roide, ne se prête pas au bon empilage d'un hameçon, et n'acquiert ni la solidité, ni la souplesse du cordonnet de soie d'une égale grosseur, et qui doit lui être infiniment préféré.

En un mot, la florence, si précieuse, à cause de sa transparence, dans presque toutes les pêches, surtout dans celles de surface, quand on l'emploie simple, perd cet avantage aussitôt qu'on multiplie les brins.

Il existe une variété de florence qui est jaune et plus longue que la précédente; elle est généralement

ronde et régulière : malgré ces apparentes qualités, elle ne la vaut pas. Sur toutes les florences
on doit éviter les nœuds autant que possible, et
faire toujours une boucle ligaturée à la place ; mais
cette observation s'applique surtout à la florence
jaune, parce qu'elle s'effile et se casse plus facilement encore.

Quelle que soit la manière de plier la florence
dans la trousse ou le portefeuille de pêche, elle
garde la forme qu'on lui donne, surtout en la
serrant mouillée, ce qui arrive presque toujours.
Pour la rendre droite, lorsqu'on retourne à la pêche, il suffit de la passer sur un morceau de gomme
élastique, en l'y appuyant avec le pouce, ou bien de
la mettre tremper dix minutes dans l'eau, et de la
tendre après fortement par les deux extrémités.

La florence se teint si facilement, et la manière de
la teindre est si connue, que je ne m'étendrai pas
là-dessus : on la met tremper vingt-quatre heures
ou plus, soit dans une infusion de thé très-chaud,
ou de café, si on la veut plus foncée ; soit dans de
l'eau alunée, où l'on a fait bouillir une couleur
quelconque.

Une précaution indispensable, quand on veut
nouer de la florence, ou s'en servir pour empiler des

hameçons, est de la faire préalablement tremper au moins une heure dans l'eau. On peut, pour cette opération, se servir d'eau froide, mais l'eau chaude est infiniment préférable.

§ 3. — *Des empilages.*

On appelle *empile* un filament quelconque au bout duquel on attache un hameçon. Empiler un hameçon, c'est donc le fixer à une empile; qu'on l'y fixe d'une manière ou de l'autre, le but est atteint si le mode d'attache est solide et peu apparent. Qu'un hameçon soit empilé avec du crin, avec de la soie ou de la florence, il faut toujours que l'empile soit placée en face de la pointe. Ainsi, pour un hameçon à palette, il faut qu'elle soit sur la palette. La raison en est simple : en tirant sur l'hameçon comme le ferait un poisson pris, on verra cette face de la palette appuyer fortement contre l'empile, et conséquemment aider en faisant levier à la pénétration de la pointe. On peut s'en rendre compte en plaçant un hameçon dans ses doigts, et suivant qu'on appuiera sur l'une ou l'autre face de la palette, la pointe avancera ou reculera.

L'empilage des hameçons est un travail qui doit

être consciencieusement fait; il exige de l'habitude et du soin dans son exécution : c'est celui auquel on devrait apporter le plus d'attention, étant la partie la plus importante de toutes celles qui constituent une ligne. Mais il en est de l'empilage comme de bien d'autres choses, c'est l'opération la plus impor-. tante et par conséquent la plus négligée. Souvent ce sont des enfants de sept ou huit ans qui l'exécutent. Ce travail, en effet, une fois terminé, n'offre aucune différence entre celui qui a été bien ou mal fait. Comment, par exemple, reconnaître, lorsqu'on achète des hameçons empilés sur crin ou sur florence, si ces crins ont préalablement trempé dans l'eau le temps nécessaire à la solidité de l'empilage. Tout le monde sait au contraire que presque tous les crins ordinaires dont on se sert pour monter les hameçons n'ont jamais été mis dans l'eau, au point qu'il suffit d'un goujon pour les casser, et que si l'on ne fait pas de même pour la florence, c'est qu'il y a bien des cas où il serait impossible de s'en servir sans la faire tremper.

Le danger des nœuds, que je signale plus haut en parlant de la florence, existe bien plus encore dans cette opération, et le pêcheur le plus expert n'est pas toujours sûr de le conjurer, malgré son expérience. Qu'on juge alors de la valeur des empilages exécutés avec négligence.

Ainsi que je l'ai déjà dit, l'inconvénient du crin de Florence, c'est sa roideur, et, bien que l'eau le ramollisse, tous les entortillements qu'il subit, et les tours de force d'élasticité qu'on lui fait faire pour faciliter l'empilage de l'hameçon, lui nuisent en principe. Dès que la florence sert elle-même à empiler l'hameçon, quel que soit le genre d'empilage adopté, il n'a toujours pour arrêt que l'épaisseur du brin, inconvénient sans grande importance pour le petit poisson, mais dangereux quant au gros. D'un autre côté, l'épaisseur de la florence formant un empilage d'autant plus épais qu'on y ajoute deux autres brins montant l'un sur l'autre pour former l'arrêt nécessaire sur l'hameçon, est un obstacle à l'emploi de certains appâts, ou tout au moins à leur pose convenable sur l'hameçon, qu'on pêche soit le petit, soit le gros poisson. Il y a dix manières d'empiler un hameçon, mais toutes celles qui nécessitent l'emploi d'une florence tordue sont dangereuses. Le seul mode rationnel est celui où elle reste droite.

Une florence étendue le long de la queue d'un hameçon, sur laquelle on a formé deux ou trois en-

tailles allongées (fig. 17) avec une petite lime demi-
ronde, et fixée par de la soie poissée, est le meilleur
des empilages. On l'abandonne quelquefois, mais

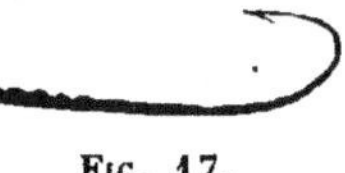

Fig. 17.

on y revient toujours. Aussi ne dirai-je pas : c'est
une des meilleures manières d'empiler un hameçon; mais bien, c'est presque la seule bonne pour le
gros poisson (fig. 18).

Fig. 18.

Avec ce genre d'empilage seulement, on peut
employer toute espèce d'appât sans le détériorer, et
se servir d'un hameçon sans anneau ni palette :—non
que je partage l'opinion absolue de certains pêcheurs
contre la palette ; mais il est hors de doute cependant que les hameçons qui n'en ont pas, sont préférables à ceux qui en possèdent.

Pour cet empilage, comme pour tous les autres, la
florence doit être préalablement ramollie dans l'eau
et étendue molle sur la queue de l'hameçon : d'un

côté, elle remplit les inégalités formées par la lime ;
de l'autre, elle adhère si bien avec la soie qui s'y
empreint et la fixe, qu'elle ne forme plus qu'un tout
homogène. Ainsi placée naturellement, sans être
tordue, la florence conserve toute sa force.

En formant une boucle à l'autre extrémité par
une ligature également de soie poissée, pour éviter
un nœud, on obtient le maximum de force d'une
florence à l'état naturel. Et si l'on pêche le gros
poisson dans une rivière dont la limpidité de l'eau
exige l'emploi de la florence, on peut fixer sans
crainte cette empile à la ligne et pêcher en sûreté.
En outre, comme on vient de le voir, cet empilage se
prête à l'emploi de toute espèce d'appât, et ce n'est
pas chose indifférente que de pouvoir à volonté,
selon l'espèce de poisson qu'on cherche, changer,
grossir ou amoindrir l'appât dont on se sert.

Convient-il de pêcher avec un ver de terre ou de
terreau, on fait glisser l'hameçon dans ce ver, qu'aisément ou remonte sur la florence pour ne laisser
dépasser à la pointe que la longueur voulue. Pêche-
t-on avec du blé, on peut faire monter les grains
jusqu'à l'extrémité. Il en est de même si l'on pêche
avec des asticots, qui peuvent revêtir entièrement
l'hameçon. La fève, le fromage, la pomme de terre,

la pâte, etc., etc... se placent aussi très-facilement avec cet empilage.

Si, contre toute logique, certains pêcheurs persistent à les empiler avec la florence même, pour la pêche du gros poisson, il faut, de toute nécessité, renoncer aux hameçons sans palette et sans anneau, l'empilage à l'aide de la florence n'étant possible qu'avec ceux qui ont l'une ou l'autre; et dans ce cas il convient de les attacher avec le nœud formant le 8 (les fig. 19, 20, 21 et 22 le représentent), ou avec l'empilage dont je vais parler tout à l'heure : car ce nœud, d'une solidité relativement parfaite, laisse le corps de l'hameçon entièrement libre pour l'appât, et ne dépasse pas en volume le diamètre de la palette, contre laquelle il s'appuie.

Cet empilage est le seul qui doive être employé quand on fixe un hameçon directement sur la ligne de soie ou sur une empile de cordonnet de soie; nul autre ne le vaut.

De même que pour la florence, on doit laisser 3 millimètres de cordelette en dehors du nœud, et la fixer sur l'hameçon, ainsi que je viens de le dire. Sur la florence comme sur la cordelette, cette petite ligature consolide le nœud et termine agréablement l'empilage.

Toutes les ligatures doivent recevoir au moins une couche de vernis d'ébéniste. Cette opération les rend inaltérables à l'eau, et favorise la pose des appâts.

Cet empilage est le plus simple de tous : bon avec la florence, il est inappréciable avec le cordonnet de

Fig. 19.

soie ou de chanvre. Pour l'obtenir, il suffit de faire un nœud simple, que l'on double en passant une deuxième fois (fig. 19). En tirant doucement aux deux extrémités, on remarque la forme d'un 8 qui

Fig. 20.

commence à se dessiner ; on l'achève dans le sens indiqué, et l'on a un 8 parfait. On passe la queue de l'hameçon dans les deux boucles formant les deux côtés (fig. 20) ; — en le serrant, le 8 commence à former le nœud (fig. 21), et l'empilage se trouve fait ; on laisse dépasser 2 ou 3 millimètres du bout inférieur, selon la grosseur de l'hameçon, et on l'y

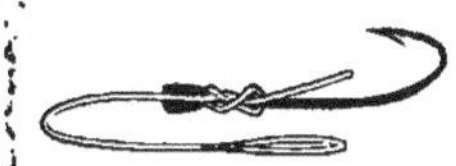

FIG. 21.

fixe dessus par une petite ligature qu'on vernit.
ensuite avec le nœud (fig. 22).

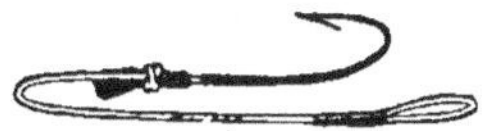

FIG. 22.

Voici encore un genre d'empilage avec la florence
même ou avec le crin ; c'est un des plus solides que
l'on puisse faire, mais il est un peu plus volumineux
que le 8.

Prenez l'hameçon de la main droite, la palette
en dehors ; étendez une florence sur la queue de cet

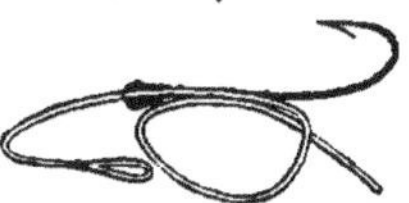

FIG. 23.

hameçon de manière qu'elle dépasse la palette de
10 centimètres ; ramenez l'autre extrémité en lui
faisant décrire un cercle, et étendez ce bout à côté
du premier, de façon qu'ils se croisent (fig. 23).

Enroulez trois ou quatre tours, en commençant contre la palette pour remonter vers la courbe, en ayant soin d'empêcher le premier bout de bouger, afin qu'il se trouve serré contre l'hameçon (fig. 24). Prenez

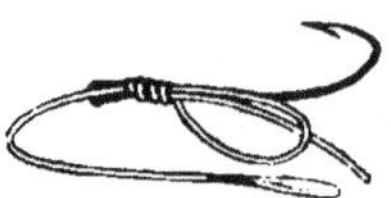

FIG. 24.

maintenant ce premier bout qui dépasse la palette et tirez ; il va glisser sous les tours de la florence qui l'enroulent et le tiennent jusqu'au moment où elle vient y appuyer : c'est alors que l'empilage est fait. En tirant les deux bouts en sens inverse, vous le serrerez et le consoliderez (fig. 25). Cet empilage et

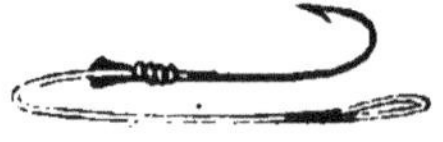

FIG. 25.

celui qui forme le 8 sont les plus solides de ceux qu'on fait avec la florence même ; jamais ils ne se déferont, seulement le danger des nœuds existe.

Il y a un troisième mode d'empilage avec la florence ou le crin. C'est le plus connu et le plus usité des empilages communs ; quoique solide, on ne

doit pas l'employer à cause du grave inconvénient
qu'il offre. Après avoir plié une florence en deux
parties d'inégale longueur, on la place sur un
hameçon, de manière que la courbe produite par la

FIG. 26.

pliure se trouve sous celle de l'hameçon (fig. 26);
on enroule de sept ou huit tours avec le bout le plus
court, en commençant près de la palette, la queue

FIG. 27.

de l'hameçon et la partie la plus longue de la florence, et on le fait entrer dans la boucle formée par
la courbure de la florence (fig. 27). En tenant le tout

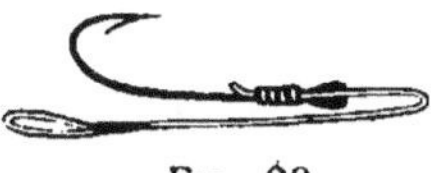

FIG. 28.

sous le pouce de la main gauche, puis tirant de la
droite sur la partie la plus longue, on serre la petite
boucle qui retient l'extrémité engagée sous elle
(fig. 28). Eh bien, c'est précisément cette extrémité

relevée et piquante qui constitue un mauvais empilage, car il est à la fois un obstacle à la pose des appâts, pour les placer convenablement sur l'hameçon, et un repoussoir pour les poissons, qui peuvent les rejeter après les avoir pris. Quelques pêcheurs comprennent si bien ce double inconvénient, qu'ils font passer ce petit bout sous les tours formant l'empilage; mais la force avec laquelle il faut tirer sur la florence pour obtenir ce résultat, la fatigue toujours et la fait casser souvent. D'une façon comme de l'autre, c'est un mauvais empilage.

§ 4. — *Des inconvénients que présentent les bas de ligne de florence.*

Une erreur généralement répandue concernant la pêche au petit coup, est de croire qu'en employant la florence pour toute la ligne comprise entre le scion et l'hameçon, on augmente ses chances de succès; à moins que ce ne soit de la florence passée à la filière, ce qui lui enlève son extérieur éclatant et la rend parfaitement ronde, c'est le contraire qui existe, surtout par le soleil. Rien n'effraye le poisson comme ces jets d'étincelles produits dans l'eau par la florence, lorsque, n'étant pas entièrement ronde, elle présente à certaines places des saillies frappées par un rayon solaire. Une ligne fine de soie ou de chanvre, légèrement colorée, est bien préférable; elle ne reflète rien, et ne peut éveiller la défiance du poisson, habitué, comme il l'est, à voir toutes sortes de filaments dans l'eau et au-dessus; tandis que si quelque chose de brillant attire son attention, il se méfiera et se tiendra sur ses gardes.

La ligne fine de soie dont je viens de parler, avec quelques brins de florence passés à la filière, ou deux ou trois crins, le tout légèrement teint, est ce qu'on peut désirer de mieux.

§ 5. — *Du crin.*

Les pêcheurs n'apprécient pas assez le crin, surtout dans les grandes villes, où ils peuvent se procurer de la florence, toujours plus forte que le crin ordinaire, même lorsqu'elle est fine, mais cependant d'une solidité relative.

Le crin est un filament précieux pour la pêche, à la seule condition de s'en servir avec intelligence. Mais si on l'emploie négligemment, soit pour empiler, soit pour faire des lignes, le résultat sera inévitablement mauvais.

Je connais un marchand d'ustensiles de pêche qui inflige à son enfant, âgé de moins de sept ans, la punition d'empiler plusieurs centaines d'hameçons avec du crin. D'autre part, je connais des pêcheurs qui les empilent eux-mêmes, sans en avoir jamais fait tremper un seul. Est-il étonnant qu'avec de pareils procédés, on obtienne des empilages dont le crin casse à la moindre résistance? Si l'on ajoute à cela l'habitude qu'ont certains pêcheurs de se servir de la même canne pour pêcher indistinctement le petit et le gros poisson, que cette canne manque presque toujours de la flexibilité voulue pour pêcher finement, on s'expliquera aisément que le crin ne puisse résister. Il en serait de même de la florence dans des conditions identiques.

Quelle ligne résisterait à ces pêcheurs qui, ne prenant jamais que des ablettes, mettent sur le compte de poissons énormes qu'ils ne sauraient prendre les accidents que leurs lignes éprouvent par leur maladresse? Non, ce n'est pas ainsi qu'on se sert du crin. Comme je l'ai déjà dit, il faut d'abord une canne légère, dont le scion soit fin, nerveux et flexible. Ensuite il est nécessaire, avant d'empiler les hameçons, de faire tremper les crins au moins une heure dans l'eau tiède, où on les prend à mesure qu'on les emploie. Avec une ligne ainsi montée, si l'on a l'habitude de ferrer un poisson, on sera surpris du résultat.

Le crin a des avantages réels qui doivent le faire préférer pour la pêche au petit coup. Il a d'abord celui d'être un fil naturel et imputrescible; il est relativement fort, élastique et beaucoup moins apparent que la florence dans l'eau. Il a sur ce dernier l'inappréciable avantage d'être transparent sans brillant extérieur. Puis la longueur du crin étant triple du brin de florence, on trouve toujours une partie saine assez longue pour diminuer le nombre des nœuds.

Une canne telle que je viens de la décrire, avec une ligne de soie assez fine, un mètre de florence anglaise pour bas de ligne et un bon crin pour empile, est la vraie ligne de la pêche au petit coup.

Le choix du crin est une chose importante; on en trouve quelquefois d'excellent chez les marchands. Dans tous les cas, c'est généralement sur les grands et forts chevaux qu'on trouve le meilleur. Les crins de jument, presque toujours brûlés par l'urine, ne doivent pas être employés. On doit aussi rejeter ceux qui sont plats, grêles, anguleux, blanc mat ou jaunes. Ceux qu'on choisit doivent être longs, ronds et élastiques, d'un blanc vif et transparents dans toute leur longueur.

§ 6. — *Des nœuds servant à faire les lignes.*

Les nœuds pour faire les lignes s'exécutent solidement de deux manières. La première (fig. 29)

Fig. 29.

consiste d'abord à réunir l'extrémité des deux brins, puis à les croiser en les tenant avec l'index et le pouce, comme s'ils n'en faisaient qu'un seul; on

Fig. 30.

fait ensuite un nœud ordinaire, qu'on ne serre qu'après avoir passé une seconde fois pour le doubler (fig. 30). Ce nœud vaut le nœud gordien de solide mémoire.

La deuxième (fig. 31) est évidemment économique. Les crins ne se croisant pas, il n'y a pas de déchet, car c'est à peine si l'on perd un centimètre de florence. Ce nœud a de plus un avantage appréciable, celui de pouvoir être employé lorsqu'on rattache les deux parties d'une ligne brisée, sans être obligé de faire passer aucune d'elles dans le nœud. Il suffit de faire un nœud simple au bout

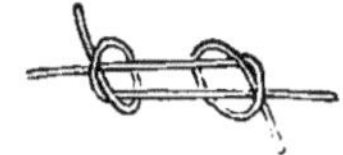

FIG. 31.

d'un crin de florence sans le serrer, de passer un deuxième crin dans le nœud du premier en le faisant entrer extérieurement, ainsi que l'indique la figure 31, et de former un nœud semblable au premier à son extrémité. De cette manière chacun des

FIG. 32.

deux crins se trouve passé dans le nœud de l'autre, de telle sorte qu'en tirant les deux bouts, ils doivent se rapprocher parallèlement, et offrir d'autant plus de solidité qu'ils s'appuient l'un contre l'autre, sans pouvoir jamais se défaire (fig. 31).

De ces deux genres de nœuds, le premier est préférable, par la raison qu'en nouant deux crins ensemble, le nœud se trouve plus arrondi ; le pli de la florence étant moins court, moins anguleux, elle conserve plus de solidité. Mais il y a des cas où il ne peut être employé sans occasionner beaucoup de travail, tandis que l'autre se fait toujours avec facilité.

§ 7. — *Des nœuds servant à attacher les empiles et les bas de ligne.*

Le premier de ces nœuds, encore plus facile à défaire qu'à faire, est employé pour attacher les nombreux hameçons qu'on met à une ligne de fond ou traînée, parce qu'il est formé très-promptement et qu'il facilite par conséquent l'opération, qui demande à

Fig. 33.

être conduite avec rapidité lorsqu'on tend cette ligne en bateau. On attache à la traînée l'extrémité de l'empile qu'on retient dans le *nœud* afin de former d'un côté une boucle et de l'autre un petit bout qui dépasse, et qu'on tire pour défaire le nœud instantanément. Ce nœud (fig. 33) sert aussi à attacher un bas de ligne ou avancée à la ligne même ; mais

FIG. 34.   FIG. 35.

celui qui est représenté par les figures 34 et 35 est préférable dans ce cas.

§ 8. — *Apprêt des lignes de fond.*

Deux précautions sont indispensables pour les lignes de fond, dites traînées : la première consiste à bien les dévriller, et la deuxième à les tanner. Par la première, on évite un inconvénient sérieux : celui d'empêcher la ligne de tourner lors de son immersion, chose qui arrive presque toujours pendant tout le temps qu'elle descend pour arriver au fond. Si préalablement cette précaution n'a pas été prise, l'eau, en faisant vriller la ligne, fait rouler en spirale sur elle-même l'empile qui porte l'hameçon. Or, un appât ainsi placé est dans les plus mauvaises conditions de réussite.

Par la deuxième, on la rend moins apparente

d'abord, puis on empêche l'eau de la pourrir ; ce qui est très-important.

Pour les tanner, on met dans un vase qu'on remplit d'eau de rivière, ou mieux encore d'eau de pluie, une certaine quantité de tan de chêne moulu ; on fait bouillir le tout pendant deux heures environ. On place les lignes très-propres et très-sèches dans un autre vase, et l'on verse sur elles la solution tannique encore bouillante ; on les remue dans ce liquide plusieurs fois dans la journée, afin que toutes les parties se trouvent bien imbibées, et, après les avoir laissées tremper quarante-huit heures, on les met sécher.

Les pêcheurs qui auraient plus de facilité à se procurer du cachou, pourraient l'employer de préférence au tan, le cachou étant plus riche en tannin. Du reste, l'un et l'autre sont excellents.

§ 9. — *Des appâts ou amorces naturels et composés.*

Je n'ai pas besoin de faire remarquer l'importance des appâts ou amorces au point de vue de leur emploi, soit comme appât placé sur l'hameçon, soit comme amorce pour attirer le poisson dans un endroit déterminé ; et enfin la nécessité de connaître les époques auxquelles il convient d'employer chacun d'eux. Ce dernier point surtout est un fait capital qu'il s'agit de bien connaître ; et si nous ne consacrons pas un chapitre spécial à ce sujet, c'est que nous avons pensé qu'il serait plus naturel d'en parler à l'étude de chaque pêche.

En effet, si, au lieu de torturer leur imagination à découvrir de prétendus secrets, ou, ce qui est pis encore, à les payer des prix fabuleux, les pêcheurs étudiaient le moment opportun où il convient d'employer telle ou telle amorce, ils obtiendraient un résultat plus certain, et ils ne seraient pas si souvent victimes de mystifications ou dupes de quelque habile exploiteur.

S'ils réfléchissaient que l'existence seule de tels moyens serait simplement la destruction certaine du poisson dans toutes nos rivières, non-seulement ils n'y croiraient pas, mais ils ne pourraient logiquement en désirer la découverte. Tout homme qui a tenu une ligne sait combien l'amour-propre est en jeu quand il s'agit de prendre du poisson, et, s'il existait un procédé infaillible pour arriver à ce résultat, il faudrait qu'il coutât bien cher pour qu'il ne fût pas acheté bien des fois. Naturellement,

parmi ceux qui l'auraient acquis, plusieurs le re-
vendraient ; or, si tous ces heureux possesseurs
prenaient du poisson à volonté, il est évident qu'on
aurait bientôt fait disparaître le dernier. J'ajouterai
que, s'il fallait une autre preuve de la non-existence
d'un tel secret, on la trouverait dans l'intérêt même
qu'aurait à le garder celui qui l'aurait découvert.
Non, il n'existe pas de ces moyens mystérieux. Rien,
absolument rien ne peut donner la certitude d'une
réussite à jour fixe. Voici pourquoi :

Par des phénomènes inexplicables, il y a des jours
où le poisson ne mange pas ; on peut tenir pour
certain que nulle amorce ne le tentera ces jours-là.
Si, dans un de ces moments, un pêcheur se trouve
sur le bord d'une rivière dont l'eau soit assez claire
pour lui permettre d'apercevoir le poisson au fond,
qu'il lui jette de l'amorce et qu'il observe attentivement : non-seulement il verra le poisson ne pas la
prendre, mais il pourra remarquer que l'animal,
ordinairement si attentif à tout ce qui se passe dans
l'eau quand il cherche sa nourriture, ne fera pas
la moindre attention à l'appât qu'on lui présente.

Ces phénomènes se produisent chez les poissons
non carnassiers, et aussi chez les poissons chasseurs,
habituellement si voraces. Le brochet et la perche,

par exemple, qui peuvent à bon droit être classés au premier rang des carnivores, ont également leurs jours d'abstinence, et ils les observent d'une manière tellement rigoureuse, que les autres poissons, ordinairement si effrayés à la vue de leurs redoutables ennemis, ne bougent presque pas à leur approche. Quelle peut être la cause de cet effet? Je l'ignore, mais il existe.

S'il est démontré que nulle amorce ne tente le poisson le jour où il ne mange pas, il n'en est pas de même les jours où il mange. Ici se pose tout naturellement cette question :

L'amorce naturelle, c'est-à-dire sans addition d'odeurs réputées pour attirer le poisson, vaut-elle l'amorce composée avec ces odeurs?... Non, elle ne la vaut pas. Cette dernière est préférable; le plus simple examen en démontre l'évidence.

D'abord un fait acquis par tous ceux qui ont étudié les mœurs des poissons, c'est leur curiosité, curiosité instinctive qui les pousse à chercher partout et toujours leur nourriture. Jetez quelque chose dans l'eau, le bruit les attire à l'instant. C'est ce qui explique l'habitude qu'ont les pêcheurs, dans certains pays, de jeter une petite pierre dans l'eau au moment même de lancer l'épervier.

Il en est de même de tout ce qui leur paraît étrange.

Une odeur arrive-t-elle jusqu'à eux, ils cherchent et finissent par trouver l'objet qui la produit. Cette odeur dans l'eau est propagée par l'air, dont l'existence n'y peut être douteuse, puisque le poisson ne pourrait y vivre sans cela ; l'air, pour lui, propage l'odeur dans l'eau, comme pour nous il la propage sur terre. Or, l'objet odorant ici n'est autre chose que l'amorce jetée à l'endroit où l'on veut pêcher. Mais cette amorce, la trouve-t-il uniquement parce qu'elle est parfumée?... Tout en reconnaissant que l'odeur l'excite à chercher, il n'en est pas moins certain que, huit fois sur dix, le poisson l'aurait également trouvée à l'état naturel, par la raison qu'aux heures où il mange, il cherche partout. Du reste, parfumée ou non, si cette pâture est bien celle qui convient au genre de poisson que l'on pêche, le but sera atteint, n'en eût-on attiré qu'un seul. De même qu'un seul oiseau suffit à l'oiseleur pour lui servir d'appeau, de même un seul poisson servira à en attirer d'autres. Trouvant là ce qu'il aime, il ne manquera pas de s'en donner à cœur joie. Sa gourmandise, dont il sera la victime, ne tarde pas à attirer tous les voisins, qui s'empresseront de venir partager son festin. Il n'y a plus à craindre désormais qu'ils oublient cet endroit; s'ils le quittent, c'est pour y revenir bientôt.

Dans tout cela, on le voit, il n'y a rien de mystérieux, rien que de très-naturel, puisque, par le plus simple raisonnement, on arrive à la démonstration de ce fait, que l'odeur ajoutée à l'amorce éveille l'attention du poisson et l'attire où l'on veut qu'il vienne.

Voilà, cher lecteur, le fameux secret acheté si cher par tant de pêcheurs. Si vous interrogez ceux qui l'ont acquis, voici invariablement ce qu'ils vous répondront : « Il n'est pas possible de nier l'efficacité de la recette que cet homme m'a vendue; la quantité de poissons qu'il a prise en ma présence, et celle qu'il m'a fait prendre à moi-même, en disent plus que tout ce qu'on pourrait penser. Seulement c'est un fripon qui m'a exploité, en m'assurant qu'il me donnait la même recette que celle qu'il a employée devant moi; depuis qu'il est parti, et que je la fais moi-même, en me conformant à ses prescriptions, je ne prends presque plus rien. »

Eh bien, permettez-moi de vous le dire, cher confrère, vous êtes encore dans l'erreur. Cet homme n'est peut-être pas une fleur de délicatesse, mais ce n'est pas non plus ce que l'on peut appeler un fripon, car, n'en doutez pas, il vous a donné la vraie recette. Mais ce qu'il ne vous donnera pas, alors même qu'il pourrait vous le communiquer, c'est son habileté et sa pratique; c'est là, et non ailleurs, qu'il faut voir la cause de ses succès.

Un homme qui vend des secrets de pêche est tout simplement un très-habile pêcheur, plus ou moins braconnier, à la recherche d'un amateur inexpérimenté, qui ne demande pas mieux que de devenir un élève confiant et généreux. Il vante l'excellence de sa liqueur, offre d'en faire l'essai, et comme il réussit, car il réussira huit fois sur dix, son but est atteint, parce que son hameçon prend le poisson en même temps que le pêcheur. — Mais, me dira-t-on, pourquoi cette liqueur est-elle si merveilleuse entre ses mains et si inefficace chez autrui ! — Je répondrai : On ne peut comparer entre eux un homme qui fait du métier et un amateur. Pour le premier, la pêche est un travail, pour le second c'est un délassement. Le premier passera les nuits au besoin, le second cessera lorsque la fatigue se fera sentir. Il n'y a donc rien d'étonnant de voir ce pêcheur mettre à profit une passion qu'il ne serait plus en son pouvoir de maîtriser; il cherche à en tirer le meilleur parti possible, car il faut vivre : c'est ce qui explique pourquoi il n'a pas plus de régularité pour se lever ou se coucher qu'il n'en a pour manger, faisant indistinctement de la nuit le jour et du jour la nuit, ne se préoccupant de l'heure que pour savoir le temps qui s'écoule entre le moment où il amorce et celui où il veut pêcher. En un mot, il n'a qu'un seul souci, c'est de prendre du poisson. Pour cela, rien ne l'arrête, pas même le danger de compromettre sa santé. Il sait qu'il faut de cinq à six heures d'intervalle entre le moment où il amorce et celui où il pêche, il n'en mettra pas une de plus ni une de moins. Si vous lui donnez rendez-vous à cinq heures du matin pour pêcher, il amorcera de onze heures à minuit; et s'il redoute un danger quelconque pour sa place, comme celui de la trouver prise à son arrivée, il ne la quittera pas, il y passera la nuit. Si vous ajoutez à cette abnégation complète de son individu une habileté réelle, comme on en acquiert toutes les fois que la passion s'en mêle, vous arriverez à cette conclusion, qu'égaler un pareil homme n'est pas chose facile, et qu'il n'y a rien d'étonnant que sa liqueur, presque nulle dans vos mains, soit excellente dans les siennes.

Je me résume. J'admets comme *auxiliaires* quelques-unes des liqueurs ou tout autre spécifique que l'on vend pour attirer le poisson, mais je nie de la manière la plus absolue qu'il puisse y avoir certitude de succès par l'emploi de l'une d'elles. Je dirai donc à tous les pêcheurs : Vous pouvez acheter telle ou telle recette, si c'est votre plaisir, cela ne peut nuire qu'à votre bourse ; mais si vous l'achetez avec l'espoir d'une réussite certaine, vous commettez une erreur que vous ne tarderez pas à reconnaître.

En d'autres termes, tous les liquides composés, ou toutes les amorces apprêtées avec les substances odorantes suivantes, ont une valeur relative dans les conditions que je viens d'indiquer, c'est-à-dire lorsque le poisson a faim ; mais elles sont entièrement nulles lorsqu'il ne mange pas. Ces substances sont : l'asa fœtida, le jalap, l'huile d'aspic, le musc, l'anis, la menthe, la fleur de sureau, les essences de roses, de citron, de bergamote, la coriandre, le miel, le basilic, le safran, la lavande, la marjolaine, etc.

§ 10. — *Des amorces en général.*

L'amorce joue un grand rôle à la pêche : amorcer avec discernement, c'est s'assurer le succès, car celui qui amorcerait pour la blanchaille comme pour le gros poisson, commettrait une grave erreur. Il ne faut pas perdre de vue qu'il y a des amorces dont l'effet doit être immédiat, parce qu'elles disparaissent ; tandis que d'autres, en restant au fond, produisent tôt ou tard un résultat. Pour ne parler que de l'asticot, par exemple, une des meilleures qui existent, si ce n'est la meilleure, il est évident que celui qui amorcerait la veille avec ce ver pour pêcher le lendemain commettrait un non-sens : ou l'asticot sera entraîné et dispersé par le courant, s'il y en a, ou il entrera dans la vase, ou il se cachera sous les cailloux ; tandis que si l'on jette du blé dans un endroit, le poisson le trouvera toujours quand il passera. On ne doit donc amorcer avec l'asticot que pendant qu'on pêche ou peu de temps auparavant.

Il y a des amorces qu'on peut toujours employer la veille, à cause de la multiplicité des espèces de poissons qu'elles attirent ; de ce nombre est celle-ci : On prend deux litres de recoupe ou de son, un litre d'orge ou de blé cuit avec un demi-litre de chènevis. On mouille la recoupe dans un vase et l'on mêle le tout. On ajoute une bonne poignée de vers rouges que l'on a préalablement coupés en morceaux sans les écraser, et l'on jette cette pâture dans un haï où l'eau soit tranquille. On peut y aller pêcher avec confiance quelques heures après, ou le lendemain matin, si l'on a amorcé le soir. On peut ajouter à ce mélange tout ce qui se trouvera sous la main : des asticots, de petits poissons, de petits morceaux de pain trempés, des limaçons, des insectes, des moules de rivière tirées de leur coquille, etc.; en un mot, tout ce que mangent les poissons. Autant que possible, cette amorce doit être employée fraîchement faite, surtout en été, afin qu'elle ne soit pas aigre lorsqu'on la jette.

Je ne saurais donc trop recommander aux pêcheurs inexpérimentés l'emploi judicieux de l'amorce, tel que je le prescris, car c'est un des premiers éléments de succès. Quant à ceux qui deviennent négligents, en comptant trop sur leur habileté et sur une longue pratique, je leur dirai : Prenez garde de descendre au niveau des pêcheurs ignorants, et, comme eux, de finir par vous dégoûter d'un plaisir qui a eu jusqu'ici de l'attrait pour vous. Je ne puis assez attirer l'attention des uns et des autres sur ce point si important de la pêche.

§ 11. — *Amorce pour la blanchaille.*

De même que j'ai recommandé d'amorcer avec discernement pour le gros poisson, de même j'engage à faire le contraire pour la blanchaille. La quantité de petits poissons de toute nature est telle, qu'ils s'emparent de l'amorce presque à mesure qu'elle arrive au fond, quand ils l'y laissent arriver. Il ne faut donc pas craindre de leur en donner en quantité suffisante avant de pêcher, pour en jeter peu quand on pêche. On amorce une place avec des pelotes de la grosseur d'une orange, dans lesquelles on met des asticots, ou, à défaut de ceux-ci, de petits vers rouges coupés en morceaux ; on descend ces pelotes sans bruit au fond de l'eau, et l'on commence à pêcher une demi-heure après. On en descend encore une de temps en temps, pendant la durée de la pêche. Comme on conserve l'asticot dans du son, on doit faire bien attention à ce qu'il n'en reste pas lorsqu'on fait la pelote, car la présence du son ne permettrait plus à la terre de s'agglutiner ; la pelote, ce qu'il ne faut pas, se désagrégerait avant d'arriver au fond, et il est nécessaire que l'amorce y descende.

Il arrive souvent qu'en pêchant la blanchaille on prend de beaux gardons, de belles vandoises, etc., et comme la meilleure amorce de fond pour ce genre de poissons est le blé, l'orge, le son, etc., si l'on doit pêcher longtemps, on fera bien d'en jeter avant de commencer.

§ 12. — *Amorce de fond pour la carpe, la brème, la chevaine.*

On prend un litre de blé ou d'orge avec un quart de litre de fèves qu'on fait bouillir ensemble; lorsque ce mélange est à peu près cuit, on y ajoute trois ou quatre pommes de terre. La cuisson terminée, on mêle avec cette amorce un demi-kilogramme de pain de chènevis, qu'on a fait préalablement tremper dans l'eau, et un litre de recoupe ou de gros son qu'on a mouillé. Lorsque la pâte est bien formée et presque solide, on verse dessus de l'huile de chènevis, jusqu'à ce que toutes les parties en soient bien imprégnées, afin d'arrêter l'influence désagrégative de l'eau.

La veille au soir du jour où l'on doit pêcher, on jette cette amorce par petits morceaux, et l'on est sur du succès, à moins qu'un phénomène atmosphérique n'empêche le poisson de manger. Il n'existe pas de meilleure amorce pour la carpe et la brème.

A défaut de pain de chènevis, on peut mettre cuire avec le blé et les fèves du chènevis en graine.

Cette amorce, étant légère, ne doit être employée que dans les haïs, ou dans les endroits où il n'y a que peu ou pas de courant.

§ 13. — *Amorce de fond pour le barbeau.*

On met tremper dans l'eau chaude un morceau de pain de creton, on le pétrit jusqu'à ce qu'il soit gluant, et on l'étend en forme de galette ; on râpe sur cette pâte du fromage de gruyère et on la pétrit de nouveau. On recommence deux ou trois fois la même opération, pour qu'il se trouve du fromage dans toutes les parties. Lorsque cette pâte est ainsi préparée, on prend une poignée de gros vers rouges qu'on coupe en morceaux, et on les mêle avec le reste, sans les écraser.

Si l'endroit où l'on doit pêcher est sans courant, on jette cette amorce telle qu'elle est par morceaux ; mais s'il y a du courant ou des remous, il faut la mêler avec de la terre. Ce mélange est la meilleure amorce pour le barbeau. On place sur l'hameçon, pour appât, du fromage de gruyère ou de la pâte à barbeau, à moins qu'on ne pêche à la pelote.

§ 14. — *Des appâts naturels.*

Par quelle étrange aberration certains pêcheurs sont-ils amenés à inventer des appâts, quand la nature en a mis un si grand nombre à leur disposition. Est-ce donc parce qu'ils n'éprouvent pas la moindre difficulté pour les avoir, qu'ils les dédaignent?... On serait véritablement tenté de le croire. Dire à quels travaux d'imagination se sont livrés certains hommes pour en fabriquer, est chose incroyable. Je doute que jamais chimiste dans son laboratoire, à la recherche de la pierre philosophale, ait imaginé plus d'amalgames et de mélanges de toute espèce que certains pêcheurs de ma connaissance, auteurs inconnus, mais féconds en productions de pâtes, de liquides, d'aromates et de drogues. Dire ce qui existe, ce qui se colporte, ce qui se vend, de formules et de recettes pour en composer de nouvelles, est inouï. Il n'y a que celui qui les recherche qui peut s'en faire une idée. Si nos Vatels modernes se livraient à un pareil travail d'imagination pour inventer de nouveaux plats, ou pour perfectionner ceux

qui sont déjà connus, ils seraient sûrs que la reconnaissance publique leur décernerait bien vite des statues. Et cependant pourquoi se donner tant de peine.
quand la nature, dans sa sollicitude inépuisable, fournit les appâts les plus sûrs, les plus appropriés aux
poissons et aux saisons pendant lesquelles on cherche
à les prendre : l'asticot pour toute l'année ; le ver
rouge de terre, de terreau, ou de fumier, pour l'automne, l'hiver et le printemps ; les farineux et le
pain pour les poissons de fond en été ; les insectes
et les fruits pour ceux de surface ; le vif, excellent
toujours et partout ; sans parler des viandes crues
ou cuites, de divers autres vers, du fromage, etc.

Qu'on réfléchisse un instant à la masse d'appâts
renfermés dans cette nomenclature. et l'on verra s'il
ne faut pas avoir la monomanie de l'amorce pour
chercher à en créer d'autres. Ce n'est cependant pas
tout encore : Dieu, qui n'oublie rien, a voulu, en
créant les habitants des eaux, qu'ils aient leur nourriture dans l'élément même où ils vivent ; ainsi s'explique l'existence de l'insecte et du ver au fond des
rivières. On désigne le premier, qui naît ver pour
devenir insecte, par divers noms, suivant les pays ;
celui de *porte-bois* est le plus populaire. (Voy. plus
loin *Porte-bois*.)

Le deuxième se nomme *ver de vase*, parce qu'on le trouve dans la vase même au fond des eaux. On se le procure à l'aide d'une écope à longue tige dont se servent les tireurs de sable : on la remplit de vase qu'on dépose dans un tamis ; on fait entrer de 4 à 5 centimètres dans l'eau le fond du tamis et on l'agite ; l'eau qui a pénétré à travers la toile délaye la vase, et ressort en l'entraînant pour ne laisser que les vers dans le tamis.

Cet insecte et ce ver forment la nourriture préférée du poisson, c'est-à-dire que ce sont les meilleurs appâts. Il n'en n'existe pas de supérieurs.

Je ne prétends pas dire que les appâts composés soient mauvais : non, il y en a de très-bons ; mais ce que j'affirme, c'est qu'ils ne sont pas meilleurs que les naturels, et j'ajoute : rarement ils les valent. Croyez-moi donc, cher lecteur, et pénétrez-vous bien de cette vérité. Il n'existe qu'un seul bon maître : la nature. Consultez-la, et tâchez de l'imiter ; copiez ce qu'elle fait, vous vous en trouverez bien. J'ai été comme bien des pêcheurs, qui, ayant une fois par hasard réussi avec un appât composé, en devenaient enthousiastes, et qui, un peu plus tôt ou un peu plus tard, revenaient aux naturels, qu'ils n'auraient pas dû quitter.

§ 15. — *Des appâts composés.*

Comme je l'ai déjà dit, le nombre des appâts naturels offerts à l'homme par la nature, appâts que toujours et partout il rencontre sous sa main, est si considérable, que je n'ai jamais compris les efforts d'imagination auxquels on se livre pour en fabriquer d'autres : si ces derniers étaient meilleurs, cela se comprendrait; mais puisqu'ils ne le sont pas, à quoi bon se donner tant de mal.

J'ai dit plus haut ce que je pensais des odeurs; je vais dire ce qu'il y a de bon dans les appâts aromatisés. De même qu'il n'existe pas de chasseur dont le chien ne soit une perfection, de même il n'existe pas de pêcheur dont la manière de pêcher ne soit la meilleure. Ici, comme à la chasse, c'est l'amour-propre qui est en jeu, et quand la vanité s'en mêle, c'est la présomption qui domine; or l'homme dominé par ce sentiment, doit naturellement avoir des moyens, des secrets que lui seul possède. Généralement cette catégorie de pêcheurs est la plus ignorante : n'osant pas avouer qu'ils ne connaissent pas certaines choses, ils ne les apprennent jamais. En revanche, ils sont toujours à la recherche d'une odeur qui attire le poisson ; il faut être bien malheureux pour ne pas la rencontrer, puisque toutes, dans des circonstances données, peuvent les attirer. Or, de deux choses l'une : ou le poisson mange ou il ne mange pas. Dans le premier cas, il cherche sa nourriture et finit presque toujours par la trouver, sa vue étant excellente. L'odeur de l'appât peut-elle s'étendre plus loin que la puissance visuelle de l'animal ? C'est une question. Dans le deuxième cas, si le poisson ne mange pas, l'odeur ne sert à rien.

A ceux qui croient aux effets merveilleux produits par les parfums, je me permettrai de leur dire : Employez l'appât composé, c'est-à-dire les pâtes, qui seules peuvent faire parvenir une odeur au fond de la rivière et l'y conserver pendant un certain temps. En les pétrissant ainsi que je viens de l'indiquer, on fait pénétrer l'arome partout, et en y ajoutant un corps gras tel que l'huile ou la graisse, on les met à l'abri de l'action de l'eau. Évitez donc avec soin l'erreur que commettent tant de pêcheurs, de vouloir rendre odorantes les graines, telles que les fèves, le blé, le maïs, l'orge, etc., etc., en les faisant cuire avec des aromates, par la simple raison qu'on n'obtient aucun résultat avantageux.

Je ne dis pas que les graines cuites avec des aromates soient absolument sans odeur, mais elles en conservent si peu, qu'elles ne peuvent avoir qu'un effet insignifiant.

Je tenais ce langage à un excellent pêcheur de ma connaissance que je rencontrai un jour près d'Andrezy : naturellement il cria à l'hérésie ; puis il ajouta : « Je voudrais que vous fussiez chez moi lorsque je fais cuire mes graines, le parfum qui s'en exhale se répand dans toute la maison. — C'est précisément la preuve de votre erreur, lui répliquai-je : car si l'arome se fait sentir à ce point, c'est au détriment de l'amorce, qui ne le conserve plus. — En effet, m'avoua-t-il, j'ai remarqué que l'amorce conservait bien peu d'odeur, relativement à la quantité d'aromate que je mettais. » Un mois après, l'ayant rencontré de nouveau, il m'apprit qu'il avait changé de tactique : « Tenez, me dit-il en me tendant un petit sac qui contenait quatre ou cinq poignées de fèves, d'où s'échappait une forte odeur, trouvez-vous que mon amorce sente cette fois?... » Je reconnus à l'instant le produit d'un pêcheur de la Charente. « Depuis quand votre fève est-elle dans l'eau? lui dis-je. — Je viens de l'y mettre », me répondit-il aussitôt. Je levai la ligne et lui présentai l'appât. Il resta stupéfait : il ne sentait presque plus rien !

Je signale ces erreurs parce que je les ai commises moi-même ; je le confesse humblement, et c'est pour empêcher mes lecteurs de les commettre à leur tour, que je les engage à en faire l'essai. Mettez autant d'aromates que vous voudrez avec vos graines pour les cuire, vous verrez ce qu'il restera d'odeur, quand elles seront cuites. Tout l'arome sera volatilisé par le feu, et l'amorce en conservera si peu, qu'on ne la sentirait pas à 50 centimètres de distance.

Si, pour éviter l'effet du feu, vous trempez une graine quelconque dans une essence parfumée, comme le font beaucoup de pêcheurs, vous la rendrez odorante, c'est vrai, mais seulement jusqu'au moment de l'immersion : une fois dans l'eau, elle reviendra presque à son état naturel.

Conclusion : si l'on croit à l'efficacité des parfums, il faut employer les pâtes, car elles seules les conservent.

§ 16. — *De l'asticot ou ver blanc.*

L'asticot est une larve produite par une de ces grosses mouches bleues qui déposent leurs œufs

sur une viande quelconque. Comme ces asticots
deviennent à leur tour des mouches, on peut en
produire sur toutes les viandes. Ce ver immonde et
infect est vendu à Paris dans un état qui n'a rien
de repoussant : on le met dans du son, d'où il sort
parfaitement nettoyé et relativement propre. Il est
l'objet d'un commerce important qui se chiffre par
plusieurs centaines de mille francs.

Au point de vue de la pêche, c'est l'amorce la plus
précieuse, en ce sens que tous les poissons la pren -
nent à toutes les époques. Il y a des amorces préférables pour tel ou tel poisson, mais nulle ne vaut
l'asticot pour tous en général. Certains appâts ne
sont bons que pour quelques saisons, tandis que
celui-ci est une amorce de tous les temps ; en un
mot, c'est la manne de la rivière.

Tous les asticots ne sont pas également bons, il y
a même un choix notable à faire. Les seuls réellement profitables sont ceux de cheval et ceux de
fumier ; je préfère même ces derniers, bien que
les premiers soient excellents. Il y a à Nanterre
un abattoir de porcs, dont les détritus donnent
un fumier où naît l'asticot. Je n'en connais pas qui
le vaille, et je l'emploie toutes les fois que je puis
m'en procurer. Il n'y a que celui de cheval qui ap-

proche par sa vigueur du ver blanc de fumier : ce sont les deux seuls qui vivent longtemps dans la rivière, tandis que presque tous les autres ne valent rien, et meurent aussitôt qu'ils sont dans l'eau. Or, pêcher avec un ver mort, c'est vouloir ne rien prendre. On doit donc veiller avec la plus grande attention à ce que l'appât soit toujours vivant sur l'hameçon, et le changer dès qu'il meurt. Consacrer son temps à ce soin, c'est presque prendre du poisson.

Lorsqu'on amorce un hameçon avec cette larve, on doit faire entrer et sortir la pointe sur le derrière, c'est-à-dire sur le bout le plus gros, afin que le corps du petit animal reste libre dans ses mouvements; car plus il remuera, plus il attirera le poisson.

§ 17. — *De la conservation des asticots.*

La difficulté de se procurer des asticots l'hiver a fait trouver la possibilité de les conserver pour cette saison. Voici un moyen simple, facile et sûr. On profite des derniers jours chauds de l'automne pour en faire une ample provision (une vingtaine de litres). On se procure en même temps une quantité de terre glaise dite terre de four, proportionnée à celle des vers que l'on compte avoir, en ayant soin de rendre cette terre molle, c'est-à-dire un peu humide sans être mouillée; on la met dans un grand vase, ou, à défaut, dans un cuvier bien propre qu'on place à la cave, si elle est fraîche, et l'on y verse les asticots, lesquels ne tarderont pas à disparaître en s'enfonçant dans la terre. Il est urgent de tenir le vase constamment fermé, à cause des rats, qui sont très-friands de ces larves. Lorsqu'on veut aller à la pêche pendant l'hiver, on prend un morceau de terre, et en l'émiettant, on retrouve les asticots un peu engourdis, mais bien en vie. Il suffit de les approcher de la chaleur pour qu'ils reprennent toute leur vigueur.

§ 18. — *Du ver rouge.*

Le ver rouge, que tout le monde connaît, est un des meilleurs appâts qui existent. Si l'asticot lui est supérieur dans bien des cas, le ver rouge doit lui être préféré dans certains autres : par exemple, pour la truite, la brème, la perche, la tanche, l'anguille, le goujon, etc., etc. Bien que ces poissons prennent l'asticot, le ver rouge est bien préférable ; quelques-uns de ceux que je viens de citer ne se pêchent

même pas autrement. D'abord, c'est le meilleur
appât dans les eaux troubles, et il est d'autant plus
précieux, qu'en hiver on n'a pas le choix comme
en été.

Il y a plusieurs variétés de vers rouges ; mais ceux
de terreau, ou de fumier, surtout ceux à tête noire,
sont les meilleurs, à moins que ce ne soit pour tendre à l'anguille la nuit, le lombric ou gros vers de
terre étant préférable pour cette pêche. Le ver
purgé, c'est-à-dire celui qu'on a fait jeûner, vaut
toujours mieux que celui qui vient d'être ramassé,
parce que sa peau a durci, et que son corps est dé-
barrassé de la terre dont il était rempli. Pour le
purger et le conserver en bon état plusieurs jours,
il suffit de le placer avec de la mousse dans un vase
que l'on tiendra à la cave, ou dans tout autre
endroit frais ou humide.

En hiver, ou par les temps pluvieux, on en
trouve facilement ; mais en été, par les chaleurs,
c'est souvent très-difficile. Voici cependant où et
comment on peut s'en procurer en tout temps.
Sur les bords vaseux de la rivière on en découvre à
volonté ; ou bien, dans un pré, on choisit proche de
de l'eau un en droit humide, qu'on a soin de tré-
pigner en appuyant fortement sur un pied et sur

l'autre pendant sept ou huit minutes, sans discontinuer ni changer de place. Aussitôt après on apercevra les vers qui commencent à sortir de terre autour de soi; mais on ne les ramassera que lorsqu'ils seront tous dehors, car si l'on s'arrêtait pour les prendre à mesure qu'ils se montrent sur le sol, ils disparaîtraient à l'instant. Il y a encore un autre moyen : on enfonce dans un lieu frais, à 40 centimètres de profondeur, un gros bâton qu'on appuie, en tournant, contre les parois du trou comme pour l'agrandir; l'ébranlement de la terre fait immédiatement monter les vers à la surface. On peut encore faire bouillir des feuilles de noyer et répandre sur le sol l'eau dans laquelle ces feuilles ont infusé : les vers ne tardent pas à se montrer. Quelques personnes préfèrent se promener le soir, vers dix heures, dans leur jardin, une lanterne à la main : on voit alors les vers en quantité. Il faut s'en approcher doucement et sans bruit, et les saisir vivement; car, si on les manque, ils rentrent dans leurs demeures souterraines avec une telle promptitude, qu'ils disparaissent comme par enchantement.

§ 19. — *Du ver de vase.*

Le ver de vase est la larve aquatique d'un insecte ressemblant beaucoup aux cousins, qui vole dans les prairies, dans les champs et les jardins. Les femelles pondent sur l'eau la larve que nous appelons *ver de vase*.

L'insecte qui produit cet appât si précieux pour la pêche du petit poisson est de la famille des tipulaires et se nomme le *chironome plumeux*.

§ 20. — *De la fourmi ailée.*

Voici un argument décisif en faveur de ce que j'ai dit dans cet ouvrage sur l'indifférence du poisson à l'égard de telle ou telle mouche naturelle ou artificielle. S'il y a un insecte qui doive être peu connu du poisson, c'est assurément la fourmi ailée ; cependant les pêcheurs qui s'en sont servis connaissent les excellents résultats qu'on en obtient.

Pour la pêche de surface, il n'y a pas d'insecte préférable à la fourmi ailée (grosse espèce), et pour la pêche de fond rien ne lui est supérieur, lorsqu'elle est à l'état de larve ou de nymphe.

Le pêcheur qui habite près d'une fourmilière ne se doute pas le plus souvent de la ressource qu'il a sous la main ; s'il a le soin de ne pas la détruire, il peut en tirer les plus grands avantages. Les fourmis ayant l'habitude de sortir et de porter tous les matins leurs larves au soleil, il peut, sans bouleverser la fourmilière, faire une récolte proportionnée aux besoins de la journée. La seule précaution à prendre afin d'être à l'abri de leur aiguillon, est d'avoir une paire de gants cousus sur deux manches de toile ou de cuir.

§ 21. — *De la frigane et du porte-bois.*

Les friganes se trouvent sur le bord des eaux, principalement dans les endroits marécageux ; pendant les belles soirées d'été, elles y sont par myriades : c'est dire qu'il est facile d'en faire une ample provision (fig. 36).

Cet insecte, peu connu des pêcheurs, est un des meilleurs appâts de surface pour la pêche à la mouche ; la larve aquatique qu'il produit est également un appât de fond et de surface auquel nul autre ne doit être préféré. Cette larve s'appelle, suivant les pays, *porte-bois, chênefer, cherfais, portefaix*, etc.

Mais cette larve est plus généralement connue sous le nom de *porte-bois* à cause du tube dans lequel

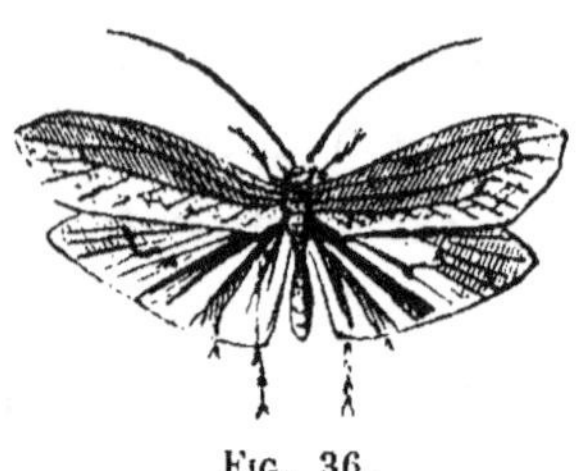

Fig. 36.

elle vit et qu'on croirait de bois, bien qu'il soit formé par l'animal même (fig. 37).

Quand on pêche avec le porte-bois, pour le placer sur l'hameçon, on fait entrer la pointe par la queue

Fig. 37.

ou dans les premiers anneaux qui forment le corps au-dessous de la bouche; dans l'un comme dans l'autre cas, il pourra remuer, et augmenter ainsi les chances de succès.

Presque tous les poissons sont friands de ce ver, mais surtout la truite, le barbillon, la vandoise et la chevaine.

On conserve aisément ce précieux appât en le
renfermant dans une boîte de fer-blanc ou dans
un linge légèrement humide, qu'on place dans un
endroit frais.

Le porte-bois ne se trouve que dans les petites
rivières, dans les ruisseaux et même dans les fossés.

§ 22. — *Des farineux : le blé, la fève, etc.*

Tous les farineux sont bons l'été, presque tous
les poissons les mangent. Pour la carpe, la brème,
la chevaine, la vandoise, le gardon, etc., c'est le
meilleur appât dans cette saison. Le blé, surtout par
sa grosseur, se prête on ne peut mieux à toutes les
pêches : c'est la plus grande ressource pour celle
des petits comme des gros poissons, le goujon et la
petite blanchaille exceptés. Le blé est aussi précieux
comme amorce de fond que comme appât sur l'hameçon; la ressource qu'il offre pour les pêches de
l'été est telle, qu'en l'alternant avec l'asticot, ou
pourrait à la rigueur se passer des autres appâts,
tant est grande la variété des poissons que l'on
peut prendre grâce à lui. Si l'on joint à cela la
facilité avec laquelle on se le procure partout, l'a-
grément avec lequel on pêche, non-seulement sans

odeur désagréable, mais avec propreté, on ne peut s'empêcher de l'apprécier.

La fève est un excellent appât pour la carpe, principalement pour la grosse. Le seul ennui auquel on est exposé, c'est de le voir prendre par les chevaines, qui en sont très-friandes.

Le haricot d'Espagne, le maïs, la pomme de terre, l'orge, etc., etc., enfin tous les farineux, sont très-bons pour les poissons qui se prennent avec le blé.

§ 23. — *Des pâtes.*

Quel que soit le genre de pâte qu'on prépare, elle a pour base la mie de pain ou l'équivalent. C'est un excellent appât n'ayant rien de commun avec ceux qui sont apprêtés à l'aide de recettes étranges et ridicules dont je ne voudrais même pas parler, ne comprenant pas le plaisir qu'on peut avoir à s'ingénier de composer des amorces plus ou moins absurdes et plus ou moins repoussantes.

La pâte simple, c'est-à-dire un morceau de pain pétri avec la main, est aussi un bon appât; dans certains endroits on ne se sert pas d'autre chose. Sur vingt carpes pêchées aux environs de la machine de Marly, il y en a quinze de prises avec du pain. J'ajouterai que s'il fallait prouver combien le poisson est peu difficile pour toute espèce de nourriture, on n'aurait qu'à les différentes amorces employées partout avec succès pour l'attirer ou le prendre.

Pour ne parler que de la carpe, ici, par habitude, on se sert de la fève, ailleurs de la pâte, plus loin du blé; dans un autre endroit, de la pomme de terre, et tous les pêcheurs réussissent. Il est donc parfaitement inutile de chercher des appâts nouveaux.

La pâte n'est pas difficile à faire, néanmoins il faut du soin et de la propreté. Si l'on peut emporter ce qui est nécessaire à sa composition, il est préférable de ne l'apprêter que sur le bord de l'eau, au moment de s'en servir; on sera sûr ainsi qu'elle n'a pas eu le temps d'aigrir. On prend de la mie de pain tendre, on la pétrit dans la main, jusqu'à ce qu'elle ait la consistance voulue pour tenir sur l'hameçon. Afin de rendre cet appât plus apparent, on le colore ordinairement avec un peu d'ocre ou de vermillon; que l'on remplace avantageusement par deux ou trois jaunes d'œufs, selon la grosseur du morceau de mie : l'œuf donne plus d'adhérence à la pâte, qui tient mieux sur l'hameçon, et la colore assez pour la rendre apparente.

L'avantage de cet appât est de n'opposer aucune résistance lorsqu'on ferre un poisson.

§ 24. — *Pâte pour la carpe.*

Voici la recette de ce que je considère comme la meilleure pâte qui existe pour la carpe.

Faites tremper du pain de chènevis, et prenez une quantité égale de pain tendre, que vous pétrissez avec trois jaunes d'œufs; le tout pour former une boule d'un volume égal à celui d'une grosse orange. Après avoir étendu cette pâte, vous ajouterez :

Miel blanc.	2	cuillerées.
Anis pulvérisé.	10	grammes.
Coriandre id.	10	—
Huile essentielle d'anis.	2	—
Huile d'amandes douces.	10	—

Vous pétrissez à nouveau la pâte avec ce mélange jusqu'à ce que l'agglutination soit complète et assez homogène pour tenir sur l'hameçon.

Tous les poissons que l'on pêche au blé, à la fève, etc., etc., se prennent très-bien avec ce composé. C'est l'appât de ce genre le plus sûr pour les

poissons qui aiment les farineux. Il doit toujours
être tenu dans un lieu frais.

Si l'on avait quelque difficulté à se procurer du
pain tendre, on pourrait le remplacer avec avantage
par de la pâte ainsi faite : On mêle de la farine de
froment avec de la recoupe; on la délaye dans l'eau
chaude et on la fait bouillir une demi-heure; mais
on ne doit y ajouter aucune odeur avant qu'elle soit
refroidie.

Lorsqu'on veut pêcher avec cette pâte, on en
prend un petit morceau dans lequel on fait entrer
l'hameçon, et en le roulant en forme d'olive dans les
doigts, on l'y cache entièrement. Aussitôt que la
ligne est dans l'eau, on fait deux ou trois boulettes
semblables qu'on jette autour de l'hameçon. Il est
bon de renouveler cela à peu près toutes les heures.

§ 25. — *Appât pour la carpe et tous les poissons
qui prennent les farineux.*

On délaye de la farine de seigle avec de l'eau
chaude, et l'on y émiette de la mie de pain tendre
en quantité égale de la farine; on ajoute un peu
de miel, et l'on pétrit le tout avec de l'asa fœtida.

§ 26. — *Autre appât pour les mêmes poissons.*

On mêle du blé cuit avec de la farine de chènevis chauffée à sec dans une poêle pour la rendre plus odorante; on y ajoute un peu de miel, et l'on délaye le tout avec du lait pour en faire une pâte que l'on aromatise ensuite avec quelques gouttes d'huile essentielle d'anis. Cette pâte ainsi préparée, on la pétrira avec un peu d'huile d'amandes douces ou d'olive, mais en ne mettant d'huile que juste la quantité nécessaire pour que toutes les parties s'en trouvent enduites.

On peut remplacer le blé par des fèves, lorsque c'est la carpe que l'on pêche.

§ 27. — *Composition pour aromatiser les pâtes.*

Voici une excellente composition dont on peut se servir pour aromatiser les pâtes, mais en tenant compte de l'observation que j'ai déjà faite à ce sujet, c'est-à-dire qu'il ne faut jamais chercher à aromatiser que ce qui est complétement froid.

Huile essentielle d'anis.	6 grammes.
Huile de coriandre.	2 —
Essence de roses.	10 gouttes.
Coriandre pulvérisée.	35 grammes.
Anis pulvérisé.	35 —
Huile d'amandes douces.	35 —
Alcool.	500 —

Après avoir laissé macérer on ajoute :

Manne.	50 grammes.
Miel blanc.	60 —

Cette composition est employée avec succès pour tous les poissons qu'on pêche avec les farineux, mais elle est surtout bonne pour la carpe.

§ 28. — *Pâte pour le barbeau.*

Prenez de la mie d'un pain ordinaire, faites-la tremper dans de l'eau où l'on a fait bouillir du pain de cretons; pétrissez cette mie avec le creton bouilli, et formez-en une pâte que vous étendrez en forme de galette. Râpez dessus du fromage de gruyère et pétrissez le tout. Recommencez la même opération deux ou trois fois pour que le fromage se trouve dans toutes les parties.

Cet appât est très-bon et très-sûr pour le barbeau et la chevaine. C'est une des meilleures amorces de fond qui existent, principalement pour le premier.

§ 29. — *Des mouches artificielles.*

Je ne me dissimule pas que dans ce chapitre je vais heurter bien des préventions et des croyances; mais ma conviction basée sur la pratique et sur des expériences cent fois répétées, est telle, que je me fais un devoir de dire ici mon opinion. La multiplicité des mouches, ou plutôt la variété de leurs espèces et de leurs couleurs augmente-t-elle les chances de succès?... En d'autres termes : Si pêchant avec telle nuance ou telle espèce de mouche, on ne prend rien, pourra-t-on espérer plus de réussite en pêchant avec d'autres nuances ou des mouches différentes?... Enfin, existe-t-il des jours où le poisson prendra une sorte de mouche plutôt qu'une autre?... Assurément non; car, toutes les espèces de mouches, toutes les nuances dont on les recouvre, sont également bonnes. Ceci ne veut pas dire que la même mouche soit bonne dans toutes les eaux et dans tous les endroits. Le poisson qui

trouve sa nourriture à la surface de l'eau a toujours l'œil au guet de ce côté, mais encore faut-il
qu'il voie l'insecte qui tombe ou qui vient de tomber, pour le happer. Voilà-ce qui doit être la préoccupation du pêcheur ; la limpidité seule de l'eau doit
indiquer la nuance de la mouche à employer. Dans
une eau claire, on réussira avec des mouches de
toutes les couleurs, mais dans les eaux de la Seine
et de la Marne, ou dans toute autre semblable, on
emploiera toujours la mouche noire ou de nuance
foncée. Il peut arriver cependant que dans ces eaux
on réussisse une fois par hasard avec un insecte de
couleur claire, mais ce sera uniquement parce que
le poisson se trouve tout à fait à la surface ce jour-là.
De deux choses l'une, ou la mouche tombera mollement, comme elle doit tomber, ou elle tombera
bruyamment. Dans le premier cas, le poisson ne
l'apercevra pas ; dans le second, le bruit, en attirant
son attention, éveillera sa défiance : il viendra voir,
mais n'y touchera pas.

Le genre de mouches à employer étant donc
surbordonné à la nature de l'eau dans laquelle on
pêche, on peut les classer ainsi : Pour l'eau limpide, toutes les mouches sont indistinctement
bonnes ; pour l'eau demi-claire, mouches noires

ou foncées, et pour l'eau vaseuse forte mouche noire.

On voit, par ce qui précède, que la nuance de l'insecte est indifférente, abstraction faite, bien entendu, des observations que je viens de faire. Ce serait donc une grande erreur de croire que l'insuccès est causé par l'emploi de telle ou telle mouche. Les causes qui empêchent de réussir sont multiples et varient à l'infini. (Voyez *Pêche à la mouche artificielle*.)

J'ai dit que dans une eau limpide les mouches de nuances claires valent celles de nuances foncées, la grande limpidité de l'eau permettant au poisson de les apercevoir ; je citerai même le cas suivant, qui est à la vérité la seule exception que je connaisse, où les mouches claires peuvent avoir quelque avantage sur les foncées. Vous est-il arrivé, cher lecteur, de vous promener sur le bord d'une rivière dans un de ces moments de grande chaleur où la nature semble rendre hommage au soleil, par le soin qu'elle a pris de chasser tout ce qui peut atténuer sa puissance : pas un seul nuage au ciel pour couvrir la terre de son ombre ; pas un souffle d'air pour tempérer son ardeur. Tout la gente ailée, qui n'a de vie et de force que par ses rayons tutélaires, semble être en fête pour célébrer une si belle journée. Dans ces moments d'accalmie, pendant ces jours lumineux, on aperçoit des myriades de papillons, de mouches jaune pâle ou d'un gris cendré, voltigeant dans l'air. Si la rivière au bord de laquelle on se trouve n'est pas d'une grande largeur, on les verra, sûrs de leur vol, aller et venir d'une rive à l'autre, friser audacieusement l'eau dans tous les sens, et mépriser le double danger de se noyer ou d'être pris par le poisson aux aguets. Par ces temps calmes, la moindre brise n'agite même pas la plus faible feuille. Si l'eau de la rivière est limpide, quoique éclairée par le soleil, on pourra en toute assurance employer les mouches de couleur claire : d'abord, parce que ces mouches voltigent en grand nombre dans les airs pendant les temps chauds; ensuite parce que le poisson, habitué à les voir sans pouvoir jamais en saisir une seule, happera avec avidité celle qu'on lui présentera.

Cette raison est la seule qu'on puisse donner pour conseiller l'emploi de la mouche artificielle de couleur claire; encore est-ce une exception, car, je le répète, en toute autre circonstance, ce sont les nuances foncées qu'il faut employer. Il est tellement vrai que ce sont les plus apparentes qui sont les meilleures, que souvent les truites se font prendre avant que la mouche ait touché l'eau : j'en ai pris plus de dix de cette façon, sans que le poisson ait eu le temps de reconnaître le genre de mouche que je lui présentais. Il suffit pour lui qu'un insecte s'approche de la surface de l'eau pour qu'il cherche à s'en emparer.

Si les variétés de mouches sont employées indifféremment, il n'en est pas de même de leur grosseur, ni de leur poids, ainsi qu'on le verra dans les chapitres suivants.

§ 30. — *Des insectes artificiels : chenilles, mouches, moucherons aiguilles. — Manière de les faire.*

Rien n'est plus facile que la fabrication d'une mouche, mais rien n'est plus difficile que de l'expliquer d'une manière claire et précise, et de la faire comprendre sans se livrer à une démonstration pratique ; il faut donc qu'à la théorie que je vais donner, le pêcheur veuille bien traduire mes indications par une exécution attentive, qui le mette à même de réussir dans cet ingénieux travail.

Prenez 80 centimètres de soie poissée fine, ou,

à son défaut, de la soie mi-torse, que vous frotterez
avec de la poix de cordonnier molle et grasse. Ayez
un hameçon sans palette, le plus fin de corps possible
(il ne le sera jamais trop) ; empilez-le ainsi que

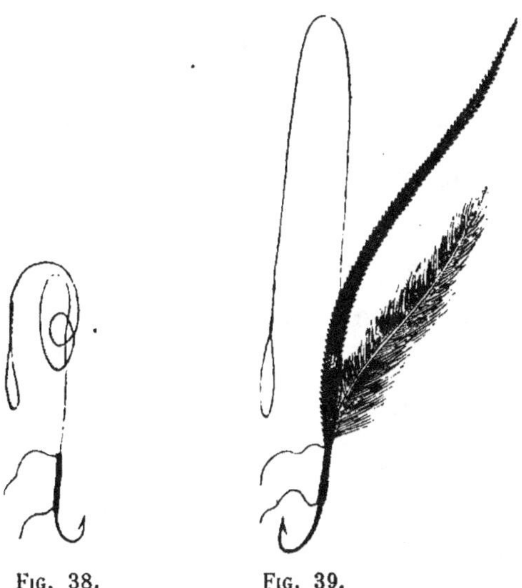

FIG. 38.   FIG. 39.

je l'ai précédemment indiqué, avec cette différence
qu'une fois l'empilage fait, il doit rester à chaque
extrémité de la ligature un bout de soie libre
d'une longueur de 30 à 35 centimètres (fig. 38).
Avec le bout resté en tête de l'hameçon, attachez
d'abord une barbe de plume de paon ou d'au-
truche et une plume de coq prise sur la collerette,

les pointes fines de ces plumes tournées à l'opposé
du dard de l'hameçon (fig. 39). Après les avoir
solidement attachées, prenez le bout de soie qui a
servi à les fixer et l'extrémité de la barbe de plume
de paon, tournez-les sur la ligature en spirale serrée, depuis le haut de l'hameçon jusqu'en face de sa
pointe ; là vous l'arrêterez avec l'autre bout de soie
que vous y avez laissé. Si vous jugez le corps de l'insecte assez gros, vous remonterez seulement le bout
de soie que vous venez de descendre ; si au contraire
vous le jugez insuffisant, vous remonterez la plume
de paon avec le fil, en les tournant également en
spirale pour l'attacher en haut. Ceci terminé, vous
aurez le corps d'une chenille ou d'une mouche, l'un
ne différant pas de l'autre (fig. 40). Pour rendre ce
corps plus brillant, on l'entoure quelquefois d'un fil
doré ou argenté, placé en spirale, comme la plume ;
mais bien que le poisson soit ordinairement attiré par
ce qui frappe ses yeux, jamais je n'ai remarqué la
moindre différence entre un appât tel que je viens
de le décrire et un autre recouvert d'un fil doré.
Il n'y a donc aucune nécessité à employer ce revê-
tement brillant.

La plume de coq que vous avez attachée avec la
barbe de plume de paon est destinée à revêtir ce

corps factice du poil qui doit l'entourer : à cet effet,
on prend l'extrémité de cette plume et le bout de soie
qui se trouve en haut, on procède exactement de la
même manière que pour le corps. Une fois la plume
de coq attachée comme l'a été la barbe de plume

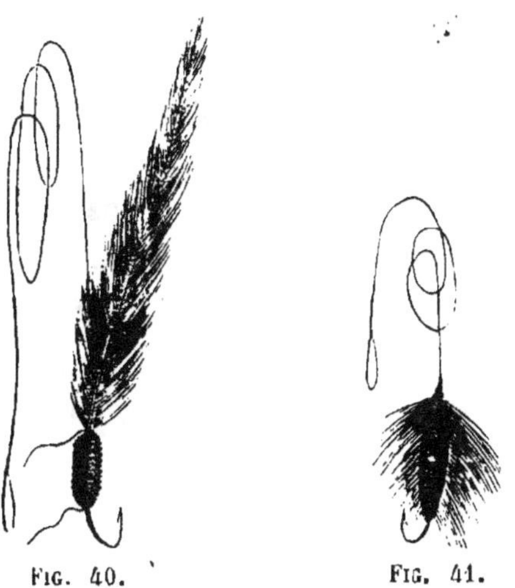

FIG. 40.   FIG. 41.

de paon, on coupe tous les bouts de plume et de
soie qui dépassent le corps de la chenille, car elle est
achevée de ce côté. Pour la terminer vers le haut de
l'hameçon, on abaisse sous la pression des doigts
les poils ou barbes de la plume de coq dont on
vient de revêtir le corps, en les inclinant légèrement
vers le dard de l'hameçon, de façon à le dissimuler,

sans toutefois l'envelopper; car si elles le couvraient
complétement, le dard ne pourrait pénétrer et le
poisson serait manqué. Une fois l'inclinaison donnée,
il faut, avec le bout de soie resté en tête de l'hameçon, maintenir cette inclinaison en le tournant à la
base du point où commence la chenille, c'est-à-dire
à l'extrémité de l'hameçon, jusqu'à la florence, sur
laquelle on doit faire encore quelques tours afin de
consolider cet endroit, qui est celui où elle casse généralement, si l'on fait fouetter la ligne en lançant la
mouche. Cette dernière opération terminée, et après
avoir solidement arrêté le fil, soit en le nouant plusieurs fois, soit en l'arrêtant comme on arrête l'empilage d'un hameçon, on aura ce qu'on nomme une
chenille artificielle, excellente en tous lieux et par
tous les temps (fig. 41).

La mouche diffère si peu de la chenille, qu'en
apprenant à faire, l'une on apprend forcément
à faire l'autre.

Pour confectionner une mouche au lieu d'une
chenille, on choisit d'abord une plume de coq plus
courte, la mouche ne devant avoir que le haut du
corps entouré, tandis que la chenille l'a entièrement; ensuite on enlèvera d'une plume de poule
ou de canard un fragment convenable pour former

deux ailes en se partageant, fragment que l'on attache au haut de l'hameçon, à côté de la barbe de plume de paon et de la plume de coq (fig. 42).

Après avoir opéré pour former le corps de la mouche exactement comme pour la chenille, au

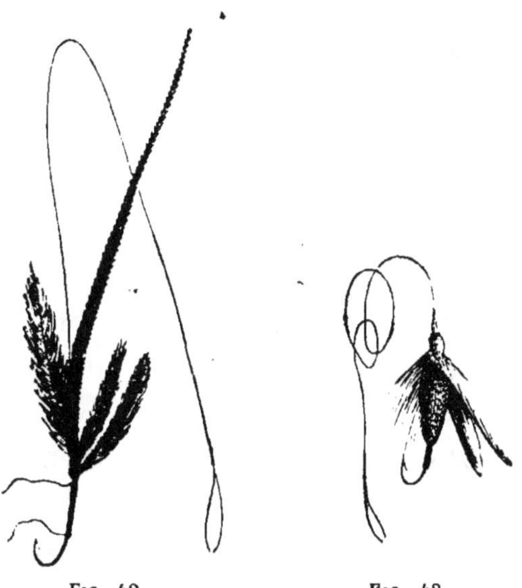

Fig. 42.   Fig. 43.

lieu de tourner la plume de coq en spirale sur le corps, on lui fait faire simplement deux ou trois tours, sur elle-même au haut de l'hameçon, c'est-à-dire au point où le fragment de plume qui forme les ailes est assujetti ; puis on la fixe avec le fil de soie ; on renverse ensuite la plume destinée à former les ailes, et on l'attache de manière qu'elle ne puisse plus se redresser. Ce fragment se partage alors presque toujours de lui-même en deux parties égales; d'ailleurs, pour plus de sûreté, on passe entre ces deux ailes deux ou trois tours de fil de soie pour les empêcher de se rejoindre. Enfin on remonte ce même fil en tournant jusque sur le crin de florence, comme on l'a fait pour la chenille; on le noue solidement, et la mouche est terminée (fig. 43).

Les moucherons à aiguille doivent naturellement être plus petits que les mouches. Ils se font exactement comme la chenille; mais à l'inverse de celle-ci, laquelle se fait sur un hameçon ordinaire, on ne les monte que sur des hameçons-aiguilles (voy. *Hameçons-aiguilles*). Une fois cette petite chenille terminée, on coupe au ras du corps les barbes des côtés, de manière qu'il n'en reste qu'au-dessus et au-dessous de l'insecte, afin que les pattes soient simulées. Dans certaines contrées, notamment dans l'Ain, on se sert; pour les faire, du même genre de plume que nous venons d'indiquer pour former les ailes des mouches, seulement on les choisit plus petites.

Je renouvellerai ici une observation déjà faite et

que j'aurai probablement l'occasion de présenter
encore, c'est de couvrir avec du vernis toute ligature faite avec du fil de soie, pour la confection
des insectes artificiels surtout ; la ligature se faisant
sur des plumes à l'extrémité de l'hameçon jusque
sur le crin de florence, ce vernis est de première
nécessité : vernir une ligature, c'est consolider l'insecte tout entier.

§ 31. — *Conservation des mouches artificielles.*

Tout objet recouvert de fourrures, de plumes et
même de laine, exige des soins lorsqu'on ne s'en
sert plus : les mouches artificielles sont dans ces conditions, elles exigent les mêmes précautions que les
objets dont je viens de parler. Le pêcheur qui, à la
fin de la saison, serrerait ses mouches sans précautions préalables, ferait plus que s'exposer à ne trouver
au printemps que leurs débris : des masses de ron-
geurs, venus on ne sait d'où, auraient tout détruit.
Et comme le préservatif est des plus simples, qu'il
n'exige aucun soin, il est préférable de mettre ces
appâts artificiels à l'abri de tout accident. Il suffit de
placer un morceau de camphre dans chaque papier
qui les enveloppe et de le replier ; si l'on a plusieurs

numéros et par conséquent plusieurs papiers, soit
qu'on en fasse un paquet, soit qu'on les serre dans
une boîte, il est bon d'ajouter deux ou trois autres
morceaux de camphre entre les papiers ou dans la
boîte. Les mouches ainsi empaquetées se conservent
des années.

§ 32. — *Du tue-diable.*

Le tue-diable, comme on peut s'en assurer par
la gravure qui le représente, ne ressemble à aucun
type connu dans la nature.

Fig. 44.

Le corps du tue-diable est de plomb; sa forme
est celle d'une olive allongée; sa queue n'est qu'un
fragment d'une feuille mince d'argent ou de fer-blanc
découpée en forme de queue de poisson : c'est même
par cette partie seule que le tue-diable, dans un
courant violent, acquiert ce mouvement de rotation
précipitée qui excite si fort le poisson. Il est recouvert d'une soie plate de couleur brillante et entouré

ensuite dans toute sa longueur d'un fil doré ou argenté qui lui donne encore plus d'éclat (fig. 44).

Le tue-diable, qui est garni d'hameçons comme tous les autres appâts artificiels de ce genre, leur est infiniment supérieur ; il l'emporte même sur le joli poisson d'étain que les pêcheurs emploient ordinairement.

§ 33. — *Des sondes et de la manière de sonder.*

Tout objet lourd pouvant être tenu par l'hameçon peut servir à prendre le fond. Il est cependant préférable de se servir des sondes fabriquées pour cet usage. On en fait de deux sortes : la première, la plus usitée et la plus commode, est un morceau de plomb carré long, garni d'un anneau cuivre à son extrémité supérieure, et d'un liége par le bas (fig. 45). Pour

Fig 45.

s'en servir, on fait entrer l'hameçon par l'anneau et on le pique dans le liége. La deuxième, fort peu en usage, est une bande de plomb laminée et roulée très-serré. Que ce soit avec l'une ou avec l'autre, lorsqu'on s'en sert, on doit faire entrer la sonde dans l'eau doucement et sans bruit. Prendre le fond d'une place où l'on veut pêcher, c'est mesurer exactement la distance qui sépare le fond de la rivière de la surface de l'eau.

Cette opération est beaucoup plus sérieuse que les pêcheurs inexpérimentés ne se le figurent, par la raison qu'il y a des poissons qui ne se dérangeront pas pour prendre l'appât, s'il passe seulement à quelques centimètres au-dessus d'eux. Puis, chose non moins importante, la sonde sert aussi à reconnaître si le fond sur lequel on va pêcher est égal ou inégal, s'il est plat ou s'il va en pente, s'il est propre ou s'il y a des herbes, etc., etc. Aussi ne suffit-il pas de sonder à l'endroit même où l'on pêche, mais on doit encore sonder autour, afin de bien se rendre compte de la position. Une précaution bonne à prendre après avoir étudié une place, est de laisser la sonde avec la ligne dans l'eau pendant qu'on apprête les amorces; la florence alors, en s'humectant, reprend toute sa solidité.

§ 34. *De l'ouïe et de l'odorat chez les poissons.*

Je ne crois pas qu'il y ait quelque chose de plus utile au pêcheur que de savoir si le poisson qu'il veut prendre est susceptible de l'entendre, et s'il est organisé pour sentir les appâts qu'on peut lui présenter. Cependant peu de questions sont plus controversées, même parmi les pêcheurs. A la première, c'est-à-dire à la question de l'ouïe, il est facile de répondre, j'ajouterai même que cela ne peut pas faire l'ombre d'un doute, puisque tout le monde peut en avoir la preuve. On n'a qu'à se cacher derrière un arbre, dans une place d'où l'on puisse voir beaucoup de poissons sur l'eau, et tirer un coup de fusil ou le faire tirer, serait-ce 50 mètres de l'endroit où ils sont : on verra, au bruit de la détonation, un coup de queue général, instantané, et tout disparaîtra avec la rapidité d'un éclair.

Il est donc urgent de rester silencieux près de l'eau, surtout quand on pêche le gros poisson.

Quant à la deuxième question, celle de l'odorat, je crois ne pouvoir mieux faire que de citer l'opinion d'un grand naturaliste qui fait autorité en cette matière. Voici ce que dit Lacépède :

« Il n'est personne qui, d'après ce que nous » venons de dire, ne voie sans peine que l'odorat » est le premier des sens des poissons. Tout le » prouve, et la conformation de l'organe de ce » sens, et les faits sans nombre consignés en partie

» dans cette Histoire, rapportés par plusieurs
» voyageurs, et qui ne laissent aucun doute sur les
» distances immenses que franchissent les poissons,
» attirés par les émanations odorantes de la proie
» qu'ils recherchent, ou repoussés par celles des
» ennemis qu'ils redoutent. Le siége de cet odorat
» est le véritable œil des poissons; il les dirige au
» milieu des ténèbres les plus épaisses, malgré les
» vagues les plus agitées, dans le sein des eaux les
» plus troubles, les moins perméables aux rayons
» de la lumière. Nous savons, il est vrai, que des
» objets de quelques pouces de diamètre, placés sur
» des fonds blancs, à 30 ou 35 brasses de profon-
» deur, peuvent être facilement aperçus dans la
» mer; mais il faut pour cela que l'eau soit très-
» calme : et qu'est-ce qu'une trentaine de brasses,
» en comparaison des gouffres immenses de l'Océan,
» de ces vastes abîmes que les poissons parcourent,
» et dans le sens desquels presque aucun rayon so-
» laire ne peut parvenir, surtout lorsque les ondes
» cèdent à l'impétuosité des vents et à toutes les
» causes puissantes qui peuvent, en les boule-
» versant, les mêler avec tant de substances opa-
» ques? Si l'odorat des poissons était donc moins
» parfait, ce ne serait que dans un petit nombre de

» circonstances qu'ils pourraient rechercher leurs
» aliments, échapper aux dangers qui les menacent,
» parcourir un espace d'eau un peu étendu ; et .
» combien leurs habitudes seraient par conséquent
» différentes de celles·que nous allons bientôt faire
» connaître.

» **Cette supériorité** de l'odorat est un nouveau
» rapport qui rapproche les poissons, non-seule-
» ment de la classe des quadrupèdes, mais encore
» de celle des oiseaux. On sait, en effet, mainte-
» nant, que plusieurs familles de ces derniers
» animaux ont un odorat très-sensible, et il est à
» remarquer que cet odorat plus exquis se trouve
» principalement dans les oiseaux d'eau et dans
» ceux de rivage. »

Je ne songe nullement à contester la compétence
de Lacépède, ni la sincérité des notes que les
voyageurs qu'il cite lui ont fournies à ce sujet,
mais je crois qu'il exagère la puissance d'odorat des
poissons. On a pu pratiquer la pêche avec plus de savoir que moi, mais nul ne l'a pratiquée avec un désir
plus vif de réussir, je dirai même avec plus de passion. Celui qui a une si grande volonté de s'instruire
est un observateur attentif; rien ne lui échappe.
Je n'ai pas la prétention d'être infaillible, mais de

toutes les remarques que j'ai pu faire il résulte que le poisson ne me paraît point avoir cette supériorité d'odorat que lui attribue Lacépède.

J'ai bien souvent amorcé deux places à côté l'une de l'autre, tantôt à 1 ou 2 mètres de distance, tantôt à plusieurs mètres, dans des rivières où la limpidité de l'eau me permettait d'apercevoir très-distinctement le fond ; ces deux endroits étaient amorcés avec la même pâture que j'avais préalablement partagée en deux parts égales, aromatisant l'une et laissant l'autre à l'état naturel. Le plus souvent, je dois le dire, les poissons se dirigeaient de préférence sur l'aromatisée, surtout lorsque l'anis, qu'ils semblent préférer, faisait partie du mélange préparé ; mais ils passaient aussi quelquefois devant cette dernière sans paraître y faire attention, ce qui confirme ce que j'ai dit précédemment en parlant du peu de durée que conservent les odeurs dans l'eau. Je suis donc persuadé que le poisson ne possède ni la puissance ni la sensibilité d'odorat dont parle Lacépède, car si cet odorat était aussi parfait qu'il le dit, ce ne serait pas l'*espoir* qui ferait employer les aromes, mais bien la *certitude ;* or, tous les pêcheurs expérimentés savent à quoi s'en tenir , sur cette certitude.

CHAPITRE VIII

DES DIVERSES SORTES DE PÊCHE

§ 1. — *Coup*.

Un *coup*, en termes de pêche, est une place choisie pour y aller pêcher ; on adopte tel ou tel endroit, parce que là se trouve un creux, c'est-à-dire un emplacement plus profond que dans les parties environnantes. Ces places sont ordinairement indiquées par un remou, un haï, etc., etc. On dit apprêter un coup, faire un coup, amorcer un coup, c'est-à-dire jeter de l'amorce dans un endroit déterminé pour y attirer le poisson. Les coups ne se font guère que dans les lacs, les étangs, ou les rivières à faible courant et dans des eaux plus ou moins profondes.

§ 2. — *Coup à carpe.*

Rien n'est plus facile à faire qu'un coup à carpe, à la condition, bien entendu, qu'il y en ait dans la rivière où l'on veut pêcher, et que la profondeur nécessaire existe dans l'endroit choisi. Pour arriver à ce résultat, on n'a besoin que d'être guidé par la prudence de ce poisson. La carpe, en effet, est craintive, connaissant les dangers qui l'entourent, la guerre incessante qu'on lui fait nuit et jour; elle n'élit domicile que dans un endroit qui lui paraît sûr. On peut donc dire avec justesse : pas de refuge, pas de carpe... Comment fait-on dans les lieux où il ne se trouve pas de frayères naturelles ?... On en fait d'artificielles; il en est de même pour les coups à carpe, et l'on est d'autant plus sûr de réussir, qu'à part les falaises, tous ces refuges ne sont que le fait d'un accident ou celui du travail de l'homme. Dans les rivières où ce poisson existe, il y a des endroits qu'il préfère; aussi, qu'on les sonde, on trouvera dans *tous*, soit des falaises, soit des estacades provenant de quelque ancien barrage, ou de quelque vieux moulin, etc., soit enfin un arbre couché sous l'eau, tombé de la rive ou entraîné là par une inondation. Est-il donc bien difficile de faire à dessein ce qui n'a été fait qu'accidentellement?

Ces refuges artificiels peuvent être multipliés par l'homme, qui peut toujours transporter volontairement un obstacle partout où le hásard l'aurait placé.

Si je le voulais, je pourrais citer un canton de la Seine où le fermier de la pêche, bien connu par sa généreuse confraternité, se réserve la seule place où l'on puisse prendre de la carpe…Il ne se doute pas, ce généreux pêcheur, que les carpes, moins exclusives et plus reconnaissantes que lui, se rendent volontiers dans un refuge qu'on leur a créé près de là, à la grande satisfaction de l'un de ses voisins. On n'a qu'à préparer un coup comme je viens de l'indiquer, l'amorcer plusieurs jours sans y pêcher, et l'on est sûr du succès.

§ 3. — *Coup de relevage.*

On appelle coup de relevage le mouvement inverse que produit habituellement la flotte lorsque le poisson prend l'appât; ordinairement, dès qu'il l'a pris, la flotte enfonce, puisqu'il l'entraîne en se sauvant; tandis qu'ici il l'avale sur place, soit en jouant, soit en le soulevant entre deux eaux; dans l'un comme dans l'autre cas, le plomb, fixé non loin de l'hameçon, ne maintenant plus. la flotte dans sa position perpendiculaire, elle se relève et en prend une horizontale, comme tout ce qui surnage au-dessus de l'eau. C'est ce que l'on appelle un coup de relevage.

Cette manière de prendre l'appât est la plus funeste au poisson, car rarement on le manque en le ferrant. L'explication en est facile : dans les cas ordinaires, il fuit et vous tourne le dos. L'appât étant dans sa bouche ou dans son estomac, c'est moins sur l'hameçon que sur une de ses lèvres que vous tirez ; tandis que sur un relevage, le poisson vous faisant face, c'est directement sur l'hameçon qu'on agit. Voilà pourquoi on le ferre pour ainsi dire à coup sûr.

§ 4. — *Pêche au coup.*

On donne le nom de pêche au coup à toutes celles qu'on pratique à l'aide d'une flotte ; on désigne ainsi toute pêche, lorsqu'on ferre le poisson dès que le mouvement de la flotte indique le moment. Elle se fait ordinairement sur une place amorcée d'avance ou que l'on amorce en pêchant. La pêche de la carpe, du barbeau, etc., avec une flotte, que la canne soit posée ou tenue à la main, est la pêche au coup ;

celle du goujon et des autres petits poissons, également avec une flotte et la ligne tenue à la main, est désignée ainsi : *pêche au petit coup*. Ces diverses pêches se font en général sur des haïs ou des endroits à faible courant. Elles exigent des connaissances réelles, parce que tout est matière à observation.

§ 5. — *Pêche à fouetter et à rouler*.

La pêche à fouetter, dédaignée par ceux qui ne la connaissent pas, parce qu'ils supposent qu'on n'y peut prendre que du frétin, est au contraire pratiquée avec succès par ceux qui savent s'y livrer. J'ajouterai que, pour ces derniers, c'est une des plus fructueuses, même en gros poissons et principalement en barbillons. Les pêcheurs riverains des bords de la Seine, entre le barrage de Besons et Croissy, notamment ceux de Chatou que j'habitais alors, n'ignorent pas le nombre de belles pièces que je prenais en pêchant ainsi. Il est vrai que je ne me livrais à cette pêche qu'avec un petit moulinet construit pour cet usage et que je faisais faire en aluminium, afin d'éviter le poids de ceux qui sont de cuivre, le moulinet étant indispensable lorsqu'on veut prendre du gros poisson.

Je vais indiquer les moyens que j'emploie pour pratiquer cette pêche, qui n'est guère répandue, parce qu'elle n'est possible que dans peu d'endroits et qu'elle exige une grande consommation d'asticots, ce qui en certains cas offre de réelles difficultés.

On choisit, sur une grève, une petite langue de sable, de gravier ou de terre qui avance dans l'eau, à l'endroit où cette eau offre un courant vif sans être trop rapide.

Si une place comme je viens de la désigner manque, il faut la remplacer par une espèce de longue brouette (1) ou un bateau placé sur le bord. On s'installe en s'asseyant commodément et en plaçant les asticots à sa gauche ou en face de soi. Ainsi placé, il faut que le bout du scion, ajusté à l'extrémité de la canne, se trouve au-dessus d'un fond de 40 à 50 centimètres de profondeur dans lequel on fait cette pêche. La canne doit être très-légère, à cause de la fatigue qu'occasionne au bras le mouvement de va-et-vient qu'il ne cesse de faire.

(1) Dans les localités riveraines de la Seine où cette pêche est praticable, les pêcheurs se servent de longues brouettes montées sur deux roues devant, et sur deux pieds derrière. La longueur de ces brouettes leur permet d'avancer dans l'eau jusqu'à ce qu'ils aient la profondeur nécessaire à cette pêche.

Le corps de la ligne doit être en soie, fin de grosseur ; le bas de ligne, d'une longueur de $2^m,50$ à 3 mètres, sera en florence anglaise fine, avec trois hameçons n° 15 à 17, placés à 65 centimètres de distance les uns des autres. Il est nécessaire que ce bas de ligne soit chargé dans toute sa longueur avec du plomb fendu n° 8 à 9, en ayant soin de proportionner la charge à la rapidité du courant, de manière que les hameçons se trouvent à 8 ou 10 centimètres de la surface dans l'eau. Cette ligne, sans flotte, ainsi disposée, est lancée devant soi tout étendue, et à mesure que le courant la ramène au fil de l'eau on la retire de 25 à 30 centimètres, par un petit coup de poignet, et on la laisse aller d'autant, pour la retirer et continuer ainsi. En même temps, on prend de la main gauche une forte pincée d'asticots, qu'on jette à l'extrémité du scion, afin que l'eau les entraîne dans la direction de la ligne ; ces pincées doivent être plus fortes au commencement de la pêche que par la suite, le petit poisson n'étant pas encore rassemblé sur le coup, c'est-à-dire sur l'endroit où l'on pêche, pour les prendre à mesure qu'on les jette ; le courant les entraîne au loin, et ils feront monter le gros poisson aussi bien que le petit. Aussitôt qu'on en prendra un certain nombre, on ralentira l'amorce, sans toutefois cesser d'en jeter un peu ; car si l'on en jetait beaucoup lorsqu'il est rassemblé, ce serait le moyen de l'éloigner à la poursuite des vers.

Quand on a fait cette pêche pendant quelques heures, on remplace le bas de ligne par un autre semblable, mais plus fort, avec des hameçons n° 12 ou 13. On le charge davantage pour qu'il se maintienne à la même distance du fond que le précédent se trouvait de la surface. C'est ce qu'on appelle *rouler*, à cause du peu de distance qui le sépare du fond. Dès ce moment on doit jeter l'amorce à 2 ou 3 mètres (selon la force du courant), en amont du scion, pour qu'elle ait le temps de descendre à la profondeur où se trouve la ligne : car en faisant monter les petits poissons, qui viennent jusque sous le scion, on fait monter les gros, qui, plus prudents, restent au fond à une distance respectueuse du pêcheur. Or, puisqu'ils ne veulent pas venir à l'hameçon, il faut que l'hameçon vienne à eux. En continuant de pêcher, on lâche à chaque coup de poignet 40 à 50 centimètres de ligne, l'appât leur arrive donc exactement comme les asticots qu'on leur jette de plus haut et que le courant leur porte. C'est le seul moyen de prendre les belles pièces à cette pêche, et il est impossible de l'employer sans le concours du moulinet, qui ne doit jamais avoir d'arrêt, l'arrêt étant plus nuisible qu'utile et n'offrant aucune compensation. C'est donc avec un moulinet libre qu'il faut pêcher, la ligne ne devant être maintenue que par la pression de la main sur la canne. Si l'on pique un gros poisson, étant finement monté, il ne faut pas résister, la rapidité de l'eau doublant sa force, on le perdrait infailliblement. Comme, selon toute apparence, il prendra le courant, on doit non-seulement lui lâcher de la ligne, mais le suivre pour ne pas chercher à le faire remonter malgré lui. C'est lorsqu'il est tout à fait rendu, qu'il faut le tirer hors de l'eau.

Quelques observations sont indispensables pour cette pêche : le coup de poignet qui sert à la fois à ramener la ligne et à ferrer le poisson, doit être modéré ; moins il sera fort et plus on sera certain de réussir. Lorsqu'on est sûr de sa place, on doit l'amorcer la veille au soir avec du blé cuit et du marc de raisin, et lorsqu'il y a du barbeau dans la rivière où l'on pêche, on devra jeter par-dessus cette amorce une cinquantaine de boulettes de pain de cretons et quelques morceaux de fromage de gruyère de la grosseur d'une noisette.

§ 6. — *Pêche à la cuiller.*

Cette pêche, qui emprunte son nom à l'instrument dont on se sert, est la plus sûre pour prendre un brochet ou une perche que l'on voit chasser. Cet instrument est simplement une cuiller de cuivre de la grandeur de celles dites à café ; elle est argentée du côté concave et laissée à sa couleur naturelle du

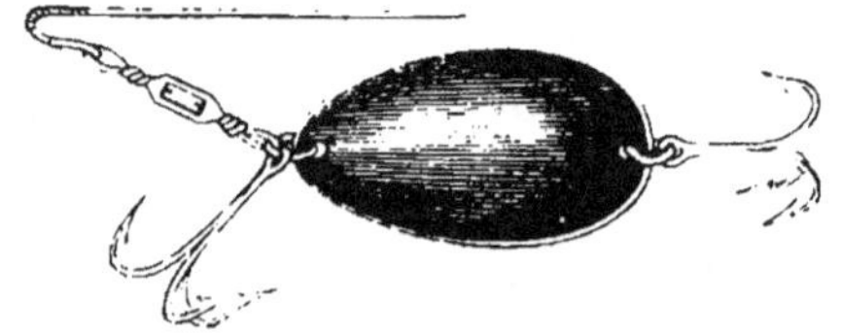

Fig. 46.

côté convexe. Elle est, en outre, armée d'un hameçon triple à chaque extrémité, et tenue par un émérillon à une corde métallique (fig. 46). Pour s'en servir, il faut une canne avec moulinet, sur laquelle doivent être des anneaux fixes, d'une grandeur au-dessus de la moyenne, afin que le corps de la ligne, qui doit être en soie d'une grosseur solide, coule facilement sans risque d'être arrêtée quand on lance la cuiller. Aussitôt qu'on voit un brochet ou une perche chasser, ce que l'on reconnaît, à la frayeur des poissons qui se sauvent en sautant au-dessus de l'eau, fuyant la mort qui les poursuit, on lance la cuiller dans cet endroit; si c'est dans de l'eau tranquille, au moment même où elle tombe et entre dans l'eau, il faut, par une tension continue et saccadée, tirer en baissant de côté le bout de la canne, afin de l'entraîner sans la faire venir à la surface; il s'établit alors un mouvement de rotation, lequel, grâce à la concavité brillante de la cuiller et à la vitesse avec laquelle elle tourne, produit l'effet d'un objet lumineux qui nage avec rapidité. Aussi faut-il voir avec quel acharnement le poisson la poursuit. Le miroitement qui a lieu dans l'eau l'étonne d'abord, puis l'excite sans doute, car, avec la promptitude d'un éclair, il s'élance sur l'objet de sa convoitise et le saisit.

Quand c'est dans le courant qu'on la lance, il suffit de la maintenir, la force de l'eau seule lui imprime son mouvement, et dans ce cas on la promène d'un côté et de l'autre, en la faisant avancer par secousses sans qu'elle cesse un instant de tourner. Si, après l'avoir lancée cinq ou six fois, on n'a rien touché, il est inutile de persister; la proie qu'on poursuit est elle-même à la recherche d'une autre proie.

Cette pêche ne se fait qu'incidemment, ainsi que je l'ai dit : c'est en voyant chasser le poisson qu'on le pêche.

§ 7. — *Pêche à la pelote.*

La terre dont on se sert pour cette pêche est une terre grasse, qu'on désigne sous le nom de glaise et qu'on trouve ordinairement sur le bord des rivières ; c'est la même dont se servent les modeleurs et les potiers. Elle doit être apprêtée avec le même soin qu'on met pour les travaux d'art, c'est dire que tout les corps étrangers doivent en être écartés : une terre bien nettoyée, bien pétrie, rendue molle et compacte, sont des conditions de réussite pour ce genre de pêche, ainsi qu'on le verra plus loin.

La ligne dont on se sert pour la pêche à la pelote doit être semblable à celle que l'on emploie pour la pêche ordinaire, à l'exception que le plomb placé à 25 ou 30 centimètres de l'hameçon, dans la pêche ordinaire, doit être à 8 ou 10 dans la pêche à la pelote. A la place de plomb, quelques personnes mettent un petit morceau de liége. J'indique plus loin la raison qui m'engage à ne jamais employer ce dernier moyen, à moins que ce ne soit à la grosse pelote pour la carpe.

Cette pêche peut également se faire avec ou sans flotte. La flotte a l'avantage réel de permettre d'apercevoir plus distinctement, et par conséquent avec moins de fatigue visuelle, la moindre touche à l'hameçon ; mais elle a l'inconvénient sérieux, par une eau agitée, d'être continuellement balancée, et de finir, à cause de la tension de la ligne, par défaire la pelote. Il est donc préférable de ne pas en mettre, à moins que ce ne soit par une eau calme. Du reste, que ce soit avec ou sans flotte, voici comment on doit opérer : on prend un morceau de terre préparée, en quantité suffisante, on la roule dans les mains pour en former une boule de la grosseur d'un petit œuf de poule, dans lequel on mêle des asticots, de manière qu'il s'en trouve dans toutes les parties. On place cette boule, qu'on nomme pelote, dans le creux de la main gauche, en y appuyant l'index de la droite, jusqu'à ce qu'il soit entré à moitié. Le creux formé par le doigt reçoit le plomb et l'hameçon que l'on a préalablement garni d'asticots, et auxquels on en ajoute encore une pincée. On rapproche ensuite la terre pour les couvrir et les cacher, puis on roule de nouveau la pelote de manière que le tout ne fasse qu'un même corps. L'opération terminée, il faut la placer sans retard ; à cet effet, on prend et l'on tient la canne presque droite, un peu inclinée sur l'eau, la pelote étant toujours dans la main gauche où on l'a préparée; on ne fait que la lâcher, et son poids seul la porte au large. Les asticots, qui s'échappent à mesure qu'elle se dissout, attirent l'attention du poisson qui découvre bien vite d'où ils sortent; ils remuent d'abord la pelote et l'attaquent ensuite jusqu'à ce qu'ils l'aient complétement défaite. C'est alors qu'ils découvrent le noyau formé par l'hameçon entièrement recouvert d'asticots, et ils le saisissent avec avidité. .

On doit comprendre maintenant toute l'importance de la propreté de la terre, le poisson ne pouvant défaire la pelote qu'avec son museau ; il est essentiel de retirer les grains de sable ou les petits morceaux de bois qui pourraient le blesser et l'empêcher de continuer ses recherches. C'est pour cela qu'on ne saurait apporter trop de soin à la préparation de la terre.

J'ai dit que certains pêcheurs mettaient un liége à la place du plomb qu'on cache avec l'hameçon dans la pelote ; leur but est de connaître le moment où elle est dissoute, pour la remplacer : ce petit morceau de liége remonte en effet avec l'hameçon, aussitôt que ce dernier n'est plus retenu par elle.

Mais je préfère le plomb, qui maintient au contraire l'appât au fond : le poisson étant attiré là par l'amorce, on a des chances pour qu'il le prenne, ce qui arrive fréquemment.

Lorsque la terre est bien préparée, une pelote dure environ quinze à vingt minutes; au bout de ce temps, il faut en mettre une autre, parce qu'elle doit être plus ou moins désagrégée : dans l'un comme dans l'autre cas, les asticots sont sortis.

Il est rare qu'on ne réussisse pas à cette pêche; elle est même ordinairement très-fructueuse, chose facile à comprendre, puisqu'on pêche et qu'on amorce en même temps. Les conditions de succès sont : avoir de bons asticots, tenir la terre en bon état, changer régulièrement les pelotes, et surtout ne pas s'écarter de sa ligne.

§ 8. — *Pêche à soutenir.*

La pêche à la pelote que je viens de décrire diffère de celle-ci, en ce que la première se fait avec une grande canne posée, tandis que la pêche à soutenir se fait avec un scion emmanché (voyez *Scion emmanché*) toujours tenu à la main. J'entrerai donc dans moins de détails, parce qu'on pêche rarement à soutenir sans pêcher avec des pelotes.

L'instrument dont on se sert est parfaitement approprié à ce genre de pêche ; grâce à sa légèreté, on sent très-distinctement la moindre touche du poisson, puis le manche de liége remplissant bien la main, on ferre avec sûreté.

La ligne doit être solide. L'emploi du moulinet étant ici impossible, on ne peut compter sur aucun auxiliaire pour atténuer les violentes secousses du poisson, qui est toujours plus ou moins fort, puisque à ce genre de pêche on n'en prend que des gros. Il faut donc absolument pouvoir compter sur la solidité de la ligne, et, pour qu'elle soit complète, on empile l'hameçon sur la ligne même, comme je l'ai indiqué au chapitre consacré à l'empilage des hameçons.

Pour être fructueuse, cette pêche doit être faite la nuit, et encore faut-il choisir une nuit où la lune ne se montre pas ; cependant, comme le barbeau, qui est ordinairement le poisson que l'on cherche, craint beaucoup le soleil et se réfugie, par les chaleurs, sous les moulins flottants, sous les lavoirs, partout enfin où il trouve de l'ombre et de la fraîcheur, on peut réussir quelquefois pendant le jour, en amorçant préalablement un endroit le plus près possible d'un refuge de ce genre et en pêchant tout contre les parois. Dans les haïs bouillonnants formés

par les grands courants, derrière et tout près des
barrages, on peut encore réussir quelquefois ; mais,
je le répète, c'est la nuit que se fait ordinairement cette pêche. Voici comment on la pratique (1).
En supposant que l'on pêche dans 4 mètres d'eau,
la ligne doit en avoir 5 de longueur à partir de
l'extrémité du scion jusqu'à l'hameçon ; on doit envoyer la pelote assez loin, pour qu'une fois descendue au fond, la ligne se trouve tendue, car c'est
à la main que se reproduiront les moindres touches
du poisson. Tant qu'on ne sent que des secousses, on
ne doit pas bouger ; mais aussitôt qu'il y a tension
continue avec une certaine force, il faut ferrer
vivement : le poisson tient l'appât.

Cette pêche a le double inconvénient d'être peu
amusante et assez fatigante ; aussi
n'y a-t-il guère que les pêcheurs de
profession qui la font, la pêche de
nuit, si fructueuse qu'elle soit,
n'ayant rien d'attrayant. Lorsqu'on
pêche à soutenir, sans pelote, on
fixe le plomb (fig. 47) à 50 centi-

Fig. 47.

mètres de l'hameçon, afin que l'appât repose au fond.

(1) Voyez, au *Scion emmanché*, la manière de fixer la ligne sur
l'instrument.

§ 9. — *Pêche au grelot.*

Cette pêche procède de toutes les pêches de fond. Elle tient de celle à soutenir en ce que la ligne doit

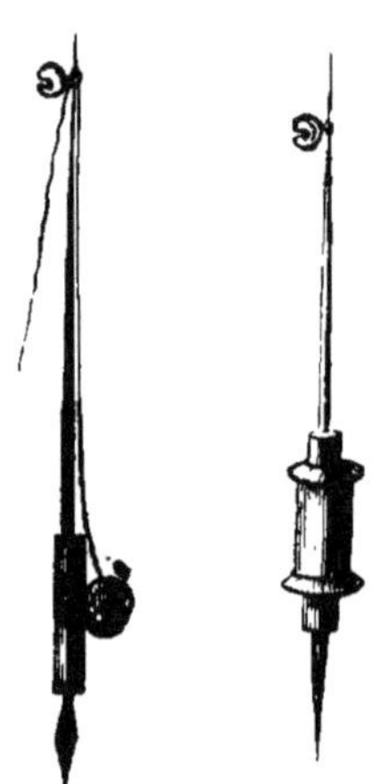

être tendue pour que le grelot soit agité et avertisse le pêcheur que les hameçons sont touchés. Elle tient de celle aux jeux et de la grande ligne de fond dite traînée, en ce qu'on emploie plusieurs hameçons et qu'on la tend de même. On peut, à cette pêche, avoir trois lignes, en les espaçant et les posant en éventail; on se place au milieu, de manière à être près de chacune

FIG. 48.   FIG. 49.

d'elles et à pouvoir les saisir à la première alerte.

Les piquets auxquels on attache ces lignes ont de 50 à 60 centimètres de longueur; le centre est de bois ou de roseau d'Amérique, avec une lance de fer à la base et une baleine emmanchée et collée, au sommet de laquelle est fixé un grelot (fig. 48); on en fait avec ou sans moulinet. La ligne est de cordonnet de soie ou de chanvre, mais elle doit être toujours bien dévrillée. On place une olive de plomb à l'extrémité et une deuxième au milieu, et on l'arme de trois hameçons qu'on amorcera suivant le poisson qu'on veut prendre. Ordinairement, avec cette ligne, c'est le barbeau qu'on

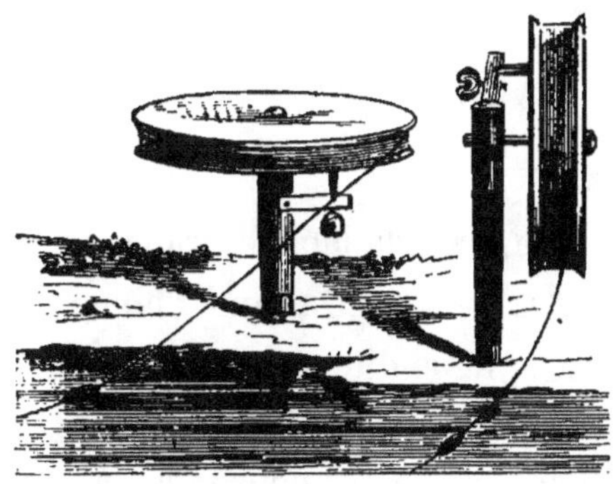

Fig. 50 et 51.

cherche, et dans ce cas, c'est sur le gravier et dans les courants qu'il faut tendre, en amorçant avec du fromage de gruyère, des vers blancs ou des vers rouges selon la saison.

Inutile d'ajouter que si l'on peut apprêter la place, en y jetant de la pâture la veille au soir, on augmentera de beaucoup les chances de succès.

En outre du piquet grelot dont je viens de parler,

il s'en fait d'un autre genre, qu'on peut appeler *piquets-grelots à poulie*. Ces poulies, destinées à remplacer le moulinet, en remplissent les fonctions, qu'elles soient placées perpendiculairement, verticalement ou horizontalement, ainsi que le représentent les figures 49, 50 et 51.

§ 10. — *Pêche aux jeux.*

Il faut que, dans la langue française, il y ait de bien grandes ressources, pour donner deux noms différents à la ligne dite aux jeux et à celle dite à la traînée, l'une et l'autre étant exactement identiques. Le plomb dont on se sert pour tenir la ligne au fond quand on pêche aux jeux, est remplacé par des pierres lorsqu'on tend la traînée; avec cette dernière on pêche la nuit, tandis qu'avec les jeux on pêche le jour. Aussi, pour ce motif seulement, afin d'être moins apparents, le corps de la ligne et les hameçons des jeux doivent-ils être plus fins : les n°ˢ 5 ou 6 sont ordinairement la grosseur qu'on emploie. Leur nombre est illimité. Ils doivent être placés à un mètre de distance l'un de l'autre. Comme pour la pêche au grelot, on choisit un courant sur un fond de gravier, et l'on amorce selon le poisson que l'on pêche.

En un mot, celui qui ferait un dictionnaire de pêche pourrait renouveler cette plaisanterie des lexicographes, en renvoyant le lecteur du mot JEUX au mot TRAINÉE, et du mot TRAINÉE au mot JEUX.

Pêche à la traînée. Voyez *Pêche à l'anguille.*

§ 11. — *Pêche au pater-noster.*

Le *pater-noster*, d'origine anglaise, est un engin très-ingénieux. Ce bas de ligne, précieux pour pêcher dans l'eau profonde et tranquille, quand il y a des poissons de fond, des perches, etc., l'est encore davantage pour pêcher dans les endroits plus ou moins profonds, dont l'eau est tourmentée et bouillonnante, comme elle l'est généralement au bas des chutes, en rendant possibles la pose et le maintien de la ligne à la place où l'on désire qu'elle reste. Derrière un barrage par exemple, soit que l'on cherche la truite, le saumon, le barbeau, la perche ou la grosse chevaine ; il est presque impossible de pêcher dans ces remous bouillonnants qui se forment entre deux courants rapides et dont la force de l'eau soulève tout ce qui se ·présente ; c'est pourtant dans ces endroits que la ligne doit rester, puisque c'est là que le poisson se tient, guettant ce que le courant entraîne. Eh bien, l'engin dont je parle est la plus ingénieuse invention que l'on ait pu créer pour maintenir l'appât dans ces eaux si agitées.

Il existe deux sortes de *pater-noster :* l'un pour pêcher dans l'eau dormante, l'autre dans l'eau tourmentée ; l'un et l'autre ont trois hameçons espacés selon l'exigence des lieux. A celui qu'on destine pour pêcher dans l'eau vive, on place à l'extrémité un plomb de forme conique qui pose sur le fond et est assez lourd pour empêcher la ligne de bouger (fig. 52). Tandis qu'à celui qui est destiné pour pêcher dans l'eau morte, on ajoute un quatrième hameçon qui, à la place du plomb, repose utilement sur le fond. Avec ce dernier genre de *pater-noster*, la ligne doit avoir une flotte comme pour la pêche ordinaire.

En Angleterre, on fait des *pater-noster* avec des boules oblongues, semblables à deux olives qu'on placerait l'une sur l'autre, entourées au centre d'une soie de sanglier, laquelle y est fixée par une ligature, dans l'unique but d'éloigner l'hameçon du corps de la ligne, en tenant horizontalement droite l'empile qui le porte. Un *pater-noster* ainsi monté peut ne présenter aucun inconvénient dans les docks de Londres, de Liverpool, etc., etc., là où l'onde est presque toujours trouble ; mais il en présenterait certainement partout ailleurs où l'eau est claire, à cause de l'attirail de boules qui le fait ressembler à un chapelet : ce qui lui a sans doute fait donner le nom de *pater-noster*.

Voici comment je fabrique les *pater-noster* pour mon usage : Si c'est pour pêcher dans un endroit sans courant, mais profond, et qu'il y ait de la perche, je prends 1ᵐ,50 de bonne florence ; j'attache la première empile de manière que l'hameçon tombe à un centimètre du fond, si les empiles ont 15 centimètres de longueur. Je fixe la deuxième à 32 centimètres au-dessus de la première, et la troisième à la même distance au-dessus de la deuxième, pour qu'elles ne puissent pas s'accrocher. Si, au contraire, je ne dois pêcher que dans un mètre

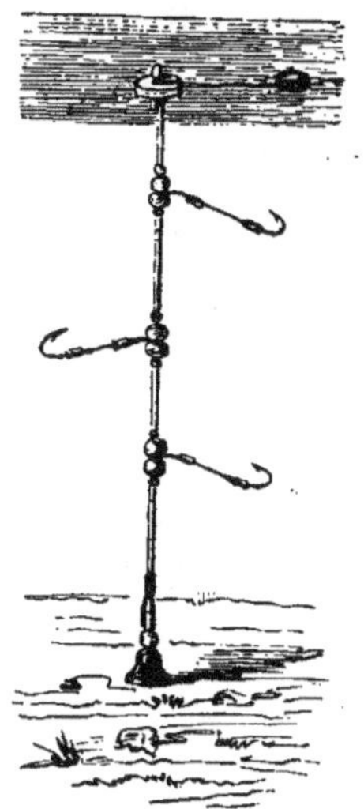

Fig. 52.

de profondeur, soit dans l'eau vive ou morte, je me sers d'un *pater-noster* dont les empiles n'ont que 10 centimètres de longueur et sont fixées à 22 de distance les unes des autres.

Dans le premier comme dans le deuxième cas, je fixe un plomb fendu n° 0 sous l'empile même, de manière qu'elle soit légèrement soulevée par le plomb sur lequel elle appuie et ne vienne pas s'enrouler autour du corps de la ligne. D'ailleurs l'eau, quelle que soit son apparente tranquillité, à moins qu'elle ne soit tout à fait morte, a des mouvements qui tendent à faire monter à la surface ce qui est au fond, et ces mouvements sont suffisants pour soulever les appâts et les tenir écartés. Quant à l'eau vive, elle ne les soulève souvent que trop.

§ 12. — *Pêche à la mouche artificielle.*

Cette pêche n'est pas de celles qu'il suffit d'indiquer; elle embrasse un si grand nombre d'observations, elle exige la connaissance de tant de faits différents qui changent suivant les eaux, les lieux, les saisons et l'état atmosphérique, que j'aurais préféré ne pas disséminer tous ces éléments dans mon livre, et les grouper au contraire de façon à former un ensemble plus satisfaisant et plus propre à faire connaître l'importance de ce genre de pêche; mais les inconvénients qui résultaient, d'isoler les documents qui concernent cette pêche de ceux qui sont communs à toutes, m'y ont fait renoncer.

La pêche à la mouche artificielle est à la fois la plus animée et la plus aristocratique de toutes les pêches; c'est une véritable chasse au poisson, où il faut non-seulement d'aussi bons jarrets qu'à la chasse ordinaire, mais encore des bras autrement solides et vigoureux : c'est le plus fatigant (surtout avec la grande ligne à deux mains) de tous les exercices auxquels l'homme se livre. Il y a assez longtemps que je chasse et que je pêche, pour faire la différence, quant à la fatigue, entre ces deux exercices : eh bien, je n'hésite pas à le déclarer, une journée de chasse n'est qu'une promenade, si on la compare à une journée de pêche à la mouche artificielle; et cependant, chose étrange! on la pratique peu en France, où l'on aime tant la chasse, bien que ce soit le mode de pêche qui s'en rapproche le plus. En Angleterre, au contraire, où l'on chasse moins qu'en France, c'est la pêche favorite, surtout dans les classes élevées, chez les *gentlemen*, qui y sont passés maîtres

et en font affaire très-sérieuse ; non qu'ils dédaignent
la pêche stationnaire, car dans aucun pays du globe
(les peuples qui en font leur industrie exceptés) on
ne la pratique autant ; mais ils ont une prédilection
toute particulière pour celle-ci. Est-ce à cause de
l'apprêt des appâts nécessaires pour l'autre ?...
Cela n'est pas admissible, quand on la voit pratiquer
sur une aussi grande échelle. Est-ce à cause de la
propreté avec laquelle on peut s'y livrer et qui leur
permet de garder cette tenue roide, mais irrépro-
chable, si chère à la *gentry*. Je ne le pense pas non
plus. La véritable cause de cette préférence, il faut
la chercher dans cette satisfaction que chacun
éprouve en déployant ses facultés intellectuelles et
physiques. En effet, l'adresse, le coup d'œil et la vigueur sont les qualités indispensables du pêcheur à
la mouche artificielle. Personne n'ignore que, pour
satisfaire leur passion, les Anglais visitent le Canada,
la Norvége, la Suisse, sans compter notre belle
France, tous les lieux enfin où vivent saumons,
truites et ombres. Il est vrai que nulle pêche ne se
prête mieux aux déplacements : avec elle jamais
l'ennui ne vous accompagne en voyage, puisque,
une demi-heure après votre arrivée, vous pouvez
vous y livrer ; le portefeuille suffit à tout, et nulle

part il ne manque de volatille pour son entretien.
Aussi partout où il y a un coup de ligne à donner,
on est sûr d'y trouver au moins un Anglais. Ces ren-
contres sont si régulières, que je me suis souvent
demandé s'il n'y avait pas un peu de la loutre chez
ces infatigables pêcheurs; comme elle, le poisson
les attire, et dès qu'ils en flairent dans un endroit,
ils y courent comme des affamés. Du reste, ils sont
en général habiles, serviables, et ne méritent en aucune façon la réputation d'égoïsme qu'on leur fait.
La facilité et la fréquence de ces voyages sont la meilleure réponse qu'on puisse faire à ceux qui croient
ou feignent de croire à la nécessité de posséder des
mouches de toutes nuances et de tout genre. Suivant
eux, il en faudrait pour toutes les saisons, pour tous
les jours et même pour toutes les heures de la
journée; à plus forte raison alors, en faudrait-il pour
tous les pays : car, s'il est difficile d'admettre qu'un
homme de nos contrées puisse connaître tous les
insectes d'une autre partie du monde, il sera bien
plus difficile encore d'admettre que les poissons de
ces contrées lointaines puissent connaître les nôtres.
Il n'y a là rien de sérieux. J'ai beaucoup pratiqué
cette pêche, et nul maître ne vaut l'expérience. J'affirme donc qu'un portefeuille garni de mouches de

plusieurs grosseurs et de trois ou quatre nuances suffit à toutes les eaux et à tous les lieux.

J'ai dit tout à l'heure mon sentiment sur la cause de la prédilection marquée des Anglais pour cette pêche, je crois être dans le vrai. Je dois ajouter encore que, dans ce pays aristocratique, la division territoriale du sol permet à certains personnages d'une classe privilégiée la possession exclusive d'une rivière sur un parcours de plusieurs lieues ; que ces grands propriétaires en ont seuls la jouissance, qu'ils peuvent y élever telle sorte de poisson qu'ils désirent, et disposer les rives à leur gré pour tel ou tel genre de pêche. Ces avantages suffiraient à faire comprendre l'amour des Anglais pour la pêche à la mouche artificielle. Si l'on réfléchit en outre que le nombre de ces cours d'eau privilégiés est relativement considérable, et que forcément ils communiquent à d'autres qui ne le sont pas, on ne sera pas surpris qu'il y ait plus de poisson en Angleterre qu'en France. Or, comme en tous lieux c'est le poisson d'élite qu'on élève et qu'on protége, ce n'est pas trop s'avancer en disant que le saumon et la truite sont en abondance dans les îles Britanniques.

Aurions-nous besoin des priviléges dont je viens de parler pour faire pencher la balance en notre faveur ? Assurément, non. Le nombre de nos rivières à truite est bien plus considérable chez nous qu'au delà du détroit, et nous n'aurions rien à désirer sur ce point, sans la coupable négligence des gouvernements qui se succèdent chez nous, et qui laissent tout ravager.

La pêche à la ligne, en général, prend une extension considérable dans notre pays ; nul doute que celle à la mouche artificielle ne trouve un jour ou l'autre plus d'enthousiastes admirateurs. Celui-là seul qui la pratique sait tout ce qu'elle offre d'attrait.

L'espace à parcourir, tout ce qu'a d'imprévu la variété du paysage, le plus ou moins de force des courants, les vagues ou les cascades, sont autant de sujets de plaisir et d'étude.

Ce panorama qui charme la vue et les sens est le reflet de la vie dans ce qu'elle a de poétique.

§ 13. — *Lignes pour la mouche artificielle.*

Une justice à rendre aux Anglais, est qu'ils raisonnent ce qu'ils font, et ne s'occupent que du côté pratique, en ayant toujours en vue les résultats que doit donner l'objet qu'ils fabriquent. Leur devise est :

L'utilité avant tout, l'élégance ensuite. Mais quant
aux lignes pour la mouche artificielle qu'ils ont voulu
perfectionner, ont-ils réussi? Oui et non : oui, pour
les faire rester sur l'eau ; non, quant à la solidité.
Avant cette invention on ne connaissait qu'une ligne:
le cordonnet de soie ou de chanvre servant indistinctement à toutes les pêches; sans inconvénient
pour toutes les autres, il en a un sérieux pour
celle-ci. C'est celui de s'alourdir dès qu'il se mouille,
par conséquent de frapper l'eau trop lourdement et
de s'immerger avec trop de facilité. Je le répète, il y
a là un inconvénient sérieux. La ligne qu'ils ont composée depuis n'a pas ce défaut, c'est vrai (le crin
ne prenant pas l'eau, la ligne reste plus légère),
mais aussi elle est loin d'avoir la solidité de l'autre,
et pour sa durée et pour sa force réelle. Elle est faite
avec deux substances différentes, une partie en crin
et une partie en soie. Le crin restant dans son état
primitif, c'est-à-dire n'absorbant pas l'eau, empêche
l'immersion de la ligne, voilà l'avantage. Mais le crin,
n'ayant pas la force de la soie, diminue d'autant
sa solidité, voilà le danger. Si l'on ajoute à cela
que l'humidité agit en sens inverse sur ces deux
substances si différentes, puisque l'eau assouplit et
détend le crin, quand au contraire elle resserre le cor-

donnet, on aura la certitude que ces deux parties au lieu de se renforcer l'une par l'autre se nuisent réciproquement, d'autant plus que cette force se trouve encore affaiblie par la forme donnée à cette ligne terminée *en queue de rat,* c'est-à-dire diminuant de grosseur jusqu'à l'extrémité du fil qui n'a plus aucune solidité. Il s'ensuit que le premier poisson piqué, s'il est un peu fort, rompt souvent cette jolie, mais fragile queue de rat : or, indépendamment du regret que l'on éprouve de perdre une belle pièce quand on la tient, il faut ajouter que ces lignes sont toujours coûteuses, parce qu'elles n'ont jamais moins de 30 à 35 mètres de longueur; et s'il fallait en changer, chaque fois qu'elles cassent, ce serait une dépense ; c'est ce qui a donné l'idée d'avoir des queues de rat de rechange, idée excellente, mais à condition de réunir les deux bouts par une épissure habilement faite. Malheureusement il n'y a guère que les gens spéciaux qui les réussissent ; faire un nœud est trop dangereux pour qu'on s'arrête à cette idée, à moins que ce bas de ligne de rechange ne soit assez court, pour ne pas avoir besoin de passer dans les anneaux de la canne, et alors elle ne signifie plus rien. Pour mon compte, il y a longtemps que j'y ai renoncé. Voici comment je dispose ma ligne et j'engage le lecteur à faire de même. Je me sers d'un cordonnet de soie, d'une grosseur un peu au-dessous de la moyenne, afin qu'il ne tombe pas trop lourdement sur l'eau, j'y attache un bas de ligne en crin de florence fortement gradué de grosseur, c'est-à-dire beaucoup plus gros, à l'extrémité supérieure qu'à l'autre bout sur lequel doit être adaptée la mouche, et alors même que je ne devrais pêcher qu'avec une seule mouche, je donne à ce bas de ligne une longueur de 2 mètres à 2 m. 50 et de 3 mètres à 3 m. 50 si j'en mets deux; il faut un peu plus d'attention pour bien jeter la ligne, mais elle descend beaucoup plus doucement et avec moins de bruit sur l'eau que s'il était plus court. Puis on ne redoute pas de voir, à chaque instant, le bas de ligne avec ses mouches disparaître pour jamais.

§ 14. — *Manière de lancer la mouche artificielle et jet de cette mouche.*

Il est à peine besoin de dire, que pour la pêche à la mouche, le point important, pour ne pas dire capital, est de savoir bien lancer cette mouche.

Tout le succès dépend de la manière dont elle est

jetée, plus on imitera la chute et le sautillement de
celle qui vit, plus on sera sûr d'attirer le poisson.
Il faut donc une grande pratique pour arriver à ce
que l'insecte artificiel soit lancé de telle sorte qu'il
descende et tombe sur l'eau, sans plus d'effort et sans
plus de bruit que l'insecte naturel. C'est pour cela
que j'ai dit précédemment que le corps de l'hameçon
sur lequel on les fait n'est jamais trop fin. Si on
veut en effet réfléchir au poids d'une mouche, qui
atténue encore sa chute en cherchant à l'éviter avec
le secours de ses ailes, on comprendra combien on
doit tenir compte de cette légèreté. Pour envoyer
un insecte dans un endroit déterminé il faut une
canne légère et flexible (voyez canne pour la mouche
artificielle), afin de la manier avec aisance, car le
jet de la mouche n'est qu'un coup de fouet. Pour
s'habituer à ce jet, rien n'est plus commode qu'un
endroit ou il n'y a pas de courant, soit sur une
berge découverte, soit dans un bateau, au milieu
d'une rivière sur une place abritée.

Après avoir donné à la ligne la longueur de la
canne, on jette à une certaine distance un morceau
de papier sur l'eau et on essaie d'envoyer la mouche
dessus ; pour cela, on tient la mouche entre le pouce
et l'index de la main gauche, la canne de la main

droite à hauteur de la tête penchée à gauche, puis, par un coup un peu sec, on envoie la mouche vers le but que l'on désire atteindre. Il peut se faire que les premières fois le bout de la canne touche l'eau avant l'appât, chose qui arrive presque toujours à ceux qui manquent d'habitude, mais par la pratique on aura bien vite corrigé ce défaut : le principe élémentaire pour bien envoyer une mouche est, qu'en la lançant, la canne reste perpendiculaire ou à peu près, *afin que le bas de ligne touche le moins possible sur l'eau.* Dès qu'on sera parvenu à l'envoyer ainsi, il faut s'appliquer à ce qu'elle descende légèrement; il suffit, pour obtenir ce résultat, de viser et de la lancer, pour l'envoyer, environ 50 centimètres plus loin que le but, lorsqu'on aperçoit la mouche au-dessus du papier il faut, par un mouvement d'arrêt et même d'un peu de recul sur la canne, l'arrêter dans son élan, afin qu'elle descende naturellement sans autre bruit que son propre poids; on voit que rien n'est plus aisé.

Je l'ai dit et je le répète : lorsque la mouche est mal lancée, elle tombe mal sur l'eau et fait fuir le poisson. Le pêcheur inexpérimenté voyant l'animal se précipiter sur l'insecte et se sauver ensuite sans le prendre, se figure que la cause de son mécompte git dans le genre de mouche qu'il a employé, aussi s'empresse-t-il d'en changer, mais il a beau remplacer l'une par l'autre il ne réussit pas davantage. Le jet et la chute seuls sont mauvais, voilà la véritable cause de l'insuccès. Ce jet et cette chute doivent donc être l'objectif constant du pêcheur et ils doivent l'être d'autant plus, qu'il n'y a pas de règle pour cela; indiquer comment on lance une mouche, observer ce qu'il faut connaître et ce qu'il faut éviter pour qu'elle tombe convenablement est tout ce qu'on peut faire. Le reste est du domaine de l'habitude; la pratique complétera la théorie, ce qu'il faut surtout se rappeler, c'est la nécessité d'imiter la nature : il faut donc lancer la mouche de telle sorte qu'elle descende et tombe exactement comme descend et tombe l'insecte naturel, voilà toute la science de cette pêche.

Je recommande donc au pêcheur inexpérimenté de ne jamais profiter du vent pour faire ses premiers essais, c'est par un temps calme qu'il doit envoyer la mouche où il veut qu'elle aille; ce résultat obtenu sans aide, il pourra profiter un peu plus tard d'un vent favorable, sans craindre l'effet funeste des mauvaises habitudes. Un début par les grands vents lui gâterait infailliblement la main et l'empêcherait de devenir un bon pêcheur au lancer. Voici pourquoi : les insectes qui se trouvent sur les feuilles des arbres et sur les hautes herbes sont balayés par la force du vent et vont tomber bruyamment sur l'eau; le poisson habitué à l'effet de ce temps les guette tranquillement et, comme il distingue mal à cause de l'agitation de l'eau, il se jette sur tout ce qui tombe. Dans ce cas, seulement, les plus mal habiles prennent quelque chose, mais quand l'eau conserve sa clarté ordinaire, qu'elle n'est point troublée par l'agitation qui remue le fond et les bords, alors même qu'elle serait légèrement ridée à la surface, il faut savoir lancer la mouche pour prendre quelque chose. Je parle bien entendu des rivières à courant ordinaire comme la Seine et la Marne.

Un exemple frappant de ce fait et qui prouve combien on doit éviter les mauvaises habitudes quand on commence à pratiquer cette pêche, est fourni par ceux qui habitent les bords des rivières dont l'eau, sans être entièrement trouble, n'est jamais complétement claire. En effet, ils réussissent chez eux ; mais s'ils vont pêcher ailleurs, dans des cours d'eau d'une limpidité ordinaire, ils ne prennent rien. Cela se conçoit : la facilité avec laquelle ils obtiennent des succès sans aucune précaution les empêche de réussir

ailleurs où il faudrait une attention soutenue. Ils ont,
pour opérer, une canne raide de 1 mètre 50 à
2 mètres de longueur au plus, avec une ligne souvent en fouet de même longueur, et pour bas de ligne
une double ou une triple florence tordue ensemble au
bout desquelles est attaché un gros hameçon, entouré
quelquefois d'une forme de mouche, mais ordinairement avec de la plume coupée en brosse et ne ressemblant à rien. Avec de pareils instruments il ne peut
être question de lancer convenablement une mouche,
aussi, pourvu qu'elle arrive où ils veulent qu'elle
aille, ils ne s'occupent pas de savoir comment elle
tombe; malgré cela ils réussissent. Je le répète, ce
succès, si succès il y a, est dû à l'état de l'eau : pour
peu que le poisson soit à 40 centimètres de la surface il ne distingue plus, il voit ou il entend tomber
quelque chose et il se jette dessus. C'est précisément
ce qui arrive par les grands vents qui agitent l'eau
et la troublent. Là, comme les pêcheurs dont je
viens de parler, on pourrait réussir, car il ne sagit
ici que de chevennes ou vendoises, mais lorsqu'on
arrive dans des rivières à truite et à saumon, où
l'eau est toujours claire, on regretterait bien vite
de trop faciles succès. Non, ce n'est ni par l'eau
trouble ni par les grands vents qu'on doit s'exer-

cer, c'est au contraire lorsque l'onde a sa clarté ordinaire et que l'agitation est modérée qu'on peut faire des essais. Le poisson distingue alors suffisamment pour forcer le pêcheur à prendre des précautions, mais pas assez pour l'empêcher de réussir. Un pêcheur attentif le verra regarder avant de saisir l'hameçon et sa malice lui indiquera celle qu'il doit avoir; d'abord il devra bien se cacher, car si l'on est vu, fût-on le plus habile pêcheur, la mouche, quoiqu'on fasse, ne sera jamais touchée; à cette pêche comme à toutes les autres, c'est une règle qu'il faut rigoureusement observer, aussi ne doit-on jamais pêcher avec le soleil derrière soi, l'ombre de la ligne, si ce n'est celle de celui qui la tient, se reflète dans l'eau et lui donne l'éveil; aucune précaution ne doit donc être négligée parce que chacune d'elles, fait partie de ce tout, qu'on appelle talent ou savoir-faire, sans lequel on ne réussit à rien.

Un soin préalable que l'on ne doit pas négliger non plus, c'est d'immerger dans l'eau, pendant 15 ou 20 minutes, le bas de ligne pour faire disparaître les plis que la florence aura forcément contractés dans le portefeuille. Il suffira, pour obtenir ce résultat, de la tirer un peu comme pour l'allonger en la sortant de l'eau et elle restera droite et unie. Non-seulement cette immersion est nécessaire pour redresser la florence, mais encore, pour lui rendre la souplesse qui fait sa solidité. Ce qui donne la raideur à ces brins et les prédispose à se casser, c'est la sécheresse. Dans cette opération, il faut bien se garder de laisser mouiller la mouche, car en séjournant dans l'eau elle ne tarderait pas à s'alourdir et à se déformer.

Un autre moyen de faire disparaître les plis contractés par la florence, c'est de la frotter avec un morceau de gutta-percha. C'est celui que j'emploie, lorsque je remplace une mouche, pour rendre droit le brin qui la porte.

Toutes ces précautions étant prises et la ligne ainsi préparée, lancez-la de manière que la mouche tombe plutôt derrière ou de côté que devant le poisson, si vous le voyez, afin qu'il n'aperçoive sa chute, qu'indirectement, car son premier mouvement sera de se précipiter dessus.

Si au contraire vous pêchez à l'aventure, à peine votre mouche a-t-elle touché l'eau que vous devez, pour qu'elle ne plonge pas, imprimer à la canne une légère oscillation qui réagira sur la mouche, laquelle imitera alors les efforts de l'insecte vivant qui cherche à se sauver; vous la ramènerez vers vous ou de côté, doucement, lentement, jusqu'à ce qu'elle soit assez près pour que vous puissiez recommencer ce que vous venez de faire, en ayant soin de tenir toujours la ligne tendue pour être prêt à ferrer à la moindre touche. Lorsque vous la relèverez pour la lancer de nouveau, surtout si vous pêchez à une certaine distance, relevez-la vivement mais sans force, c'est-à-dire avec une main prête à céder à la moindre résistance, car il arrive souvent, qu'un poisson que vous ne pouvez voir, suit la mouche et ne se décide à la saisir qu'au moment où vous l'enlevez; or, si votre coup était trop fort, à moins que le poisson ne fut petit, vous briseriez infaillible- ment ou la ligne ou la canne. C'est encore pour évi- ter ce danger que non-seulement vous devez em- ployer un moulinet libre, mais qu'il ne faut jamais pêcher avec ceux qui ont un arrêt; que la canne dont vous vous servez soit à une main ou à deux, vos doigts seuls par la pression de la ligne sur la canne, doivent régler le tirage du poisson parce que, à cette pêche comme à toute autre, c'est le seul moyen de bien le manœuvrer.

J'ai parlé des mesures à prendre pour réussir, il me reste à dire un mot sur celles qu'il ne

Pages 205 et 206

faut pas négliger concernant le jet de la mouche. Il ne suffit pas en effet de regarder devant soi, surtout quand on pêche de loin, il faut encore regarder derrière et tenir compte de tout ce qui peut créer des obstacles au lancé de l'insecte. Les ondulations de terrain, les arbres, même les curieux qui vous suivent, sont autant de dangers auxquels on doit faire attention, rien de plus facile que de bien jeter une ligne sur une place unie, n'ayant que l'eau devant soi et nul obstacle derrière, mais on n'a pas toujours des plages aussi commodes; si pêchant sur une berge, le terrain se trouve plus élevé derrière vous et que vous n'y preniez pas garde, votre mouche s'accrochera aux herbes, s'émoussera contre les pierres ou se détériorera en frôlant la terre; si c'est un endroit où se trouvent quelques arbres, vous ne tarderez pas à y accrocher votre appât, et ce qui est pire encore, si quelques curieux vous regardent pêcher, et vous approchent de trop près, vous pouvez faute d'attention, causer quelque grave accident.

Il est donc urgent, pour conserver ses ustensiles intacts, d'éviter les embarras auxquels ils peuvent se détériorer, et d'étudier préalablement le terrain, théâtre de vos exploits futurs, afin de tenir compte de tout, et d'empêcher que la victoire ne se change en défaite.

CHAPITRE IX

§ 1. — *Des saisons pendant lesquelles on doit pêcher chaque espèce de poisson.*

Les mois de janvier et février ne sont pas favorables à la pêche à la ligne ; il ne faut pas s'en plaindre, car s'il y a peu de poissons à capturer dans cette saison, il y aurait beaucoup de rhumes, de pleurésies, et de rhumatismes à gagner. Le pêcheur prudent et sage, restera donc chez lui pour mettre ses ustensiles en bon état, et préparer ses lignes pour des époques meilleures. Les seuls poissons que l'on puisse espérer prendre pendant ces deux mois, sont les brochets, les gardons et les chevennes, et peut-être quelques anguilles dans les rivières où la marée monte ; si à la fin du mois de février la saison est exceptionnellement belle, on peut encore espérer quelque touche de carpe et de perche, mais pendant ces deux mois, il n'y a guère que le milieu de la journée qui soit favorable à la pêche et au pêcheur. Il faut employer des appâts vivants pour le brochet, et des vers rouges pour les autres poissons.

Quoique les mois de mars, avril et mai, soient l'époque de la fraie, la pêche en général n'en est pas moins bonne. C'est en mars et avril que le poisson quitte les grands fonds pour se mettre en quête des deux choses dont il a le plus besoin : Le soleil et la nourriture, l'un lui étant presque aussi utile que l'autre ; car, si la grande chaleur le rend malade, le froid l'engourdit ; aussi est-ce le soleil qu'il recherche avant tout, et comme les endroits où il y a peu d'eau lui permettent seuls, d'en ressentir plus promptement les effets et que ces fonds sont ceux où commencent à pousser et les premiers joncs et les premières herbes, c'est là qu'il faut diriger ses regards. Aux poissons qui prenaient l'appât les mois précédents, il faut ajouter les carpes, les vandoises, le goujon, le véron et la perche quand elle ne fraie pas dans ce moment, ce qui lui arrive quelquefois. En avril apparaissent l'ablette et le barbillon que la faim a fait bouger; et en mai les anguilles, qu'elles aient remonté le fleuve ou qu'elles soient sorties de leurs retraites. Jusqu'aux premiers jours du mois de mai, le ver rouge est, avec le ver blanc, l'appât de rigueur; les mois de juin et de juillet sont rarement bons, la pêche y est à peu près nulle sauf celle des carnivores y compris l'anguille, la truite et l'ombre. Les causes qui rendent ces deux mois si peu favorables, s'expliquent aisément. D'abord c'est en général l'époque de la plus grande châleur, l'eau se réchauffe vite; et dès que l'eau a perdu sa fraîcheur, le poisson devient malade quand il ne succombe pas; car c'est le moment où l'on en voit beaucoup de morts sur la rivière; aussi, pendant cette saison chaude, il ne faut pêcher que dans l'eau vive, derrière les barrages, les moulins, etc., partout enfin, où l'eau coule avec rapidité. C'est en effet à côté, sur le bord même ou au bas du courant, qu'il faut les pêcher, parce que c'est là que le poisson vient chercher la fraîcheur qu'il ne trouve pas dans l'eau tranquille; les grandes châleurs influent d'autant plus sur lui que son état de santé est loin d'être bon : ou il vient de frayer ou il fraie encore. Dans le premier cas comme dans le second il ne mange pas. Ensuite c'est la saison où le fond de la rivière est tapissé d'herbes fraîches, de joncs naissants, et rempli de cette verdure que le poisson préfère à tout.

Août et septembre sont les deux meilleurs mois pour la pêche ; les nuits deviennent longues et fraîches, et l'eau en refroidissant rend au poisson toute sa vigueur. Semblables aux convalescents que la faim aiguillonne en proportion du jeûne qu'ils ont subi, tous les poissons mordent alors à l'hameçon, car si l'herbe ne pourrit pas encore, elle est déjà trop dure pour qu'ils la recherchent comme nourriture ; en août il faut pêcher de préférence le matin et le soir, en septembre toute la journée. Ces deux mois sont excellents pour l'anguille et la perche qui commence à bien mordre. Septembre est de plus la véritable saison de la carpe, de la brême, du goujon et même du barbillon, c'est enfin le vrai moment de la pêche à la ligne.

Les mois d'octobre et de novembre, sont encore bons si les chaleurs se prolongent. Dans ce cas, octobre peut être classé parmi les meilleurs; c'est souvent celui où l'on prend le plus de carpes et de goujons. Malheureusement la truite commence à frayer, les insectes se raréfient et le poisson quitte la surface, c'est dire que la pêche à la mouche touche à sa fin. En revanche, ces deux mois sont très-favorables pour le brochet et la perche ; en novembre, les herbes sont pourries et par conséquent abandonnées par les poissons qui rentrent dans les grands fonds où il faudra désormais les chercher en reprenant le ver rouge de terreau et le ver de vase. Dans ce mois si l'eau grandit un peu et qu'elle se trouble, on fait encore de magnifiques pêches de barbillons au ver rouge.

Décembre touche à janvier, c'est dire qu'il ne vaut guère mieux ; cependant lorsque le temps s'y prête, ce qui arrive rarement, le brochet, le chevenne et le gardon mordent encore un peu dans le milieu de la journée. Tout le poisson dans ce mois a pris ou va prendre ses quartiers d'hiver, il se retire dans l'eau profonde, sous les crones, dans les cavités, d'où il ne sortira plus qu'après les grands froids.

Si de ce qui précède il résulte que le ver rouge de terre ou de terreau, le ver de vase et le ver blanc sont les appâts préférables pour la fin de l'automne, l'hiver et le printemps ; que les farineux, les pâtes, les insectes et les fruits le sont pendant l'été, il ne faut pas oublier qu'en outre de ceux que je viens de citer, dont quelques-uns sont bons en tout temps, il y a le vif qui l'est toujours ;

d'autres sont excellents pour leurs saisons : ce sont, le chêne-fer ou porte-bois lequel peut être mis au premier rang, le têtard, le ver à queue, etc., etc.

§ 2 — *Influence du temps sur la pêche.*

L'atmosphère a une telle influence sur la pêche qu'on pourrait écrire un volume entier sur cette matière. C'est ici et non dans la manière d'apprêter les amorces qu'il faut chercher le côté subtil, mystérieux et toujours insaisissable. Si on dit avec raison qu'il pleut et fait beau par tous les vents, on pourra assurer avec non moins de vérité, qu'à la pêche par tous les temps, on peut réussir ou ne rien prendre, sans qu'il soit possible de donner la moindre explication, ayant pour base un fait précis. Que de fois en faisant certaines remarques ai-je cru enfin surprendre la cause d'un effet jusque-là incompris !,.. hélas, l'illusion durait jusqu'à ce qu'une circonstance me fournit l'occasion d'une nouvelle remarque détruisant complétement la première; aussi je doute que l'esprit le plus observateur puisse arriver jamais à un autre résultat.

Il ne faudrait cependant pas arguer de ce qui précède que le hasard seul préside à la pêche, il y a des règles qu'il n'est pas possible de méconnaître car ce sont des faits consacrés par l'expérience. Par exemple, s'il n'est dans la possibilité de personne de dire pourquoi par tel vent on fait un jour une belle pêche et pourquoi le lendemain par ce même temps on en fait une mauvaise, tous les pêcheurs savent que si on pêche certains poissons avec le même appât, l'hiver comme l'été, on réussira parfaitement pendant les chaleurs, tandis qu'on ne prendra rien durant le froid. Voilà deux faits, le premier mystérieux, incompréhensible, le deuxième inexplicable, peut-être, mais positif.

Eh bien, on constate beaucoup de faits de cette nature, mais on ne peut que les constater. Du reste le principal est de savoir à quoi s'en tenir. Il n'est pas absolument utile qu'un médecin sache comment la quinine coupe la fièvre, il lui suffit de savoir que c'est un fébrifuge. D'ailleurs si nous sommes obligés de nous incliner devant des mystères impénétrables nous avons aussi des effets certains à enregistrer qui, méthodiquement groupés, nous permettent d'établir certaines règles utiles à connaître. Or, de ces effets, les plus importants à analyser sont ceux qui sont produits par les éléments, au premier rang desquels, on doit placer le vent, tout à la fois

et à juste titre l'espoir et le désespoir des pêcheurs, puissance souveraine, grâce à laquelle vous
réussirez ou vous ne réussirez pas. L'étude des
vents, est de première nécessité à cause de l'influence directe qu'ils ont sur la pêche, mais elle
est fort difficile pour celui qui s'y livre, parce
qu'elle doit être incessante, l'influence de cet élément se trouvant modifiée selon les lieux; la rive
d'un fleuve est caressée par les vents de force et de
nature très-diverses, selon les accidents de terrain
qui constituent la hauteur des berges, plus ou moins
boisées, soit que le lit coule en pleine campagne ou
au pied d'un coteau; qu'il soit abrité ou livré par
l'aridité de ses bords à tous les caprices de la rose
des vents. C'est donc une affaire de jugement,
d'étude comparée, d'éléments très-divers qui ne
peuvent être constatés que sur place.

Une des grandes erreurs commises par les pêcheurs, surtout par ceux qui voyagent peu, est de
croire que le même vent a une influence identique
partout; il est loin d'en être ainsi. Les vents d'ouest
et de sud-ouest si favorables à la pêche dans la
plus grande partie de la France et de l'Angleterre, sont les plus contraires en Suisse, où le vent
du nord, si redouté des contrées que baigne l'Atlan-

tique, est justement préféré ; aussi faut-il voir avec quel empressement les pêcheurs de l'Helvétie se livrent à leur plaisir favori dès que souffle ce vent. Je connais un grand nombre de pêcheurs du Rhône, dans le canton de Genève et aux environs, qui ne mettent jamais une ligne à l'eau qu'en temps de *bise*, tandis que nous les serrons, lorsqu'elle commence à donner. Ces habitudes si diverses ont pour base l'étude attentive des phénomènes de la nature, et en Suisse comme en France, chacun a raison de faire ce qu'il fait.

Je suis tellement pénétré de cette vérité, que je recommande à tous ceux qui vont dans des pays où ils n'ont jamais pêché, de se renseigner à ce sujet sur les habitudes de ces pays et de ne rejeter aucun conseil, avant de l'avoir expérimenté : la topographie du terrain, la nature de l'eau, les habitudes du poisson que l'on ne connaît pas, sont autant de considérations dont il faut tenir compte. Quant aux pêcheurs de nos contrées, je les engage de choisir, avant tout, une place complétement abritée, car tout endroit battu par un vent même favorable, est mauvais, c'est-à-dire que dans une rivière qui coule du sud au nord, si le vent vient de l'ouest, on ne doit jamais pêcher sur la rive droite, par la raison qu'on a le vent en face, qui bat la rive sur laquelle on pêche et qui vous ôte toute chance de réussite. La position contraire serait encore plus mauvaise, si on pêchait sur la rive gauche avec un vent d'est. Ce que je dis ici, s'applique surtout aux rivières qui traversent des plaines et dont les bords ne sont pas assez boisés pour les protéger contre le vent. Aussi, il y a un principe général, immuable, auquel on doit toujours obéir, c'est de ne jamais pêcher le vent en face quel qu'il soit, de se placer toujours de manière à l'avoir derrière afin de profiter de l'abri qu'offre la berge.

Dans les rivières encaissées par de hautes berges fortement boisées, l'influence du vent, quoique toujours réelle, s'y fait moins sentir ; l'eau, abritée par les obstacles qui le coupent, n'est pas directement battue, et au lieu d'avoir ces grandes vagues des rivières découvertes, ne présente qu'une surface légèrement agitée et à peine ridée, avantage réel pour la pêche, quoi qu'en pensent certains pêcheurs qui n'aiment que l'eau calme. Je ne méconnais certes pas cette agréable position, d'un pêcheur tranquillement assis en face d'un aï, uni comme une glace, sans que le moindre souffle agite

une ligne, aussi immobile que la flotte sur laquelle
on pourrait lire distinctement, tout ce qui se passe
à l'hameçon ! Mais quand on pêche c'est pour
prendre du poisson, et à moins de pêcher le goujon
ou quelque autre fretin dans une eau louche, on
ne peut espérer aucun succès. Pourquoi ne prend-
on jamais le poisson que l'on voit? Uniquement
parce qu'il vous a vu. Or, à travers cette eau calme
et transparente, non--seulement le poisson vous voit,
mais il aperçoit encore tous vos mouvements, que
vous posiez ou que vous leviez la ligne. Une surface
ridée vous dérobe au contraire à sa vue, circonstance heureuse pour le surprendre. Il est bien
entendu que plus le poisson est gros plus il est méfiant, et que par conséquent l'eau agitée est toujours
préférable à l'eau dormante. En voici un exemple :

C'était dans les premiers jours de mai, nous
étions convenus, avec un ami, de faire une partie
de pêche à la carpe, aux étangs de Comelles, dans
la forêt de Chantilly, cette providence des pêcheurs
parisiens pendant la fraie et que l'inintelligente ra-
pacité, du plus insatiable des spéculateurs nous a
ravie. Nous avions pris rendez-vous à la gare du
Nord, mais la nuit avait été mauvaise, la pluie
était tombée et le vent avait soufflé avec une telle

violence, que si j'avais pu prévenir mon ami, je ne serais certainement pas parti, je me rendis à la gare avec l'idée bien arrêtée de m'en retourner chez moi, si j'étais seul, et en effet, je le fus; mais, je n'étonnerai pas ceux de mes lecteurs qui ont porté un fusil, ou tenu une ligne, en leur disant qu'au lieu de revenir au logis, je pris la clef des champs : le temps était sombre, le vent quoique un peu calmé, soufflait avec assez de force pour former des vagues dans les étangs. Je m'installai, néanmoins, dans un endroit abrité; mais ce fut une précaution inutile, et je dus renoncer à mettre une flotte à ma ligne, tant les vagues étaient fortes. Dans cette situation je n'avais pour guide que mon moulinet, qui m'indiquait le moment où le poisson avait pris l'appât, et par conséquent le moment de ferrer. Eh bien, j'affirme que malgré tous ces désavantages, cette journée a été l'une des plus productives de toutes celles que j'ai passées aux étangs de Comelles, tandis que j'en avais eu de bien médiocres pendant les temps calmes, avec des eaux d'une immobilité complète. L'exemple que je viens de citer est une exception, vu la trop grande agitation de l'eau; mais il n'en prouve pas moins qu'une surface agitée, est toujours préférable à celle qui est immobile.

Une erreur non moins accréditée que celle que je viens de combattre, c'est de croire que les temps orageux sont propices : il est très-vrai qu'ils sont favorables en certaines circonstances, mais uniquement pour les pêches de surface, telles que les pêches à la mouche naturelle ou artificielle, à la sauterelle, etc., etc., comme on peut le voir à la description de chacune d'elles ; mais pour la pêche de fond (l'anguille excepté), c'est une erreur ; et sur dix tentatives on ne réussira qu'une fois. L'eau subit-elle l'influence de l'électricité qui rend l'atmosphère si lourde et agit-elle sur le poisson de fond, comme elle agit sur nous, je l'ignore, mais toujours est-il qu'il ne mange pas ; agit-elle moins sur ceux qui cherchent leur nourriture à la surface, ou bien l'instinct de ces derniers, leur dit-il que par les temps d'orage, il y a dans l'air plus d'insectes que par les temps calmes? Je n'en sais rien, mais ce qui n'est pas douteux, c'est qu'ils s'en rapprochent davantage. Aussi suis-je toujours surpris d'entendre certains pêcheurs, témoigner leur étonnement de ne pas avoir *une touche*, malgré un temps visiblement orageux. Cette erreur si répandue dans presque tous les pays, a partout la même cause : la confusion des espèces de poissons et des genres de pêche ; il faut donc distinguer non-seulement les poissons qui prennent l'appât de ceux qui n'y touchent pas, mais encore les différentes manières de pêcher, d'après lesquelles un poisson peut prendre ou refuser un même appât. Je citerai, par exemple, le chevenne pêché à la cerise : si par un temps orageux on le pêche à fond, c'est-à-dire si la cerise pose sur le fond, on ne le prendra pas, il est à la surface ; mais si au contraire on choisit un endroit où il y a du courant, que l'on ne mette que 30 ou 50 centimètres de fond, selon la profondeur et que l'on suive l'eau, la ligne à la main, l'appât ne tardera point à être pris. Si par un temps pluvieux ou un temps clair sans orage, on pêche le même poisson, de fond, de trois à cinq heures du soir, on en prendra de très-gros.

Je pourrais multiplier ces exemples, mais leur place naturelle se trouvant à la description de chaque pêche, j'y renvoie le lecteur désireux d'en apprendre davantage. Je me résumerai en disant que les temps orageux bons pour les pêches de surface ou entre deux eaux, sont nuisibles en général pour celles de fond ; et que si l'erreur contraire s'est propagée, cela tient aux habitudes de certains peuples tels que les méridionaux, qui ne pêchent presqu'à la surface, soit qu'ils ne possèdent que les espèces qui se prennent ainsi, soit enfin qu'ils empruntent cette manière de pêcher à de vieux usages. -

§ 3. — *L'aube du jour.*

Quel est l'homme qui n'a pas éprouvé, sur le bord de l'eau, à cette heure matinale qu'on appelle l'aube du jour, cette douce sensation dont l'âme est pénétrée à l'aspect des lieux qui l'environnent.

Le repos que goûte la nature est si complet, qu'au milieu de ce silence et de ce calme, on se sent vivre avec bonheur.

C'est aux pêcheurs poëtes que l'on doit probablement cette croyance, que l'aube du jour est propice à la pêche; le plus simple raisonnement, la logique et l'expérience prouvent cependant le contraire. En effet, pourquoi la loi défend-elle de pêcher après le coucher et avant le lever du soleil ?... uniquement pour éviter les engins prohibés à l'heure ou le poisson, principalement le gros, est en quête de sa nourriture; donc si c'est la nuit qu'il se la procure, il est repu le matin, et, quand on arrive, au point du jour, il est déjà rentré dans ses refuges. Le poisson, comme les autres animaux, obéit aux

lois de la nature; doué des mêmes facultés, il en a
les instincts, et le premier de tous est celui de la
conservation. De même que le gibier, il est guidé par
la prudence, et comme lui, retenu par la crainte, il
reste caché dans le jour, semblable en cela au sanglier
qui demeure dans sa bauge, et au lièvre qui se blottit
dans son gîte. Lorsque la faim le pousse, le poisson
a cependant l'avantage de pouvoir çà et là glaner
quelque chose, sans s'éloigner des abris dont je
viens de parler; mais ces petites excursions n'ont
lieu qu'après le repos des fatigues de la nuit. C'est
ce qui explique pourquoi l'on prend plus facilement
le gros poisson aux heures suivantes de la journée:
de huit heures à midi, et de trois heures à la nuit
Que celui qui amorce une place, s'y rende dès
l'aube pour être sûr de la posséder; que celui qui
tend des traînées pour l'anguille la nuit, les lève
à la pointe du jour, puisque c'est le seul moyen d'y
trouver celles qui s'y seront prises; que celui qui
veut piquer une truite au ver ou au vif, soit sur le
bord de l'eau avant l'aurore; ou bien encore, que
celui qui veut tenter de prendre une carpe ou tout
autre poisson, l'été par les grandes chaleurs, en
fasse l'essai au petit jour alors que la fraîcheur
le favorise, tout cela se comprend, mais en dehors

de ces exceptions, choisir cette heure dans l'espoir de réussir plus facilement, est une erreur manifeste. Bien des fois, avant que l'expérience ne m'eût fixé sur ce point, bravant la fatigue et les rhumatismes, j'y suis allé à cette heure des poëtes, le succès a si rarement répondu à mon attente que j'ai fini par y renoncer.

§ 4. — *Des heures favorables ou nuisibles à la pêche.*

Le choix des heures, à la pêche, est un des éléments du succès.

A la pêche à la mouche artificielle, la première heure est mauvaise, car si l'on est tenu de compter avec l'instinct, les mœurs et les habitudes du poisson, il faut compter aussi avec les éléments. Même dans les rivières à truite où l'aube du jour est si propice pour prendre ce poisson au vif, au ver rouge, etc., cette heure matinale est nuisible à la mouche artificielle.

Afin que cette pêche se fasse dans des conditions avantageuses, il faut que le poisson soit attiré par les insectes, or, la rosée du matin leur est tout à fait contraire, ils attendent pour prendre leurs ébats que le soleil sèche et réchauffe l'atmosphère. D'ail-

leurs, il est rare qu'à cette première heure, le vent
souffle en été avec un peu de force ; le ciel est ordinairement pur, et si quelques nuages se montrent
çà et là, ils paraissent immobiles. La terre desséchée
par la chaleur, a besoin de ces pleurs de l'aurore
que l'on nomme la rosée, et le calme seul leur permet d'y descendre. Nul insecte ne vole, aucune herbe
ne bouge, pas une feuille ne remue, il n'y a point de
ride sur l'eau ; l'onde est immobile, et sa surface
aussi polie qu'une glace, se déroule à la vue par un
brouillard épais, vapeur bleuâtre, émanation mys-
térieuse des eaux. Il n'existe certainement pas de
moments plus poétiques, mais la poésie n'est pas un
appât pour les poissons ; et les premières heures du
jour sont plus propices aux rhumatismes qu'à la
mouche artificielle. Le temps devient meilleur vers
huit ou neuf heures, commencer plutôt c'est vouloir se fatiguer inutilement ; il faut attendre que le
soleil ait provoqué l'apparition des insectes, le vent
commencera à se lever, et secouant l'herbe et
l'arbuste il chassera ceux qui en auraient fait leur
demeure temporaire, enfin il agitera, il ridera cette
eau jusqu'alors tranquille, et le pêcheur pourra se
livrer à son plaisir dans les meilleures conditions
de réussite.

Mais si entre neuf heures et midi, le temps ne change pas, si le soleil continue à darder ses rayons sur la rivière, sans que le moindre souffle ne vienne l'agiter, si enfin cette eau continue à n'être que le miroir éclatant d'un ciel clair et pur, alors toute chance de succès disparaît et continuer serait inutile, car le poisson serait caché, ou s'il ne l'était pas il distinguerait trop, et ne prendrait pas l'insecte artificiel qui lui serait présenté. Ce qu'il y a de mieux à faire alors, est de se reposer jusqu'à l'heure où, poussé par la faim, il quitte de nouveau ses refuges mais ce moment, le plus propice de toute la journée, dure peu, seulement il peut compenser en un instant l'insuccès d'un jour malheureux. Il commence dès que la brume arrive et finit à la nuit noire. L'heure du crépuscule est pour le poisson, surtout pour le gros, celle où il s'aventure dans des endroits qu'il n'aurait pas osé aborder pendant le jour, il gagne les grèves peu profondes, les gués, les abreuvoirs, tous les endroits enfin où il espère trouver à manger. C'est alors qu'il faut s'approcher sans bruit, profiter de l'ombre qui vous environne, glissant le long de ces berges faciles, parce qu'elles sont ordinairement découvertes, et se servir de fortes mouches qu'on s'applique à bien lancer, la confiance du poisson est telle à cette dernière heure qu'il saisit tout avec la plus grande avidité.

C'est le moment des grosses pièces.

§ 5. — *Le vent.*

J'ai souvent parlé, dans le cours de cet ouvrage, de l'influence du vent, mais telle est son importance pour tout ce qui concerne la pêche à la mouche artificielle, que je ne veux pas terminer ces études théoriques sans en parler encore une fois.

Recommander à celui qui ne sait pas lancer une mouche artificielle, de ne pas s'exercer en commençant, avec l'aide du vent, ce n'est pas lui dire de ne pas mettre à profit cet auxiliaire lorsqu'il saura le faire sans son secours. Le vent au contraire est toujours bon à utiliser, mais pour en profiter, il faut non le combattre mais lui céder; au lieu de lui faire face pour lancer la ligne, il faut l'envoyer dans sa direction. Alors à la place d'un ennemi à combattre on aura un ami qui combat pour vous. Le principe de cette pêche étant que la ligne doit être étendue, dès qu'on l'aura lancée, le vent l'étendra, que la mouche descende mollement sur l'eau, le vent la fera descendre plus doucement que l'on ne saurait le faire soi-même. Si au contraire on veut le braver et qu'on veuille lancer la mouche artificielle, malgré sa résistance, il la renverra sur les jambes du téméraire et ignorant pêcheur, s'il ne la lui jette pas au visage. On a donc tout à gagner de se mettre non contre lui, mais avec lui, surtout si l'on tient à ce qu'il ne brise pas la canne, ou ne la fatigue outre mesure.

Il peut encore arriver que pour pêcher avec le vent, on soit contraint de pêcher contre le courant; à moins que la rapidité de l'eau ne soit excessive, il n'y a pas à hésiter, tout en tenant compte de cet inconvénient, on doit l'atténuer encore en ramenant la mouche plus vite qu'on ne le ferait, si l'on pêchait dans la direction de l'eau; puis, le poisson faisant toujours face en amont, la mouche en tombant à côté ou derrière lui diminuera ce désavantage.

Dans les lacs où il n'y a pas de courant, la première chose à faire quand on veut y pêcher, c'est de gagner celle de ses rives où la brise pousse au large : car, si elle ne vient pas rider l'eau, si nul souffle n'agite le lac, jamais avec la mouche on ne prendra un seul poisson. Je le répète, le vent, cette providence du pêcheur à la mouche, est un auxiliaire indispensable, sa puissance est telle qu'on peut dire de lui que c'est le grand maître qui autorise ou interdit le succès. Partout ailleurs que dans les rivières torrents, où la rapidité de l'eau remplace les ondulations occasionnées par le vent, on est obligé de reconnaître et de compter avec sa puissance souveraine ; non qu'il soit absolument impossible de réussir par le calme, mais la difficulté augmente à ce point quelquefois, qu'elle devient insurmontable. Cela se conçoit ; comme je l'ai déjà dit, il y a un principe à la pêche qu'on ne peut méconnaître, c'est celui de ne jamais éveiller la défiance du poisson, c'est l'A, B. C, de toutes les pêches ; par les temps de calme plat, où la surface de l'eau est unie comme une glace, on est aperçu par lui à une grande distance, et dès lors il n'est pas facile de le prendre.

En effet, une fois sur le qui-vive, il suit tous les mouvements du pêcheur et ne le quitte plus de l'œil ; aussi quelle que soit la mouche qu'on lui présente, il ne la prendra qu'après l'avoir examinée. De là, le peu de chances de succès sur cette eau tranquille, où l'on ne parvient à réussir qu'à force de ruses et de précautions, en un mot qu'après avoir acquis un véritable savoir.

Voyez-vous ces myriades de petites mouches et de moucherons, qu'isolément vos yeux apercevraient à peine, raser l'eau, en jouant? Eh bien, elles vous indiquent ce que vous avez à faire : c'est le moment de prendre les lignes les plus fines, les insectes les plus petits, et de pêcher de loin pour ne pas être vu du poisson; car, on ne peut compter ici sur aucun auxiliaire, l'adresse seule peut faire réussir; il est donc indispensable que la ligne soit parfaitement lancée et que la petite mouche ou le moucheron descende légèrement et tombe sans bruit, imitant en cela, la chute de quelques-uns de ces petits insectes dont je viens de parler, et que le poisson saisit avec tant d'avidité. Par les temps agités, le mouvement de la vague empêche le poisson de voir le pêcheur et augmente ses chances, puis la violence du vent qui précipite sur l'eau la mouche qui voyage et l'insecte posé sur la feuille d'un arbre, rendent cette pêche fructueuse dans ces moments. Le poisson, qui connaît les effets de ce temps, est alors aux aguets, mais sur une eau houleuse et tourmentée, il distingue mal et se jette sur tous les insectes qui tombent. Ceux qui sont frêles et petits ne résistent pas à la vague : ils sont submergés et disparaissent, tandis que d'autres,

doués de plus de force, étant plus gros, restent
apparents. Il faut donc les imiter, et ne prendre
pour les temps orageux que des grosses mouches,
des crins de florence solides, et un moulinet en
bon état, d'où cet adage : Avec grand vent, grosses
mouches.

Telle est la règle de cette pêche, et les exceptions
sont rares, car dans toute ma vie de pêcheur, je n'en
pourrais citer que deux ou trois. Il m'est arrivé, en
pêchant dans la Seine par du gros temps, de ne pas
avoir ma mouche touchée par un seul poisson sur un
parcours de 2 kilomètres environ. Le vent soufflait
en tempête, et sa violence était à ce point qu'il soule-
vait de la surface de la rivière comme une poussière
d'eau ; me croyant sûr de réussir, et sachant que
c'est surtout le gros chevenne qui chasse par ces
temps-là, j'avais pris ma canne à saumon afin de
pouvoir envoyer ma mouche plus loin, tous mes
efforts furent vains, je n'en touchai pas un seul;
Comme je pêchais sur une berge nue, avaient-ils
gagné l'autre rive qui est boisée, ou bien quelque
phénomène atmosphérique avait-il agi sur eux?
Je ne puis le dire; mais ce qui est certain, c'est
que je ne pris rien ce jour-là, quand j'avais fait
de si belles pêches par des temps semblables.

Il arrive presque toujours qu'un calme relatif succède à ces tourmentes sans que le vent cesse entièrement, et qu'au lieu de vagues il n'y ait qu'une légère ondulation à la surface de l'eau. La force du vent n'étant plus assez grande pour précipiter les gros insectes, mais l'étant encore assez pour faire tomber les moyens, il faut employer des mouches moyennes à la place des grosses, et ne pêcher qu'avec des petites, si le calme succède à cette légère agitation. C'est en observant la nature, qu'on suit les véritables règles, les seules qui mènent au succès.

§ 6. — *Des eaux tranquilles, des eaux courantes, de leur transparence.*

Nous venons de voir dans le paragraphe précédent l'influence des vents partout ailleurs que dans les courants et les rivières torrentielles, où son secours est à peu près inutile; quoique ses effets soient toujours avantageux à la pêche à la mouche artificielle et même décisifs dans certains cas, on est obligé de tenir compte de beaucoup d'autres éléments pour profiter utilement de celui-là. Aussi est-il nécessaire que le pêcheur connaisse le degré de transparence de l'eau suivant la profondeur des endroits où il pêche, car la première condition pour qu'une mouche soit prise est que le poisson puisse la voir. Personne n'ignore que, dans certains cours d'eau, on aperçoit le fond à 8 ou 9 mètres de profondeur, tandis que dans d'autres, comme la Seine, on le voit rarement à plus d'un mètre. Il s'ensuit de là que le poisson, nageant au fond, peut quelquefois apercevoir la mouche de 7 à 8 mètres de profondeur, tandis que d'autres fois il ne l'apercevra pas de plus d'un mètre. Se rendre un compte exact de toutes ces considérations, est ce que tout pêcheur doit faire. Ainsi, en pêchant dans une eau de transparence moyenne, s'il n'y a que peu ou pas de courant, par un vent faible, l'emplacement le plus propice est celui où il y a moins d'un mètre de profondeur. On doit donc éviter ceux qui en ont davantage; mais il y a dans toutes les rivières des endroits profonds où l'eau est tellement immobile qu'on dirait un lac, s'il est inutile de s'y arrêter en temps ordinaire, il faut les rechercher, au contraire, pendant les grands vents, car c'est au fond de ces gouffres que se tiennent généralement les gros chevennes, s'y trouvant à l'abri des filets du pêcheur à cause des obstacles que fait naître la crue des eaux et de la masse liquide sous laquelle ils sont. Lorsque ce poisson sent à l'agitation de la vague que le vent commence à souffler avec violence, il se rapproche de la surface et se met à guetter sournoisement, pour s'élancer sur tout ce qui tombe dans la rivière. C'est le moment de se monter solidement et de mettre ses plus fortes mouches, car c'est celui des belles captures.

Dans l'eau courante et peu profonde, les allures du poisson sont différentes. Il va, vient, cherche ; on s'aperçoit que l'eau vive est pour lui ce que l'air frais est pour nous ; au lieu d'attendre que quelque proie tombe à sa portée, aussitôt qu'il voit passer, entraîné par le courant, quelque chose qui ressemble à un insecte, il franchit d'un trait l'espace qui le sépare de ce qu'il a vu, pour s'élancer de nouveau sur ce qu'il voit encore plus loin. Et si le fond de la rivière est rocailleux ou simplement caillouteux, ces innombrables petits obstacles se reproduisant sous forme d'ondulation à la surface, ce qui existe presque toujours dans les courants, la force de l'eau entraînant tout ce qui n'est pas corps dur et lourd, on n'a pas besoin alors d'une bien grande habileté pour lancer la mouche : il faut éviter seulement d'être aperçu, on peut la lui envoyer comme on voudra, charger même le courant de la lui porter, il la prendra partout. L'eau vive augmentant sa vigueur, augmente aussi sa voracité.

En résumé, dans les rivières où l'eau n'a qu'une limpidité ordinaire, avec un léger courant et un vent de force moyenne, il ne faut pêcher qu'aux places où il n'y a pas plus d'un mètre de profondeur. Si en temps calme on se trouve dans un endroit où l'eau fuit avec rapidité, il faut pêcher de préférence là où il n'y en a pas plus de 25 à 50 centimètres, afin de profiter utilement des ondulations produites par les inégalités du fond ; ainsi, la règle invariable est de pêcher dans l'eau qui ne court pas, par les temps agités, et dans les eaux rapides par les temps calmes.

Dans l'onde transparente, dont l'extrême limpidité permet de voir le fond à une grande profondeur, on peut pêcher partout, sans autre préoccupation que celle des conditions atmosphériques dont je viens de parler ; quoique la mouche n'apparaisse qu'à la surface, le poisson fût-il au fond d'un gouffre, l'apercevra toujours.

CHAPITRE IX

DES POISSONS ET DES DIFFÉRENTES MANIÈRES DE LES PÊCHER

Cet ouvrage est un livre de pêche, et non un traité d'histoire naturelle. Je ne parlerai donc pas des poissons au point de vue ichthyologique, mais seulement à celui de la pêche et du pêcheur. La Carpe étant, à cause de sa grosseur, de sa force, de son agilité, de sa prudence et de sa ruse, un des poissons le plus difficiles à prendre, nous lui donnons volontiers la première place.

§ 1. — *De la Carpe* (Cyprinus).

Ce poisson, du genre Cyprin, n'a pas de dents aux mâchoires; ses lèvres sont épaisses, jaunes foncées et susceptibles de s'allonger : on remarque

quatre barbillons à la supérieure; ses yeux sont
noirs et ont une ligne jaune qui entoure la prunelle ;
sa tête est grosse et plate en dessus. Son corps
forme un ovale allongé, ses écailles sont grandes,
fortes, arrondies et rayées dans leur longueur.

La couleur des carpes varie selon le lieu qu'elles

(FIG. 53).

habitent et en proportion de leur âge; celles qui vivent dans les eaux vaseuses sont généralement de
couleur plus sombre, et les jeunes, presque toujours
plus foncées que les vieilles; ces dernières blanchissent
quelquefois entièrement, de sorte qu'il y en a de
brunes, de dorées et de presque blanches.

La carpe se trouve dans presque toutes les rivières

de l'Europe, elle n'a cependant été introduite en Angleterre qu'en 1504 et en Danemark en 1560. Dans les pays qui n'ont pas de rivières, on l'élève dans les étangs où elle se reproduit très-facilement, ce qui est une grande ressource pour ces contrées. Cet avantage serait bien plus grand encore pour nous, si nos cours d'eau étaient mieux protégés qu'ils ne le sont.

La carpe se trouve indistinctement dans les rivières à courant faible ou rapide. Dans les premières, on la trouve partout où il y a un fond suffisant ; dans les deuxièmes, au contraire, elle ne se tient que dans les grandes profondeurs qui forment ces nappes d'eau immobile que l'on remarque ordinairement à la suite des courants rapides et presque toujours aux tournants. En effet, le mouvement des eaux crée ou entraîne souvent là, quelques obstacles auprès desquels la carpe vient chercher un refuge. Aussi rôde-t-elle tranquillement dans ces parages, sans trop s'éloigner cependant, afin de pouvoir regagner sa paisible retraite à la première alerte.

Elle se tient encore près des falaises, des crônes, des herbes, des joncs, des nénuphars, partout enfin où elle peut se cacher et se réfugier au besoin. Chose étrange, ce poisson qui est si sauvage, si prudent, si méfiant en rivière, s'apprivoise si bien dans un étang quand il y est élevé, qu'au lieu de fuir, il s'approche à la vue de quelqu'un. Contrairement à ses habitudes qui le poussent à ne manger qu'au fond en rivière, il mange à la surface dans les pièces d'eau, et il finit même par venir prendre à la main le pain qu'on lui offre. Donnez-lui quelque chose tous les jours à la même heure, soyez certain qu'il ne l'oubliera pas, et dès que vous vous montrerez sur le bord de l'étang, il accourra aussi vite qu'il se sauverait s'il était dans une rivière.

Il est du reste facile de comprendre ce changement, puisque dans les fleuves il n'a qu'à choisir sa nourriture, tandis que dans une pièce d'eau il ne peut avoir que celle qu'on lui donne. Tel est le contraste entre la captivité et la liberté !

La carpe en France dépasse rarement le poids de 9 à 10 kilogrammes, tandis que dans les lacs suisses et surtout en Allemagne, on parle de chiffres qui me paraissent fabuleux. Je sais qu'en Suisse on en a pris de 15 à 18 kilogrammes : mais c'est bien autre chose en Allemagne : Valmont de Bomare en cite une de 44 livres, et Block assure qu'en 1711 on en pêcha une, près de Francfort-sur-l'Oder, de 3 mètres de longueur sur 1 de largeur, et qui pesait

70 kilogrammes. Si ces poids sont exacts, ils ne peuvent évidemment s'expliquer que par une très-longue existence. Il est vrai que la longévité de la carpe, quoique incertaine, paraît être très-grande. Segrais dit dans ses Mémoires : On faisait quelquefois manger à feu Mademoiselle, au comté d'Eu, des carpes qui avaient plus de quatre-vingts ans ; on reconnaissait leur âge à des anneaux d'une certaine marque qu'on leur avait attachés aux nageoires ; ces carpes étaient, ajoute Segrais, d'une bonté admirable. Buffon cite celles des fossés du château de Ponchartrain qui avaient cent cinquante ans, et d'autres auteurs parlent d'une plus longue exis'ence encore. L'âge de ce poisson est croyable, sa longue vie étant prouvée ; mais ce qui me paraît beaucoup moins sûr, c'est la *bonté admirable de sa chair*, après quatre-vingts ans. S'il faut en juger par celles de 7 à 8 kilogrammes, on peut même affirmer que Segrais se trompe. Ce qui n'est pas douteux, c'est que la carpe est de tous les poissons d'eau douce (l'anguille exceptée) celui qui vit le plus longtemps hors de l'eau. En hiver, ou tout au moins quand il ne fait pas chaud, on peut la transporter à de grandes distances en la mettant dans de la moûsse, des herbes et surtout des orties un peu humides. Seulement il

faut la coucher sur le dos pour lui conserver la liberté des ouïes, ses organes respiratoires, car c'est moins par la privation de son élément, c'est-à-dire de l'eau, que par une matière gélatineuse qui les colle et l'empêche de respirer, qu'elle succombe à l'asphyxie. Pour éviter cela, il suffit d'introduire avec précaution, dans les ouïes, une petite tranche de pulpe d'un fruit ou d'un légume quelconque, pour les maintenir ouvertes.

La carpe fraye dans la première ou deuxième quinzaine de juin, selon la température. Elle dépose ses œufs dans les lieux couverts d'herbes. La femelle est ordinairement suivie d'un ou plusieurs mâles; elle aime les eaux tranquilles, parce que son frai ne réussit que là. Néanmoins, quoique les eaux d'un étang soient toujours propices, s'il y a des sources, le frai ne réussira pas.

Le moment de la fraie est tel pour la carpe, surtout dans certains étangs, qu'on peut la prendre à l'épuisette. Celui qui ne s'est pas trouvé sur le bord de l'eau dans ce moment, ne peut se faire une idée du mouvement incroyable qu'elles se donnent; dans leur délire, elles vont jusqu'à s'élancer sur terre où elles restent et meurent.

Les petites carpes qui servent à peupler les

pièces d'eau, portent le nom de *feuille* jusqu'à deux ans, et d'*alevin* à trois ans, elles sont préférables pour empoissonner, en ce qu'elles sont plus faciles à transporter vivantes.

Les fonds vaseux et marneux sont ceux que la carpe préfère ; c'est là qu'elle se tient, dans les rivières où cette nature de terre existe, mais elle reste et se reproduit également dans celles où il n'y en a pas. Supérieures en goût lorsqu'elles vivent dans les eaux claires, elles sont par conséquent bien plus recherchées que celles qui habitent des fonds vaseux; en effet, ces dernières ne sont souvent mangeables qu'après avoir séjourné dans l'eau courante pour dégorger. On emploie aussi quelquefois d'autres moyens pour obtenir ce résultat. Je citerai celui qui me paraît le meilleur : il consiste, après que la carpe est sortie de l'eau, à lui faire avaler un verre de vinaigre, qui provoque, en la faisant mourir, une transpiration dont on fait disparaître les effets en grattant les écailles; sa chair, alors raffermie, a, dit-on, un goût aussi agréable que celui des carpes pêchées dans l'eau vive.

§ 2. — *Pêche de la carpe.*

Si pour toutes les pêches en général, le silence, le

calme et la tranquillité sont les premiers éléments de
succès, on peut assurer que pour celle de la carpe, en
particulier, ils sont de première nécessité. Éviter tout
ce qui peut éveiller les soupçons de ce poisson, doit
être l'unique préoccupation du pêcheur. Lorsqu'on
pêche de berge, à moins d'être caché par des herbes
ou des branches, il faut ne pas approcher trop près
du bord, une fois assis ne plus bouger. Si l'on pêche
en bateau, ne faire aucun bruit, et une fois installé,
rester immobile.

C'est dans les plus grands fonds que la pêche de
la carpe doit se faire, qu'ils se trouvent au large ou
près des bords, non loin des falaises, des herbes,
des joncs, ou près d'obstacles, comme des estacades,
des arbres renversés sous l'eau, etc., etc. Car
tous ces endroits sont ceux qu'elle préfère, et c'est là
qu'il faut la pêcher.

La grosse carpe n'abandonne que très-rarement
ses repaires le jour, à moins que la faim ne l'en fasse
sortir, et comme elle retourne ordinairement où
elle a trouvé quelque chose, lorsqu'on a choisi une
place, il faut avoir soin de l'amorcer 2 ou 3 jours
à l'avance, ou au moins la veille au soir. (Cette précaution est de rigueur à cette pêche.) Mais il est
nécessaire de ne jamais jeter l'amorce avant l'entrée

de la nuit, afin d'éviter que les petits poissons ne viennent la manger.

La pêche de la carpe au coup peut se classer en trois catégories. J'appellerai la première *pêche à la ligne étendue*, ainsi désignée parce que la ligne se trouve presque horizontalement placée, à cause de la grande distance qui sépare l'hameçon de la canne : c'est celle où l'on prend ordinairement les plus belles pièces; — la deuxième, *pêche à la ligne tendue*, et la troisième, *pêche à la petite pelote*. La première de ces pêches exige l'emploi de la plus grande canne (6 à 7 mètres). On la fait le plus souvent à la fève. D'abord, parce que c'est l'appât préféré de la grosse carpe, ensuite parce que c'est celui qui tient le mieux sur l'hameçon (fig. 54); ce qui n'est pas sans importance, à cause de la distance où il faut le lancer.

Fig. 54.

La ligne, qui doit être sans nœuds dans toute sa longueur, doit passer dans un plomb percé, en forme d'olive, dont le trou sera au moins six fois plus grand que la grosseur de la ligne; mais, afin qu'il ne puisse descendre plus bas, on aura le soin de fixer un petit grain de plomb fendu à 40 centimètres au-dessus de l'hameçon.

En admettant que l'on pêche dans un fond de 6 mètres, on placera la flotte au moins à 7 mètres de l'hameçon. Cette flotte devant être à une certaine distance, sans être trop grosse, il faudra cependant qu'elle soit apparente. La ligne étant prête, voici comment on doit faire pour la tendre.

D'abord, si c'est de berge qu'on pêche, on doit enfoncer au bord de l'eau un petit piquet fourchu, sur lequel on place la canne dès que la ligne est tendue, afin qu'elle ne touche pas l'eau. Ceci fait, il faut tenir la canne avec la main gauche, en appuyant le gros bout contre l'estomac, et laisser libre la main droite, qui prend la ligne à 50 centimètres au-dessus de l'olive (voyez la planche hors texte); puis on commence un mouvement de rotation semblable à celui qui se produit lorsqu'on lance une fronde, et au moment où l'hameçon arrive devant soi, on lâche la ligne, qui se trouve au large, emportée par le poids de l'olive; alors on baisse le scion pour le rapprocher de l'eau et faciliter l'immersion. Une fois descendue au fond, à l'aide du moulinet, il faut raccourcir doucement la ligne pour l'étendre jusqu'à ce qu'on sente une légère

Pages 306 et 307

résistance. Cette opération terminée, on n'a qu'à poser la canne sur la fourche; la ligne est étendue, et la flotte reproduira fidèlement une attaque à l'hameçon. S'asseoir et rester tranquille en ne perdant pas de vue la flotte, est ce qui reste à faire.

Si au lieu de pêcher de berge, on pêche en bateau, comme cela arrive le plus souvent, il faut le conduire la veille et l'amarrer de façon que l'arrière touche à la rive et que l'avant regarde le milieu de la rivière. Le bateau ainsi placé, on devra le ficher avec un pieu, pour n'avoir plus à le changer de place. C'est alors seulement que le pêcheur pourra tendre sa ligne, qu'il aura eu le soin d'apprêter préalablement, en procédant sans bruit sur la levée qui est au large, comme il aurait procédé de la berge.

A cette pêche comme à toutes les autres, il faut visiter l'hameçon de temps en temps, mais la ligne, une fois tendue, doit être relevée le moins souvent possible. Une heure d'intervalle n'est pas de trop.

La pêche à la ligne tendue se fait près d'un obstacle quelconque. Si cet obstacle est un arbre dans l'eau, c'est à côté qu'il faut pêcher, car c'est

sous l'arbre que la carpe se tient : elle rôde quelquefois autour de sa demeure, rarement elle s'en
éloigne ; elle va et vient entre les branches qui
restent. C'est donc près de son refuge qu'en silence
il faut placer la ligne ; non pas qu'on doive craindre
qu'elle ne s'éloigne, mais ce poisson est si méfiant,
qu'il ne touche jamais à l'appât lorsqu'il soupçonne
un danger. Aussi faut-il être prudent et ne sonder
une place qu'avec précaution, afin de ne pas frapper
l'eau avec la sonde lorsqu'on l'y fait entrer.

La ligne étant plombée seulement par quatre ou
ou cinq grains de plomb placés à 40 centimètres de
l'hameçon, on doit prendre exactement la profondeur de l'eau, pour que la flotte reste juste à la
surface et que le plomb se trouve posé sur le fond.
La ligne ainsi préparée, on étend la canne sur la
fourche enfoncée en terre, et, soit qu'on baisse
ou qu'on élève le gros bout de la canne, il faut la
placer de manière que l'extrémité du scion se trouve
à 30 centimètres de l'eau, distance égale à la longueur de ligne existant entre le scion et la flotte.
Après avoir amorcé l'hameçon, on lance la ligne
comme à l'ordinaire, et pendant qu'elle descend, on
repose la canne sur sa fourche ; une fois descendue,
la ligne sera parfaitement tendue, et la flotte se

trouvera exactement à la surface. Aussi, dès qu'on aperçoit le plus petit mouvement, on doit être prêt à ferrer vivement, car une seconde suffirait pour que la carpe fût sous l'arbre, c'est-à-dire en parfaite sûreté.

Si la ligne est solide comme elle doit l'être, avec l'hameçon directement monté sur elle-même ou sur une bonne florence, voici ce qui arrivera. Aussitôt que la carpe se sentira prise, elle voudra se réfugier sous l'arbre, mais, sentant de la résistance, elle prendra immédiatement le large, fuite qu'on doit favoriser en donnant de la ligne; mais en même temps et au plus vite on s'éloigne du refuge où elle voudrait toujours revenir : une fois au milieu de la rivière, la carpe aura moins de frayeur et obéira mieux.

Dès ce moment, que la carpe s'éloigne ou qu'elle se rapproche du pêcheur, la ligne doit toujours avoir la même tension, ce qui est facile à l'aide du moulinet. La canne doit être tenue haut, afin que le scion se trouve toujours à 3 ou 4 mètres au-dessus de l'eau, et que sa flexibilité amortisse les secousses que la carpe va donner. A la course au large qu'elle vient de faire, en succédera une autre peut-être encore plus vive ; et si dans une de

ces courses on ne parvient pas à arrêter la carpe
avant qu'elle ait entièrement déroulé le moulinet, il
faudrait lâcher la canne plutôt que de laisser briser
la ligne, pour la ressaisir aussitôt à l'aide d'un bateau. Mais ces accidents arrivent rarement, car
presque toujours on s'en rend maître. Une fois
que la carpe est arrêtée, ce qui n'a lieu qu'au large
et près du fond, elle se promène lentement ; puis
au moment où l'on s'y attend le moins, elle repart
comme une flèche. Ce manége durera plus ou moins
de temps, selon la grosseur du poisson ; mais la
fatigue finira par se manifester : on en aura l'in-
dice par les secousses de plus en plus fréquentes, et
de moins en moins fortes, et surtout lorsqu'il cherchera à se rapprocher du bord, but de tous ses
désirs. C'est l'instant où il faut avoir soin de le
maintenir au large, ce qu'on peut faire aisément,
grâce à la longueur de la canne. Si j'étais alors derrière le pêcheur, je lui dirais tout bas : Ne brus-
quez rien, ayez toujours l'œil fixé sur la flotte
ou, à défaut, sur la ligne ; attendez patiemment ;
surtout ne cherchez jamais à faire monter la carpe
à la surface, elle y montera graduellement à mesure que ses forces diminueront. D'ailleurs on ne
doit jamais chercher à voir une carpe qu'au mo-

ment de la faire entrer dans l'épuisette. Ce moment venu, on prend la canne de la main gauche et l'épuisette 'de la droite, on tire un peu sur la ligne pour que la tête se trouve à gauche, puis on met doucement l'épuisette dans l'eau à un mètre derrière la carpe, et en avançant on fait d'abord entrer sa queue sans la toucher, jusqu'à ce qu'elle y soit entièrement.

La pêche à la petite pelote se fait de la même manière et avec la même ligne que la précédente, avec cette différence cependant, qu'à celle-ci on ne met pas ordinairement de flotte, et que le plomb, placé à 40 centimètres de l'hameçon sur les premières, ne doit être qu'à 10 centimètres sur celle-ci. Comme on l'a déjà fait pour la précédente, prenez exactement le fond, et tenez la canne dans votre main droite, en inclinant un peu du côté de l'eau. La pelote étant dans votre main gauche, vous ne faites que la lâcher, et l'élan qu'elle acquiert par son propre poids l'envoie assez loin pour qu'en s'enfonçant, elle produise la tension de la ligne (voyez *Pêche à la pelote*).

Quand on pêche dans un endroit où il y a de grosses carpes, on ne doit se servir que très-rarement du boyau de ver à soie dit florence. Il a beau être gros, le danger des nœuds n'en existe pas moins, et nul n'en peut être sûr. La soie est en tout point préférable, surtout la soie de Chine , bien dévrillée et apprêtée.

Les appâts en usage pour la pêche de la carpe sont nombreux et tous également bons, si on les emploie en temps convenable. D'abord on se sert des farineux : la fève ou féverole, la pomme de terre, le gros haricot, le maïs, le blé, l'orge, etc. Le ver rouge de terreau, le ver blanc dit asticot, la mie de pain pétrie, la pâte préparée, sont également bons.

. Le ver rouge et l'asticot doivent être employés au commencement et à la fin de la saison, c'est-à-dire en mars et avril, ou en octobre et novembre. Tous les autres seront employés de mai à octobre. Seulement ce qu'il ne faut pas perdre de vue, c'est que le succès dépend de la manière de les employer. Quand on pêche un mois à la même place , il est sage de se servir de tous les appâts dont on fait usage à l'époque où l'on se trouve. Au commencement et à la fin des deux saisons, c'est-à-dire du printemps et de l'automne, il est bon d'alterner le ver rouge avec l'asticot; mais entre ces deux dates extrêmes, on peut employer successivement tous les autres appâts, de manière à ne jamais pêcher plus de trois ou quatre jours avec le même.

Une des opérations les plus importantes de cette pêche est la manière d'amorcer sa place ; cela doit être fait non-seulement avec intelligence, mais avec soin, car c'est le principal élément de succès. J'ai cherché quelquefois à me rendre compte du raisonnement que pouvaient faire certains pêcheurs pour en arriver à jeter une si grande quantité d'amorce, je n'ai jamais pu y parvenir. Je comprends à la rigueur qu'en pêchant le petit poisson, on amorce fortement une place, leur nombre étant considérable ; mais où est la nécessité de jeter un demi-boisseau de fèves dans un repaire à carpes, qui est peu ou point fréquenté par les autres poissons ? De deux choses l'une, ou la carpe mange ce jour-là, ou elle ne mange pas. Si elle mange, elle se sera livrée à une telle voracité, qu'elle ne touchera pas l'appât ; car sa gloutonnerie est telle, que souvent elle meurt d'indigestion. Si au contraire elle ne mange pas, cette quantité de pâture restera là inutilement, ne fera que s'aigrir, et lorsqu'on en jettera à nouveau le lendemain au même endroit, c'est sur l'amorce aigrie de la veille qu'on mettra une amorce nouvelle, qui sera neutralisée par l'ancienne. Non, ce n'est pas ainsi qu'on apprête un coup à carpes. En effet, pourquoi amorce-t-on? Pour attirer, retenir, ou faire revenir le poisson dans un endroit donné ; or, quel avantage y a-t-il à retenir un poisson repu. Pour le prendre, il faut qu'il mange, et il ne reviendra dans cet endroit qu'autant qu'il y aura trouvé de quoi manger sans avoir pu s'en repaître. Voici donc comment on doit procéder. Lorsqu'on aura choisi une place convenable, il faudra commencer par l'amorcer au moins trois jours à l'avance, le soir, à l'entrée de la nuit. Si c'est à la fève qu'on désire pêcher, il faut prendre de la terre glaise, la mélanger avec une poignée de son ou de recoupe et autant de farine de chènevis, y joindre encore une poignée de maïs, de blé ou d'orge bien cuits; pétrir le tout jusqu'à cohésion parfaite, et en faire trois boules de la grosseur d'une grosse orange. Lorsque ces boules ont acquis une certaine consistance, on les descend dans l'eau à un mètre de distance l'une de l'autre, puis on jette par-dessus, de manière qu'il s'en trouve entre les boules et à un mètre autour, une vingtaine de fèves, pas davantage (1). On recom-

(1) Si dans l'endroit qu'on amorce, il y avait des chevennes, il serait bon de doubler le nombre des fèves et de ne les jeter qu'à la nuit noire.

mence le lendemain à la même heure, et, la veille où l'on doit pêcher, on ne jette que deux boules et une quinzaine de fèves seulement. Une précaution toujours bonne à prendre au moment de la pêche, est celle de monter et d'amorcer sa ligne avant de s'approcher de l'eau, et de la tendre ensuite doucement. A moins que la fatalité ne veuille que ce soit un jour où le poisson ne mange pas, on peut être certain de ne pas être une demi-heure sans avoir des touches.

La grosseur des hameçons doit être proportionnée aux appâts dont on se sert. Il faut prendre les n°s 5 et 6 pour le blé et les asticots, les n°s 3 à 5 pour la pomme de terre et la boulette de pain ou de pâte, les n°s 2 ou 3 pour le ver rouge, le n° 1 pour la fève de marais, et les n°s 4 à 6 pour la féverole, d'après sa grosseur. Il ne faut pas perdre de vue que du moment que l'appât couvre l'hameçon, celui-ci n'est jamais trop gros.

Il y a deux saisons très-marquées pour la pêche de la carpe, le printemps et l'automne : la première commence ordinairement en mars, et finit au commencement de juin; la seconde commence le 1er septembre, et finit à la fin d'octobre. Aussi bien pour commencer que pour finir, il faut tenir compte de l'état plus ou moins avancé de la saison. La carpe craint également le grand froid et la grande chaleur; elle ne mange pas lorsqu'elle subit l'influence de ces températures extrêmes, c'est dire qu'on n'en prend pas pendant la gelée et la canicule. On peut cependant réussir à en pêcher quelques-unes pendant les grandes chaleurs, mais à la condition de pêcher à soutenir avant le jour, ou de commencer à la ligne ordinaire dès qu'on peut apercevoir la flotte, pour cesser deux heures après, à moins qu'il ne fasse un temps pluvieux. On peut encore en prendre le soir et pendant la nuit, mais la fraîcheur de l'eau, même pendant les nuits d'été, est très-dangereuse.

Je dois ajouter que, d'après ce qui précède, on pourrait croire qu'à l'époque du printemps la carpe devrait manger plutôt dans les étangs que dans les rivières, puisque l'eau s'y réchauffe toujours plus vite que dans les rivières; c'est cependant le contraire qui existe : la carpe ne commence guère à mordre dans les pièces d'eau qu'en avril, tandis que dans les rivières on en prend souvent dès le mois de mars.

Quelques traités recommandent l'emploi de plusieurs lignes pour cette pêche : ce conseil est intéressé, ou il est erroné ; la seule pêche où l'on puisse avoir plusieurs lignes, est celle que l'on fait à la ligne étendue, encore faut-il qu'il n'y ait pas d'obstacles à une distance voulue, cette pêche se pratiquant au large ; si l'endroit amorcé est grand, on peut espacer les lignes et peut-être augmenter un peu les chances de succès. Mais il n'en est pas de même pour la ligne tendue, le bruit qu'on fait en les tendant, en les relevant pour visiter les appâts et en les retendant ensuite, enlève toutes les chances que le nombre de lignes semble présenter au premier abord. D'ailleurs plusieurs flottes ne sont jamais aussi bien surveillées qu'une, et lorsqu'on s'aperçoit tout d'un coup de la disparition de l'une d'elles, la précipitation avec laquelle on agit est souvent funeste. Tandis qu'avec une seule flotte, rien n'échappe aux regards, le moindre mouvement qu'elle fait est une émotion et un espoir. Pour le pêcheur expérimenté, c'est un sujet d'observation, car il lit ce qui se passe au fond de l'eau ; pour le pêcheur novice, c'est mieux encore, c'est un sujet d'étude. Je ne saurais donc trop engager mes lecteurs à ne se servir que d'une seule ligne : ils auront moins d'embarras lors du départ pour la pêche et au retour ; ils pêcheront mieux et plus aisément. En un mot, l'ennui sera beaucoup moins grand et les résultats au moins identiques,

Lorsque je conseille de ne se servir que d'une seule ligne, il est bien entendu que je parle des genres de pêche où l'on doit ferrer le poisson, et non de ceux où il se prend seul ; car, dans les deux suivants que je vais décrire, on peut sans inconvénient placer plusieurs lignes. Le premier que j'appellerai *pêche à la planchette*, ressemble assez à celle *au trimer* ; mais, comme pour cette dernière, on ne peut s'y livrer que dans les parties de rivière où il n'y a pas d'obstacles. Voici comment on opère : Dans les endroits où se tient la carpe, on fiche, au fond, des pieux dans le genre de ceux qui servent à tendre les verveux, espacés de 20 à 25 mètres les uns des autres et dépassant la surface de l'eau de 40 à 50 centimètres. On attache l'extrémité d'une ligne de chanvre ou de soie à une cheville qui dépasse de chaque côté, en la traversant au centre, une planchette de 25 à 30 centimètres carrés qu'on place verticalement sur un pieu (fig. 55) ; à l'autre extrémité de cette ligne se trouve un hameçon, n° 0 ou 1, solidement empilé, qu'on amorce avec une fève bien cuite. On fait une pelote de terre glaise dans laquelle

on mêle du blé ou de l'orge et quatre ou cinq fèves.
Après avoir placé l'hameçon amorcé au centre et
reformé la pelote ronde comme elle l'était, on
attache avec un fil, à la partie du pieu qui se trouve
hors de l'eau, la cheville qui porte la ligne; on

Fig. 55.

l'étend en aval, et on laisse descendre la pelote
au fond, de manière qu'elle se trouve à 5 mètres
de distance du pieu. Lorsque la carpe, après avoir
défait la pelote et saisi l'appât, se sent prise, au
premier effort qu'elle fait pour fuir, elle rompt le
fil et entraîne la planchette; espérant toujours s'en

débarrasser, elle va et vient en tous sens dans la rivière, avec une vitesse telle, qu'elle ne tarde pas à se fatiguer. C'est alors que le pêcheur, guidé par la planchette qui reste à la surface de l'eau, peut la suivre en bateau pour ne prendre la ligne qu'au moment où la carpe est à bout de forces.

Tant que la carpe n'est pas prise, le pêcheur, tranquille sur son bateau ou sur la rive, n'a d'autre occupation que de regarder avec soin si les planchettes sont à leur place; mais aussitôt qu'il s'aperçoit de la disparition de l'une d'elles, il doit agir comme je viens de l'indiquer.

Voici, selon moi, le genre de pêche le plus productif en très-grosses carpes : c'est celle qui peut se faire dans les plus grands fonds. On la pratique généralement en bateau.

On attache, à l'extrémité d'une forte ligne longue de 40 à 50 mètres, deux hameçons n° 0, solidement empilés sur triple florence ou sur cordonnet de soie de bonne grosseur. Ces empiles doivent être de 12 à 15 centimètres de longueur. A ce même endroit il doit se trouver un liége percé, de 2 centimètres d'épaisseur sur 4 de largeur, dans lequel on a passé la ligne.

L'autre extrémité est attachée à une solide lanière

de caoutchouc, d'un mètre de longueur. Cette lanière est fixée sur le bordage ou sur la levée du bateau. La ligne ainsi disposée, on amorce les deux hameçons avec deux fèves bien cuites, et, comme dans la pêche précédente, on fait une pelote de terre mêlée de blé ou d'orge, avec quatre ou cinq fèves, mais avec cette différence que c'est le liége qu'on place dedans, afin que si la carpe prend l'appât sans s'accrocher, le liége remonte aussitôt pour avertir que la pelote est défaite. Les deux hameçons amorcés doivent rester dehors, suspendus de chaque côté de la pelote ; et, ainsi préparée, on la lance à 25 ou 30 mètres dans l'endroit où se tiennent les carpes, endroit qui est ordinairement le plus profond. On tire doucement la ligne jusqu'à ce qu'on la sente tendue ; on en roule alors deux ou trois tours au bout d'un petit piquet à grelot perpendiculairement placé dans un trou pratiqué sur le bord du bateau (fig. 56), de sorte qu'après avoir pris l'appât, la carpe, en s'éloignant, déroule les deux ou trois tours et fait sonner le grelot révélateur. La ligne, soigneusement placée en rond sur la levée pour qu'elle ne puisse se mêler, disparaît en un instant, et, lorsqu'elle arrive à la lanière de caoutchouc, les coups, heureusement amortis, sont tels, surtout si c'est une grosse pièce, que la lanière acquiert parfois 3 et 4 mètres de longueur. Dès ce moment, si elle est bien accrochée, la carpe est au pêcheur, qui devra conserver le sang-froid nécessaire ; car si, dans

Fig. 56.

son inexpérience, il cède à la crainte de voir le caoutchouc se rompre et qu'il saisisse la ligne pour la tenir entre ses mains, il a neuf chances sur dix de la perdre : qu'il reste donc calme, et qu'il se garde de toucher ni ligne ni caoutchouc. Après avoir donné dix, douze et jusqu'à quinze fortes secousses, la carpe commencera à se fatiguer, puis les mouvements deviendront de moins en moins brusques ; alors seulement on pourra tâter la ligne : en la prenant dans la main, sans la serrer, on la tiendra de manière que la moindre secousse la fasse glisser dans les doigts ; on ramènera ainsi la carpe près du bateau. Mais si, en apercevant le pêcheur, elle s'emporte, il faut la laisser partir aussi loin qu'elle voudra ; le caoutchouc étant au bout, on n'a rien à craindre. Il suffit de l'amener peu à peu, comme précédemment, en ayant bien soin de ne la mettre dans l'épuisette que lorsqu'elle sera entièrement couchée sur le côté.

La facilité d'envoyer l'appât à une grande distance du bateau, et de pouvoir, tout en restant éloigné, le faire arriver dans les profondeurs de la rivière où se tient la carpe, explique le nombre relativement grand des grosses pièces que l'on prend. Cette pêche se nomme *pêche à la grosse pelote*.

§ 3. — *Pêche à la carpe dans la Vienne par le vent d'est.*

La Vienne est une charmante rivière au fond sablonneux et rocailleux tout à la fois. L'eau, sans avoir la limpidité de celle des montagnes, est belle et très-claire ; elle l'est beaucoup plus que celle de la Seine et de la Marne (1). Je ne connais cette rivière qu'aux environs de Châtellerault. Les rives de la Vienne en aval de cette ville sont accidentées, mais nues, tandis qu'en amont elles sont boisées. A l'entrée de la Vienne dans Châtellerault même, se trouve un barrage qui sert à détourner l'eau pour le service de la manufacture d'armes de l'État. Ce barrage ne laissant échapper d'eau que par un escalier qu'on aperçoit au milieu, et qui est construit pour faciliter le passage du saumon qui remonte ; ce barrage, dis-je, fait disparaître tout courant en amont de la ville à une distance de 10 kilomètres au moins. De sorte que la pêche est on ne peut plus agréable dans cette partie de la rivière.

La Vienne est poissonneuse, mais elle ne renferme que certaines espèces seulement : la carpe y est en quantité ; le saumon n'y est pas rare ; le brochet, la perche, le barbeau et le chevenne s'y trouvent en abondance. L'endroit où j'ai fait la pêche à la carpe, dont je vais parler, se trouve sur la rive droite, en face du village de Senon, situé à 5 kilo-

(1) Lorsque je parle de la limpidité de l'eau dans la Seine et dans la Marne, il est bien entendu que c'est de l'eau que possèdent ces deux rivières aux environs de Paris.

mètres en amont de Châtellerault, sur la rive gauche de la Vienne. Ce village, situé entre deux rivières poissonneuses, la Vienne et le Clain qui y font leur jonction après l'avoir bordé, la première à l'est et le deuxième à l'ouest, mérite d'être appelé l'oasis des pêcheurs.

La population de ces contrées est excellente, on peut suivre tous les bords de ces rivières sans craindre de rencontrer une figure hostile. Partout au contraire on trouve des gens qui semblent heureux de pouvoir être utiles ou agréables. Si mes propres impressions sur cette charmante localité faisaient désirer à quelques pêcheurs d'en juger par eux-mêmes, voici ce que je leur dirais : Après vous être reposés à Châtellerault à l'hôtel de l'Espérance, dont le propriétaire, en digne enfant du pays, vous facilitera tous les moyens de vous rendre à Senon, descendez chez le père Brunil, fermier de la pêche de ce canton et dont la maison est située sur le bord de la Vienne. Bien que ce soit moins une auberge qu'un but de promenade, on peut néanmoins y coucher. J'ajouterai même qu'on serait heureux de rencontrer dans beaucoup d'hôtels et de restaurants de Paris la propreté et l'excellente cuisine de cette maison, tenue par le père Brunil, sa fille et son gendre. Le père Brunil est un vieillard de soixante et quinze ans, maigre, sec, alerte, très-jovial, très-honnête et très-intelligent. Ce vieux pêcheur a de plus cette singulière habitude de ne parler jamais qu'en vers : qu'il vous interroge ou qu'il vous réponde, il emploie toujours des phrases rhythmées. Cette maison si hospitalière fait honneur à sa fille, qui la tient en se faisant aider par son mari, brave et laborieux travailleur. Je profite de la publicité que je donne à mes idées sur la pêche pour leur adresser mes sincères remercîments, et leur témoigner ma reconnaissance pour toutes leurs obligeances et leur parfait désintéressement.

Sur la rive droite de la Vienne, en face de la maison dont je viens de parler, mais à 150 mètres en aval, existe une haute berge de 10 mètres environ, taillée en talus et au sommet de laquelle se trouve un chemin. Ce talus, c'est-à-dire l'espace compris entre le chemin et l'eau, est boisé d'arbres séculaires et fait face à l'ouest : c'est dire qu'il est complétement abrité des vents d'est. C'est là que, par le vent réputé à juste titre comme le plus mauvais pour la pêche, j'ai néanmoins parfaitement réussi. Je dirai même que le nombre et le poids des premières carpes que j'y pris furent tellement exagérés, que ces succès me valurent deux visites inopportunes : d'abord celle du garde, à qui j'avais été signalé, mais que je ne craignais pas, grâce à la permission de M. Brunil; puis quatre ou cinq habitants de Senon qui vinrent passer une matinée à me voir pêcher. Ces visites me déterminèrent à dissimuler le nombre de carpes que je pourrais prendre, même à M. Brunil, ce qui m'était extrêmement pénible, car outre sa permission, c'était encore lui qui m'avait indiqué cette place réellement excellente. Le fond de la rivière, dans cet endroit, est un roc entièrement plat, ayant 4 à 5 mètres de profondeur. La rive forme en amont une anse couverte en partie de branches dans l'eau, mais seulement à la surface. C'est de plus une place tout à fait à l'abri des vents d'est. Je puis même avouer, en passant, que c'est dans cet endroit que j'ai manqué une des plus belles carpes de la Vienne. Comme il m'avait été assuré que nul embarras, nul obstacle n'était à craindre dans ces parages, j'avais eu la malheureuse idée de mettre deux hameçons, craignant quelque crevasse sur ce fond rocheux, et un bas de ligne de florence, à cause de la limpidité de l'eau. Pour comble de fatalité, je pêchais avec l'unique grande canne que j'avais prise avec moi en quittant Paris :

c'était une canne à saumon excellente et d'une grande solidité, mais flexible comme toutes celles qui servent à lancer la mouche artificielle ; de sorte que, malgré tous mes efforts, je ne pus empêcher le poisson de venir deux ou trois fois au bord, où le deuxième hameçon resta pris à une branche la dernière fois. La carpe ne se défendait plus ; après cinquante-cinq minutes de lutte elle s'était rendue. Je l'avais devant moi, inerte, couchée sur le côté. Je la fis entrer dans l'épuisette ; mais son poids était tel, qu'en la tirant de l'eau, le manche de l'épuisette se brisa. La carpe était tellement fatiguée, que malgré cet accident elle ne bougea pas ; mais, une minute après, elle rompit la ligne d'un coup de queue, et disparut sous l'eau.

Pendant toute la durée des vents d'est, qui sont les plus contraires à la pêche, je pris des carpes. Et pendant les vents d'ouest, c'est-à-dire ceux qui lui sont propices, je n'en pris plus. Cela peut s'expliquer facilement : les vents d'ouest, en battant la rive sur laquelle je pêchais, y amoncelaient les vagues, qui chassaient le poisson sur la rive opposée, tandis que, par les vents contraires, je n'avais qu'un léger clapotement à la surface, qui me favorisait en me dérobant à leur vue.

§ 4. — *De la Tanche* (Cyprin).

La *Tanche*, du genre Cyprin, malgré la substance
huileuse qui la recouvre, est un joli poisson. Sa
couleur, plus ou moins foncée suivant les eaux

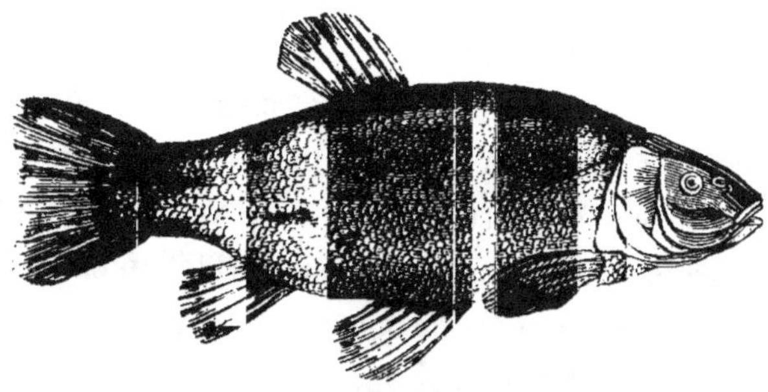

Fig. 57.

qu'elle habite, semble quelquefois saupoudrée d'or;
ses écailles sont extrêmement petites; ses nageoires
fortes, celles de la queue arrondies; ses yeux, quoique
petits, sont très-jolis: la prunelle est noire et l'iris
d'un jaune d'or (fig. 57).

La tanche se plaît dans toutes les eaux dont le
fond est bourbeux. On peut en trouver dans presque
toutes les rivières, les lacs et les grands étangs de
l'Europe. C'est particulièrement dans les parties

vaseuses qu'elles se tiennent. Elles se plaisent aussi dans les petits espaces, et elles grossissent assez rapidement dans les petites pièces d'eau, si l'on a le soin de les bien nourrir et de ne pas en mettre en trop grande quantité. Partout où il y a de la vase, la tanche résiste à l'hiver ; comme l'anguille, elle s'y enfonce et y reste pendant les grands froids. Il n'est même pas urgent de casser la glace de l'eau sous laquelle elle se trouve.

Elle se nourrit des mêmes substances que la carpe, Elle fraye en avril, en mai ou en juin, dans les endroits couverts d'herbes et vaseux, qu'elle préfère à tout autre. Sa chair est tellement empreinte de l'odeur de la bourbe, qu'il est indispensable de la faire dégorger dans l'eau pure et courante avant de la manger. La tanche est essentiellement un poisson de marais, qui arrive rarement au poids de 3 kilogrammes et qu'elle ne dépasse presque jamais.

§ 5. — *Pêche de la tanche.*

Ce poisson étant généralement moins gros que la carpe, on peut se servir de lignes montées plus légèrement ; les hameçons n°s 9 et 7 sont suffisants.

Il se prend aux mêmes appâts que la carpe, mais le meilleur de tous est incontestablement le ver de terreau. Comme presque tous les autres poissons, il mord mieux le matin et le soir; mais, à l'inverse de la plupart d'entre eux, il mord toute la journée, l'été, surtout par les temps pluvieux et chauds, qui sont les plus propices à sa capture. Ce poisson se pêche d'avril à fin octobre, et, comme je l'ai dit plus haut, c'est dans les herbes qu'il faut le chercher, en se gardant bien de mettre plus d'un hameçon à sa ligne.

A moins que ce ne soit dans un étang où il n'y a que de la tanche, on fait peu la pêche exclusive de ce poisson, qu'on ne prend pour ainsi dire qu'accidentellement. En tout cas, voici comment on reconnaîtra si c'est une tanche qui prend l'appât : Au lieu de tirer et de faire enfoncer la flotte comme le font les autres poissons, elle attaquera lentement, doucement, en faisant promener la flotte sur l'eau, comme si un petit poisson jouait avec l'hameçon. Il faut laisser faire et ne pas bouger ; elle la fera ainsi changer de place trois ou quatre fois : cela dure ordinairement deux ou trois minutes. Mais alors même que la flotte n'enfoncerait pas, on peut ferrer, la tanche est prise, car on ne la manque presque jamais.

§ 6. — *Du Barbeau ou Barbillon* (Cyprin).

Le *Barbeau*, du genre Cyprin, est un de ces poissons dont il est difficile de déterminer le poids, car il y en a qui deviennent très-gros. Il tire son nom de quatre barbillons inégaux qu'il a aux lèvres. Comme le chevenne, on le désigne par plusieurs noms différents; mais, à l'inverse de ce dernier, ceux qu'on lui donne ne sont que des dérivés plus ou moins éloignés de la forme primitive : en effet, *Barbot*, *Barbiau*, *Barbleau*, ne diffèrent pas beaucoup de *Barbeau* ou *Barbillon*. Quoi qu'il en soit, ce poisson est très-joli : il a le corps arrondi et allongé ; ses écailles, minces, rayées et dentelées, sont brillantes comme de l'argent. Un peu verdâtre sur le dos, il a exactement la forme du goujon (fig. 58). Ce poisson, qui est d'une grande ressource dans nos rivières, est malheureusement appelé à disparaître de la Seine et de la Marne, au moins aux environs de Paris. Le système de barrages établis pour retenir l'eau dans l'intérêt de la navigation, supprime nécessairement les courants rapides, et le barbeau en a besoin pour vivre.

C'est dans la Seine, au barrage d'Andrezy, que

j'ai pris le plus gros barbeau : il avait 55 centimètres de longueur et pesait 4 kilogrammes 1/2. On trouve le barbeau dans presque toutes les rivières de l'Europe, principalement dans celles dont le cours est rapide et le fond rocailleux. Il n'aime

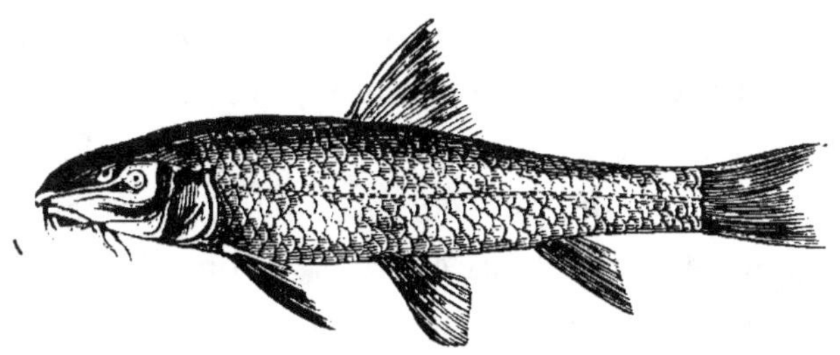

Fig. 58.

pas le froid, mais il redoute encore plus la grande chaleur ou tout au moins le grand soleil. Aussi, l'été, c'est sous les moulins flottants, près des piles de pont, sous les grands bateaux de transport amarrés depuis longtemps à la même place, qu'on le trouve. Il se nourrit d'insectes, de vers, et enfin de tout ce qu'il trouve au fond de l'eau. Il fraye en mai ou juin, et dépose ses œufs sur le gravier, en plein courant. Les œufs du barbillon ne doivent être mangés qu'avec circonspection, ce mets n'étant pas toujours sans inconvénient sérieux. Quant à sa chair, elle est bonne et même délicate, mais elle est pleine d'arêtes.

§ 7. — *Pêche du barbeau.*

Ce poisson se prend de plusieurs manières, soit à la pêche au coup, soit à la pêche à soutenir, soit à la pêche aux jeux ou aux grelots. Quand on pêche au coup on doit se servir d'hameçons renforcés n°s 6 à 8, montés sur florence, selon la grosseur supposée du poisson aux endroits où l'on doit pêcher. On placera pour appât, sur l'hameçon, des asticots, deux ou trois porte-bois ou du fromage de Gruyère, en ayant soin de proportionner la grosseur des morceaux de fromage ou le nombre des asticots ou des porte-bois à la grandeur des hameçons. L'appât doit toucher le fond ou ne pas en être éloigné de plus de 5 centimètres. Cette pêche avec ces amorces doit se faire l'été en eau claire ; tandis qu'au printemps et à l'automne, surtout dans cette dernière saison, lorsque l'eau est trouble, il est nécessaire d'employer le ver rouge et de pêcher le barbeau avec l'appât posé au fond.

§ 8. — *Pêche à soutenir.*

On choisit un endroit profond et rapide en même
temps. Après avoir amorcé l'hameçon avec des asticots, des porte-bois ou du fromage de Gruyère, on
procède comme il est dit à l'article *Pêche à soutenir* (voyez page 242), et lorsque le barbeau a
pris l'appât, on ferre vigoureusement. Si l'hameçon
a bien pénétré, surtout dans le bourrelet que le
barbillon a aux lèvres, on peut être sûr de sa
capture.

Cette pêche avec cette amorce doit toujours
se faire dans l'eau claire en temps chaud, tandis
qu'en automne, surtout si l'eau est trouble, le ver
rouge est infiniment préférable.

On peut procéder également à ce même genre
de pêche avec de petites pelotes. On se sert des
mêmes scion, ligne et hameçon qu'à la précédente,
avec cette différence qu'au lieu de placer le plomb
à 50 centimètres de l'hameçon, on le place à
5 centimètres, ce plomb devant être caché dans la
pelote, ainsi que je l'ai indiqué quand j'ai décrit
cette pêche. Ce n'est qu'à la brune ou pendant la
nuit que cette pêche est fructueuse.

§ 9. — *De la Brème* (Cyprin).

La *Brème* est un poisson de couleur sombre, en harmonie avec les endroits qu'il habite. Il a la tête tronquée, avec une petite bouche; le dos noirâtre, arqué et aigu; une cinquantaine de points noirs le

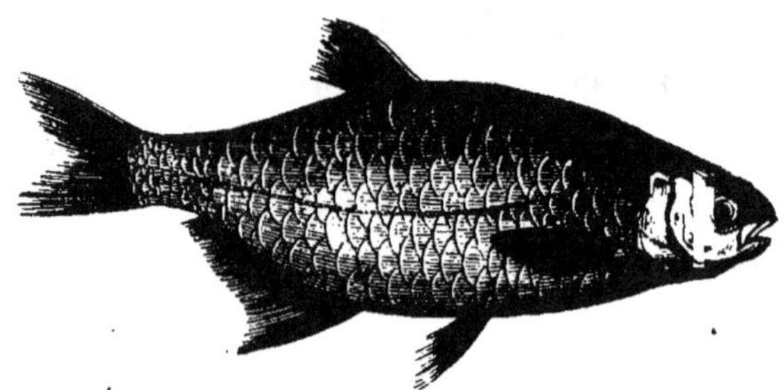

FIG. 59.

long de la ligne latérale. Il aime à vivre dans les profondeurs tranquilles, sombres et vaseuses. Il recherche aussi les fonds marneux, glaiseux et herbus, lorsqu'il y a peu ou point de courant (fig. 59).

La brème se trouve dans presque toutes les rivières, lacs et étangs de l'Europe. Elle parvient ordinairement à une longueur de 40 à 50 centimètres, et bien rarement elle dépasse le poids de 3 kilogr. à 3 kilogr. et demi. Lorsqu'elle habite les fonds marneux, sa chair est excellente : elle est ferme et délicate.

Mais quand elle habite sur des fonds vaseux, elle a un goût de bourbe très-désagréable.

La brème fraye à la fin d'avril ou au commencement de mai en trois fois, à neuf jours d'intervalle. Les grosses frayent les premières, c'est-à-dire pendant la première période; les moyennes ensuite, et les petites après. Quand elles veulent frayer, elles vont par troupes nombreuses à la recherche des endroits couverts d'herbes; chaque femelle est alors suivie de plusieurs mâles.

La brème craint beaucoup le bruit : le son d'une cloche, d'un tambour, suffit pour l'épouvanter; elle se sauve aussitôt dans les grands fonds et va se cacher dans les cavités, sous les crones, les racines, partout enfin où elle croit trouver un refuge. En Suède, où cette pêche se fait en grand, les habitants des bords des lacs, qui sont presque tous pêcheurs, s'abstiennent de sonner les cloches pendant le temps du frai, même les jours de fête, pour ne pas les éloigner.

Sans compter le pêcheur, ce poisson a beaucoup d'ennemis : les poissons chasseurs, les oiseaux plongeurs, lui font une guerre à outrance. La buse d'eau surtout la saisit fortement, au point de faire pénétrer ses serres dans sa charpente osseuse; mais il arrive souvent aussi que l'oiseau paye cher sa voracité, car si la brème est un peu grosse, elle l'entraîne au fond, où il trouve la mort.

La brème passe pour être facile à transporter : cela se peut en hiver, avec des précautions, en la tenant dans l'eau ou dans des herbes mouillées, mais à toute autre époque la chose est bien difficile. Je ne pourrais pas dire si elle s'acclimate facilement dans les temps froids, lorsqu'on la change d'endroit, je ne l'ai pas essayé; mais ce que je peux affirmer par ma propre expérience, c'est que le transport est extrêmement difficile, pour ne pas dire impossible, en temps chaud. J'en ai apporté plus de quarante de la Seine où je les avais prises, dans un bassin alimenté aussi par de l'eau de Seine, et sur quarante il n'y en a pas eu une qui ait vécu plus de huit jours : je ne parle pas de celles qui ont vécu quarante-huit heures. Il est vrai que c'était au mois d'août.

Si l'on veut empoissonner un étang de brèmes, il est préférable de prendre des herbes sur lesquelles les femelles ont déposé leurs œufs, qu'on emporte dans l'étang en les empilant dans un seau d'eau.

A Paris et aux environs, les pêcheurs nomment les petites brèmes *Henriots,* et par corruption *Aziots.*

§ 10. — *Pêche de la brème.*

L'endroit préférable pour réussir à cette pêche doit être d'une profondeur de 3 à 4 mètres, avec très-peu et même pas de courant si cela est possible. On choisira un fond vaseux, marneux ou glaiseux, surtout si ce fond est adossé à des herbes ou à des joncs et qu'on puisse y pêcher devant. Si quelque égout, ou simplement quelque conduit d'eau provenant d'une machine à vapeur venait déboucher dans cet endroit, ce serait le *nec-plus-ultrà* de tout ce qu'on peut désirer; car on serait on ne peut mieux placé pour réussir.

J'ai lu dans un traité de pêche sérieux que pendant l'été la brème ne mordait pas dans la journée; c'est là une erreur manifeste, j'en ai toujours pris plus ou moins. Je puis surtout citer comme exemple l'été de 1871 , à Maisons-Laffitte, où je pêchais presque tous les jours de deux à six heures de l'après-midi, sur mon bateau, en face de la machine à vapeur qui fournit l'eau à la localité. Du 15 juillet à la fin d'août, en pêchant le gardon, j'ai pris dans ce seul endroit, au vu de tout le monde, au moins une centaine de brèmes d'une à trois livres. Il n'est donc pas possible de dire que la brème ne mord pas dans la journée, l'été. Ce qui est vrai, le voici : Si l'on cherche ce poisson aussi près du bord que le gardon, on l'y trouve rarement; c'est plus au large qu'il faut le pêcher, parce qu'alors on aura de plus grands fonds, et que c'est là qu'il se tient.

La brème mord très-doucement : plus elle est grosse, moins on aperçoit ses touches; aussi ne saurais-je trop recommander, comme pour le gardon, la légèreté des cannes ainsi que la finesse des lignes.

Les appâts qui conviennent le mieux pour pêcher la brème sont : le blé en été, avec hameçon n° 11 ou n° 10; le ver rouge et l'asticot au printemps et en automne, avec hameçon n°ˢ 12 ou 11 pour l'asticot, et n°ˢ 8 ou 7 pour le ver rouge. Que l'on se serve de l'un ou de l'autre de ces appâts, il doit toujours être à 3 ou 4 centimètres du fond seulement.

Il suffit d'avoir une seule ligne, que l'on tient à la main s'il y a du courant, et que l'on peut poser, s'il n'y en a pas, mais à la condition qu'elle reste sous la main, afin de pouvoir ferrer à la moindre touche sans bouger de place; car éviter le moindre bruit et se méfier même de son ombre, sont de règle absolue.

Comme la brème se pêche dans des endroits assez profonds, il faut prendre soin d'avoir toujours des lignes fines ou des bas de ligne longs, de fine florence anglaise, surtout si l'eau est limpide. C'est une précaution toujours bonne, afin que rien n'éveille le soupçon de ce poisson si facile à effrayer. Il est même bon de sonder la veille, pour ne pas le faire au moment de commencer.

Du reste, on ne s'adonne guère exclusivement à la pêche de la brème, c'est presque toujours en se livrant à d'autres pêches qu'on la prend. Cependant, si l'on veut se donner cette fantaisie, et que le blé soit l'appât dont on se sert, il ne faut en mettre qu'un seul grain ou deux au plus, selon la profondeur des endroits où l'on pêche.

Pour cette pêche comme pour les autres, il est généralement préférable d'amorcer d'avance la place, ne serait-ce que deux heures.

La brème se prend très-bien aux lignes dormantes de nuit, qu'on tend pour l'anguille avec des vers rouges.

La pêche de la brème commence en juin et finit avec l'automne.

§ 11. — *Du Gardon* (Cyprin).

Pour la forme, ce poisson tient le milieu entre la carpe et la brème : moins allongé et plus plat que la première, il est plus allongé et moins plat que la seconde. Il arrive rarement à plus de 25 centimètres de longueur; cependant il y en a qui dépassent quelquefois 30 centimètres. Ses nageoires sont rouges, et son dos, qui est rond, est la seule partie estimée, le reste du corps étant rempli d'arêtes. Bien que ce poisson ne soit connu que sous le nom de *Gardon* il y en a cependant plusieurs espèces : l'une de ces espèces est plus colorée que les autres, c'est celle que les pêcheurs parisiens et ceux des environs de Paris désignent sous le nom de *rousse.* Le *Gardon blanc* qui n'est qu'une variété du *Rotengle,* avec celui dont je viens de parler, sont les seuls généralement connus aux environs de Paris (fig. 60). Ils préfèrent la limpidité de l'eau et les fonds de gravier ou de sable, mais on les trouve néanmoins un peu partout. Les rivières, quel que soit leur fond, les étangs, les mares même de nos contrées, en possèdent une grande quantité. Il fraye dans la dernière quinzaine d'avril ou dans les premières semaines de mai, et

dépose ses œufs sur les fonds herbus. Il se plaît
d'autant plus dans ces endroits, qu'il trouve, dans
l'herbe naissante à cette époque, une nourriture
qu'il préfère à tout. Il est extrêmement vif, et
sa prudence égale sa vivacité; dès qu'il entend

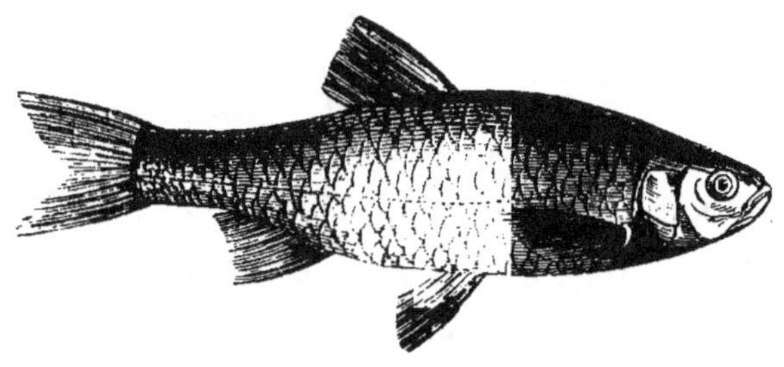

Fig. 60.

du bruit sur l'eau, il ne quitte pas sa cachette
jusqu'à ce que le silence soit rétabli. Il en est de
même lorsqu'ils partent pour aller frayer. C'est
par bandes qu'ils remontent la rivière; mais s'ils
font quelque mauvaise rencontre en chemin, ou s'ils
flairent un danger quelconque, soudain la bande
se sépare, pour se reformer plus loin quand le danger est passé. Du reste ils frayent aussi bien dans les
lacs et les étangs que dans les rivières; ils préfèrent
cependant ces dernières, à cause de la nourriture
qu'ils s'y procurent et des grands fonds qu'ils y

trouvent pour passer l'hiver. Dans les étangs ils se tiennent autour des pilotis des vannes, et à moins que ce ne soit au printemps, époque de l'herbe tendre, on les trouvera de préférence sur un fond sablonneux, s'il y en a, mais dans tous les cas dans des endroits propres.

§ 12. — *Pêche du gardon.*

Quelques écrivains, plus écrivains que pêcheurs, il est vrai, regardent le gardon comme un poisson peu rusé et facile à prendre : c'est une erreur. Il est clair que dans les étangs où il trouve peu de nourriture, le gardon se jette sur le premier appât qui se présente ; mais, quand on parle d'un poisson, il faut l'étudier non pas dans un étang, qui est l'exception, mais dans un fleuve, qui est la règle. Je ne veux certainement pas faire passer cette pêche pour une pêche difficile ; mais j'affirme que, pour y être habile, il faut un œil et une main très-exercés. Il ne suffit pas, comme le croient certains pêcheurs, de prendre quatre ou cinq livres de poisson pour faire preuve d'habileté. Ils semblent ne pas se douter qu'un bon pêcheur en aurait pris le quadruple dans le même espace de temps. Ceux qui s'y livrent exclusivement savent quel soin doit y présider. Le choix de la canne, de la ligne, de la flotte, des hameçons, des appâts, sont autant d'éléments de réussite ou d'insuccès. Du reste, que ce soit pour de gros ou de petits gardons, plus la canne sera légère et la ligne fine, mieux on réussira.

Si le pêcheur est prudent et silencieux, il peut prendre autant de gardons qu'il y en a dans l'endroit où il pêche, quel qu'en soit le nombre. Mais si, au contraire, il laisse pressentir sa présence, le poisson, averti, disparaîtra pour ne plus revenir. Voilà pourquoi on prend souvent deux ou trois gardons en arrivant à une place, pour ne plus en toucher un seul après. Il est donc urgent que la ligne soit très-fine, surtout si l'eau est claire. Ceci est important pour ce poisson, qui mord très-irrégulièrement; car tantôt il enfonce doucement la flotte, tantôt il donne un coup sec et prompt comme l'ablette; ou bien encore il mord si légèrement, qu'on a beaucoup de peine à s'en apercevoir. Il faut, pour réussir dans cette pêche : 1° avoir une canne très-légère ; 2° une ligne très-fine; 3° une flotte fine parfaitement équilibrée avec l'hameçon (1), dont on ne doit voir que l'ex-

(1) Équilibrer une flotte, c'est charger la ligne jusqu'à ce que la flotte la soutenant à peine, enfonce à la plus petite touche de l'hameçon.

trémité au-dessus de l'eau ; 4° un rapport parfait entre la grosseur de l'hameçon et l'appât ; 5° (*très-important*) qu'il n'y ait pas plus de 30 à 40 centimètres de ligne entre le scion et la flotte, et que cette partie de ligne soit presque tendue, pour qu'au plus petit coup de poignet, le poisson se trouve instantanément ferré.

Cette ligne, ou plutôt ce bas de ligne d'environ 2 mètres, doit être de cordonnet de soie fin et teint, de florence anglaise ou de crin, à moins que l'eau ne soit pas très-claire, auquel cas la florence ordinaire est suffisante.

Le gardon mord toute l'année ; mais pour le prendre plus sûrement, il faut changer d'appâts selon les saisons. Vers la fin de mai, on pêche le petit et le moyen gardon à l'épine-vinette : tel est le singulier nom d'une mouche rouge, produit de la métamorphose d'un asticot (1).

Pour cette pêche, il faut choisir un fond uni et sablonneux de 2 mètres à 2^m,50, avec un léger

---

(1) Cette mouche s'obtient ainsi. On met dans une boîte de fer-blanc ou dans un sac de toile serrée ou de cuir, fermé hermétiquement deux poignées d'asticots avec cinq ou six poignées de son ; après huit à dix jours d'attente, la métamorphose est opérée, et l'on trouve cette jolie mouche, que les pêcheurs appellent *épine-vinette*, à cause de sa couleur.

courant, en plaçant l'appât à 4 ou 5 centimètres du fond. On prépare une boule de terre dans laquelle on mélange des épines-vinettes, et on la descend où l'on veut pêcher, en recommençant toutes les demi-heures d'abord et toutes les heures ensuite. Il faut amorcer l'hameçon avec une de ces mouches et observer attentivement la flotte, car cet appât, étant très-tendre, il faut ferrer vivement, mais non fortement, au premier mouvement qu'elle fait.

Cette pêche dure environ deux mois, juste le temps nécessaire pour arriver au moment de pêcher au blé, qui est le meilleur des appâts et celui que le gardon préfère à cette époque. Car, depuis la dernière quinzaine de juillet jusqu'à la fin de septembre, c'est bien là la véritable saison de pêcher ainsi ; seulement, dans ces deux mois, avec cet appât, c'est au gros gardon que l'on a affaire. Aussi, pour ce motif et pour un autre que je donne plus loin, il ne faut pas oublier le moulinet.

Par les temps chauds, il est bon de pêcher de préférence le matin et le soir. Pendant tout le mois de juillet on doit chercher le gardon dans les herbes, tandis qu'en août et en septembre c'est sur des fonds propres qu'on le trouvera. Ce changement s'explique non-seulement parce que les herbes ne sont plus tendres à cette époque, mais aussi parce qu'elles commencent à pourrir.

Si l'on pêche en bateau, on choisit, à peu de distance du bord, un fond de 2^m,50 à 3 mètres, avec un léger courant. Avant de commencer, on fait deux boules de terre mélangées de blé, du volume de deux grosses oranges, que l'on met à l'extrémité d'une rame, qu'on placera à fleur d'eau, afin de n'avoir qu'à l'incliner pour que les boules descendent sans bruit au fond de l'eau et n'effrayent pas le poisson. On recommence toutes les heures. Pendant le temps que dure la pêche, à cinq minutes d'intervalle, et au moment de lancer sa ligne, on jette une dizaine de grains de blé dans l'eau, afin qu'ils descendent avec l'hameçon amorcé, lequel doit être fin de corps, n° 11, et toujours à 4 ou 5 centimètres du fond.

J'ai insisté plus haut sur la nécessité de ne pas oublier le moulinet, parce qu'à cette pêche on prend souvent de beaux chevennes, de belles brèmes, et assez souvent de petites carpes d'une demi-livre à un kilogramme.

Il ne faut jamais brusquer le gardon, car il a la bouche tendre et l'on peut le perdre. On ne doit pas chercher non plus à le faire monter à la surface avant qu'il soit fatigué, on risquerait de le perdre encore, et, pour, peu qu'il soit gros, on ne doit le tirer de l'eau qu'avec l'épuisette.

Un autre genre de pêche pour le gros gardon, très-usité en Angleterre, et que j'y ai pratiqué moi-même, est celui-ci : Dans l'automne, surtout par les jours sombres et brumeux, on choisit un endroit semblable à celui que j'ai indiqué plus haut, seulement avec un peu plus de courant. On prend une douzaine de vers de terre que l'on coupe en morceaux, et qui, mélangés avec de la terre, forment une boule assez molle pour être promptement désagrégée par l'eau; on emploie une semblable boule toutes les demi-heures, et, en pêchant à la place même où on la fait descendre, on prend de très-gros gardons, ainsi que de magnifiques barbillons : en désunissant la boule, le courant entraîne les morceaux de vers au loin et fait remonter le poisson.

Il faut avoir soin de prendre pour cette pêche une flotte un peu plus forte, cette précaution permettra de charger un peu plus la ligne.

Des hameçons n°ˢ 9 ou 10, et la finesse de la florence proportionnée à la limpidité de l'eau.

§ 13. — *Du Goujon* (Cyprin).

Bien que le *Goujon* soit et doive être classé parmi
le fretin, il mérite qu'on lui consacre un paragraphe.
C'est un poisson qu'on trouve dans presque toutes
les rivières, et, malgré son abondance, il n'en est
pas moins recherché et apprécié pour la délicatesse
de son goût.

FIG. 61.

Ce poisson, justement classé parmi ceux qui ne
grossissent pas, acquiert cependant, dans certains
endroits, une taille au-dessus de la moyenne connue. J'en ai pris dans le lac de Genève qui avaient
de 20 à 25 centimètres de longueur (fig. 61).

La pêche du goujon est facile et agréable : facile
parce qu'il mord franchement ; — agréable, parce
que voyageant rarement seul, étant toujours par
bandes plus ou moins compactes, on a souvent

d'heureuses réussites. Lorsqu'on rencontre un bon endroit, il faut y rester ; mais dès qu'on est dix minutes ou un quart d'heure sans avoir des touches, il faut changer de place : persister serait presque toujours inutile ; car, ou l'on a pris tous ceux qui se trouvaient là, ou ceux qui restaient se sont éloignés. Au lieu de perdre son temps à attendre qu'ils reviennent ou que d'autres passent, il vaut mieux l'employer à les rechercher.

Les bancs de sable ou de gravier fin sont les endroits qu'ils préfèrent, surtout lorsqu'il y a un léger courant ; ils se plaisent encore dans les haïs qui existent à côté d'une eau rapide et où les remous ont déposé une légère couche de vase. Ces places se trouvent ordinairement entre des touffes d'herbes de joncs.

Le vrai pêcheur s'y arrête volontiers, tandis que le pêcheur inexpérimenté ne s'y arrête guère, prenant pour un fond vaseux ce qui n'est en réalité qu'une simple couche sur le gravier.

Les hameçons n°ˢ 15 à 12, selon les lieux où l'on pêche, sont de grandeur convenable : ce sont ceux qu'il faut employer. Mais la facilité à prendre le goujon est telle, que dans certaines rivières où il y a beaucoup de vérons, j'ai vu les pêcheurs du pays employer des hameçons beaucoup plus forts, afin d'éviter que ces derniers ne pussent avaler l'amorce ; tandis que le goujon s'y prenait sans difficulté.

Le ver de vase, le ver de terreau et l'asticot sont les amorces qu'on emploie presque indistinctement. Le ver de vase surtout, non celui qu'on trouve sur les bords vaseux de la rivière, qui est une variété de ver de terreau généralement plus dur, mais celui au contraire qu'on trouve au milieu, sous l'eau, qui est la larve du *chironome plumeux*. A défaut de ce dernier, qu'on se procure difficilement en province, je préfère le petit ver rouge de terreau. Le goujon se pêche aussi à l'asticot, mais l'asticot ne vaut pas le ver de vase.

Ce poisson se prend presque toute l'année, cependant le printemps et surtout l'automne, c'est-à-dire septembre, octobre et novembre, sont les saisons préférables.

J'ai dit que le goujon se prenait sans difficulté, je dois ajouter que c'est, bien entendu, à la condition de le pêcher comme on doit le faire. Ne cherchant sa nourriture qu'au fond de l'eau, sur le sable ou dans ces légères couches de vase qui le recouvrent quelquefois, c'est au fond qu'il faut le pêcher, c'est-à-dire qu'il faut que l'amorce tenue par l'hameçon frôle le fond de la rivière. Pour cela, il faut sonder exactement l'endroit où l'on veut pêcher, et, tenant compte des inégalités de terrain sous l'eau, laisser plutôt 1 ou 2 centimètres en plus entre la flotte et l'hameçon, afin que, s'il y a un peu de courant qui entraîne la ligne, ce dernier glisse légèrement sur le fond, seul endroit où ce poisson cherche sa nourriture.

Un excellent moyen de prendre du goujon, c'est de *piloner*. Le *pilonage* est pour lui ce que l'amorce est pour les autres poissons. Il ne faut donc jamais amorcer lorsqu'on le pêche exclusivement. Jeter de l'amorce, c'est vouloir le faire fuir uniquement parce qu'on fait venir les autres. Ce poisson ne se plaît qu'avec ses semblables; et il mord si franchement, que toute amorce est inutile.

On pilone, en termes de pêche, lorsqu'on remue le sable. On se sert d'une longue perche au bout de laquelle on a fixé un morceau de liége ou de bois rond. On choisit un endroit avec fond de sable; on pilone sur cette place, c'est-à-dire que pendant quatre ou cinq minutes on remue le fond. Une fois que celui-ci est bien remué, on pêche sur l'endroit piloné, où le goujon accourt, attiré par l'eau trouble : presque toujours on en prend là plusieurs ; mais dès qu'on n'en prend plus, il faut changer de place, et recommencer plus loin.

Généralement on fait ainsi de très-jolies pêches, lesquelles se font le plus souvent en bateau.

Je souhaite, cher lecteur, que cette pêche, qui est aussi bien la pêche de l'enfance que l'enfance de la pêche, vous procure autant de plaisir qu'elle m'en a donné et qu'elle m'en donne encore aujourd'hui. Si mon désir s'accomplit, vous aurez, à défaut de ces grandes émotions qu'on éprouve à d'autres pêches, l'avantage de vous amuser sans fatigue et de sentir passer des heures entières avec cette rapidité qui préside à tous nos ébats, car, un philosophe l'a dit avec raison : L'heure de l'ennui est de soixante minutes, mais l'heure du plaisir est de soixante secondes.

§ 14. — *De la Perche goujonnière.*

Ce poisson se rapproche beaucoup de la perche ; il en a les allures et la forme, mais il ne devient jamais aussi grand qu'elle. Sa nageoire dorsale principalement contribue à lui donner cette ressemblance avec la perche, et lui sert aussi de défense en cas de danger. Il est même mieux armé que celle-ci, car en outre de ses pointes dorsales, il peut en redresser deux autres qui entourent ses yeux et protégent sa tête. La queue et la partie du corps qui y est adhérente sont constituées et tachetées abso-

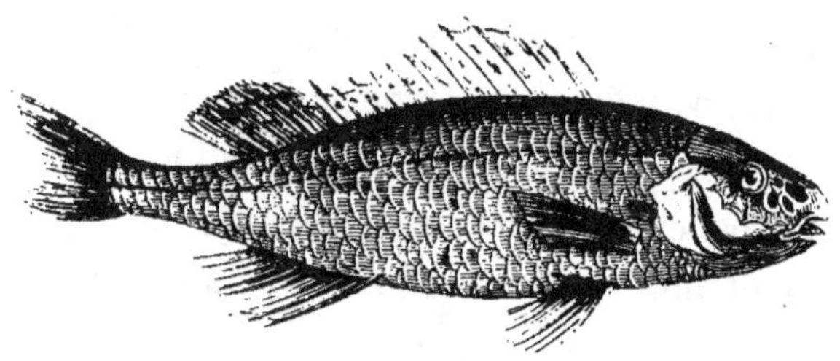

Fig. 62.

lument comme celles du goujon. Sa chair est bonne. Ce poisson fraye au mois d'avril et se plaît dans les haïs dont les fonds sont couverts de sable. Il dépasse rarement la longueur de 15 centimètres (fig. 62).

La perche goujonnière mord à l'asticot et mieux encore au ver rouge. Si ses formes tiennent de la perchette et du goujon, ses habitudes sont aussi les mêmes. C'est en effet en pêchant l'une qu'on prend l'autre. Quand on la pêche, on jette doucement, de temps en temps, une petite poignée de sable dans l'eau pour amorcer la place. Du reste, elle se pêche comme le goujon, à ces deux observations près :

1° Ce poisson, ayant la bouche plus grande que celle du goujon, il faut mettre des hameçons de deux numéros plus grands (n°ˢ 10 et 11). 2° Lorsqu'on amorce l'hameçon avec un ver rouge, on le fait monter au-dessus pour qu'il en pende peu à la pointe ; si l'on ne prend pas cette précaution, la goujonnière mordra le bout du ver, mais ne l'avalera pas. Comme pour le goujon, l'appât doit frôler le fond. Il n'y a pas de pêche spéciale pour ce poisson ; on le prend avec le goujon, en se servant des mêmes cannes et des mêmes lignes.

<h3 style="text-align:center">§ 15. — Du Véron (Cyprin).</h3>

Ce petit poisson est facile à distinguer par les rayons qui soutiennent ses nageoires. Son corps est rond, allongé, et couvert de petites écailles. Ses couleurs sont distribuées par taches et par rayures : chez les uns, on voit un mélange de bleu, de jaune et de noir ; chez d'autres, de rouge, de blanc et de bleu. En somme, c'est un joli petit poisson (fig. 63).

On le trouve dans presque toutes les rivières et les ruisseaux dont les eaux sont vives et les fonds sablonneux. Il meurt aussitôt qu'on le sort de l'eau. Il fraye en juin et multiplie considérablement, malgré les nombreux ennemis qui le poursuivent sans relâche. Les vérons sont si nombreux dans les rivières où ils se plaisent. que les bords en sont quelquefois couverts.

Ce poisson reste toujours petit; jamais sa longueur n'excède 6 à 8 centimètres. Il se nourrit des végétaux qu'il trouve dans l'eau. Il est si peu

FIG. 63.

recherché, quoiqu'une friture de ce poisson soit aussi délicate que celle de goujons, qu'on ne le prend qu'afin d'avoir des appâts pour la pêche au vif, soit pour la truite, la perche, le chevenne, etc., etc. Mais c'est le meilleur appât pour ces poissons ; ils en sont si friands, que le pauvre petit animal reste toutes les nuits sans manger et sans remuer, dans la crainte des gros qui le cherchent.

Le véron mord presque à tout : à l'asticot, au ver de vase, même à un petit morceau de drap rouge. La ligne dont on doit se servir est facile à décrire : tout ce qu'on peut se procurer de plus petit, sur un simple crin. On ne le pêche ni par les temps orageux, ni par les temps froids.

§ 16. — *De l'Able ou Ablette* (Cyprin).

Ce poisson, connu sous plusieurs dénominations dans divers pays, est partout classé à juste titre parmi les moins prisés ; le peu d'estime où on le tient rejaillit même sur le pêcheur, que l'on qualifie de *pêcheur d'ablettes* lorsqu'on veut le désigner comme inhabile.

Ce poisson a le museau pointu, la lèvre supérieure plus courte que l'inférieure. Sa longueur varie ordi-

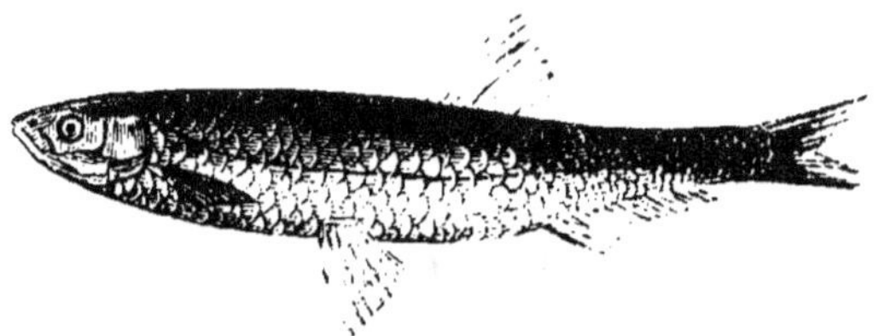

Fig. 64.

nairement de 10 à 15 centimètres. Il y a cependant des ablettes beaucoup plus grandes : j'en ai vu une dans un club de pêcheurs, à Londres, qui avait près de 30 centimètres. Il est vrai qu'on la conservait à cause de sa rareté. Ce poisson a une forme un peu aplatie, le dos d'un bleu verdâtre et les côtés argentés ; ses écailles sont minces et peu adhérentes : elles servent, dans l'industrie, à faire la matière nacrée pour les fausses perles (fig. 64).

L'Ablette fraye en mai et en juin ; elle abonde partout et multiplie énormément. Elle se plaît dans les courants rapides et aime l'eau agitée. Elle se tient aussi bien entre deux eaux qu'à la surface et même au fond. Comme le véron, elle sert à la nourriture des autres poissons; c'est dans ce but qu'on la met dans les étangs empoissonnés. On en amorce aussi avec succès les lignes de fond pour pêcher l'anguille.

§ 17. — *Pêche de l'ablette.*

Dans les rivières où l'on trouve l'ablette, et on la rencontre à peu près dans toutes, on est sûr d'en prendre. Il y a cependant des endroits où elle se tient de préférence. Il est donc bon de choisir un fond de 1 à 2 mètres avec un courant modéré, de se servir d'une canne très-légère, pour ferrer légèrement, mais lestement, et d'une ligne très-fine de florence ou de simple crin, sur laquelle il faut placer trois hameçons n°ˢ 18 à 16, empilés avec un seul crin et espacés de 25 à 30 centimètres, selon la profondeur de l'eau, et un grain de plomb n° 4, la flotte devant être légère. Il suffit d'amorcer les hameçons avec des asticots et d'en jeter toutes les cinq minutes une pincée, que le courant entraînera, pour faire monter les ablettes. Alors même qu'on aurait peu de touches au commencement, il ne faudrait pas se décourager pour cela ; si l'endroit est bien choisi, on est sûr de la réussite. Pour augmenter encore les chances, on peut attacher à une pierre un filet à mailles serrées, plein de sang caillé ; le courant, en détachant des parcelles de ce sang, les entraîne au loin, et l'ablette monte. Du reste, la pêche de ce poisson est la plus facile.

On peut en prendre encore l'été toute la journée, avec une mouche commune vivante. Il faut avoir une canne longue et légère, avec une ligne fine, sans flotte ni plomb, se tenir à une certaine distance du bord et lancer doucement la ligne. Aussitôt la mouche arrivée sur la surface de l'eau, l'ablette est prise.

Ce poisson mord à toute heure du jour, depuis le mois d'avril jusqu'à l'hiver, et la véritable manière de le prendre est la pêche à fouetter. (Voyez *Pêche à fouetter.*)

§ 18. — *De l'Ablette spirlin, ou Éperlan de Seine.*

Ce cyprin n'est qu'une variété de l'ablette. A Paris et aux environs, on le nomme indistinctement

Éperlan bâtard et *Éperlan de Seine*. La vérité est qu'il n'a aucun rapport avec l'éperlan, qui est du genre des Osmères, lequel n'est qu'un sous-genre des Salmones. C'est le même poisson qui porte les noms de *Lorette* ou de *Lurette* dans l'Aube, *Mésaigne* ou *Méseine* dans la Lorraine, et ceux de *Lugnotte* ou *Lignotte* dans la Côte-d'Or.

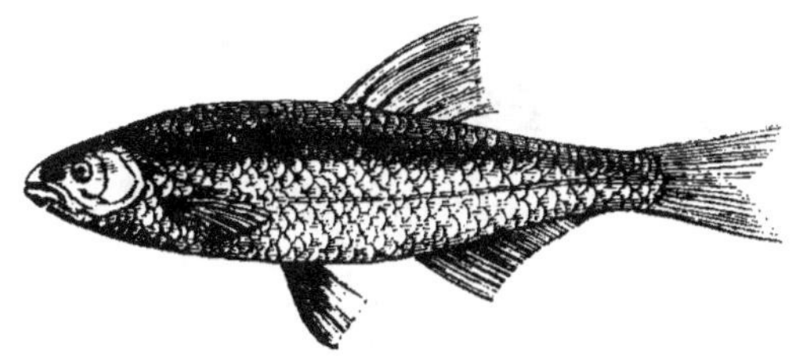

Fig. 65.

Le spirlin est un petit poisson dont la taille ne dépasse guère 10 à 12 centimètres. Il est moins effilé que l'ablette commune, et possède de chaque côté deux raies sur toute la longueur du corps; de chaque côté aussi, au-dessus de ces raies, on remarque de petites taches noires plus ou moins nombreuses (fig. 65).

Ce poisson se pêche comme les ablettes; il mord aux mêmes appâts et habite les mêmes parties de rivière. On n'en fait jamais une pêche exclusive.

§ 19. — *De l'Épinoche ou Épinocle.*

Si jurer est un péché, il faut avouer que l'épinoche doit être responsable d'une quantité prodigieuse de serments plus énergiques les uns que les autres. Lorsqu'un pêcheur en prend une par hasard,

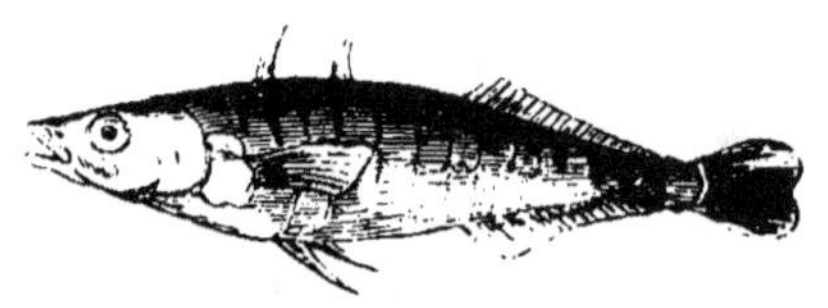

Fig. 66.

il se hâte aussitôt de l'ôter de l'hameçon pour la rejeter; mais l'épinoche, une fois dans la main du pêcheur, relève les aiguillons qu'elle a sur le dos en même temps que ceux que porte la nageoire ventrale et les enfonce dans la main de son ennemi (fig. 66), qui pousse un cri de douleur et lâche un gros juron. C'est probablement dans un de ces moments de colère qu'un pêcheur, moins endurant que les autres, a qualifié l'épinoche de *Savetier*, nom qui lui est resté, puisque ce n'est qu'ainsi qu'on la nomme.

Ce poisson, d'une longueur ordinaire de 5 à 6 centimètres, appartient au genre des Gastérostées. Il habite toutes les eaux vives ou stagnantes, et se nourrit d'insectes et de larves. Les gros poissons, qui ne peuvent l'attaquer à cause de ses défenses, sont vengés par les oiseaux de rivage, qui le déchirent avec leur long bec.

Il fraye en avril et mai, et multiplie considérablement. C'est un fléau pour les étangs, quand il y en a.

§ 20. — *De la Bouvière ou Péteuse* (Cyprin).

La *Bouvière*, que les pêcheurs appellent *Péteuse*, est du genre Cyprin. C'est un des plus petits poissons;

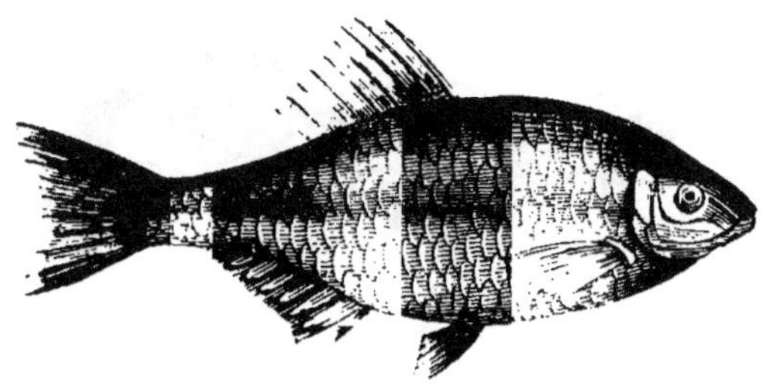

Fig. 67.

sa longueur n'excède jamais 5 centimètres, et il n'y arrive pas toujours. Presque toutes les parties de ce cyprin sont transparentes; son dos est mêlé de vert;

les côtés sont jaunes au-dessus de la ligne latérale et d'un blanc éclatant en dessous. Une teinte rougeâtre est répandue sur ses nageoires (fig. 67). Ce poisson fréquente presque tous les cours d'eau, principalement les eaux pures et courantes. Il ne se pêche guère à la ligne, mais c'est un excellent appât pour prendre la perche en hiver, surtout dans les canaux, les étangs et les pièces d'eau.

§ 21. — *Du Chabot* (genre Cotte).

Encore un poisson dont la tête ressemble à celle d'un crapaud. C'est peut-être pour cela qu'on l'ap-

Fig. 68.

pelle *Tétard*, *Tête-d'âne*, etc... Il est très-commun dans la Seine, et se cache ordinairement sous les cailloux ou se creuse des trous (fig. 68).

Il fraye en mars et en avril. Sa chair, quoique grasse, est délicate. Néanmoins on le mange peu, probablement en raison de sa forme repoussante.

Ce poisson ne se pêchant pas à la ligne, je n'en parle ici que parce qu'on l'emploie avec avantage pour amorcer les lignes de nuit, à la pêche à l'anguille.

§ 22. — *De la Loche* (genre *Cobitis*).

On distingue deux espèces de loches, la *Loche franche* et la *Loche de rivière*. Dans certaines contrées on les désigne aussi par les noms qu'on donne

Fig. 69.

à la lotte, tels que *Chateille, Motelle, Barbotte* et *franche Barbotte.* La loche franche diffère beaucoup de celle de rivière, d'abord par la manière dont sont placés les barbillons à ses lèvres, ensuite par sa taille, etc., etc. (fig. 69). La loche franche a les six barbillons placés à la lèvre supérieure, tandis que celle de rivière en a deux seulement à la lèvre supérieure et les quatre autres à la lèvre inférieure. La première atteint rarement plus de 7 à 8 centimètres de longueur, quand la deuxième en atteint 12 à 14 (fig. 70).

Fig. 70.

La loche franche est tachetée de gris, et ne se plaît que dans l'eau pure, vive et courante. La loche de rivière est tachetée de brun, et se plaît partout. Enfin la loche franche est d'un goût exquis, tandis que l'autre est à peine mangeable.

La loche fraye au printemps. C'est un excellent appât pour pêcher l'anguille et les autres gros poissons; malheureusement elle ne se prend guère à la ligne.

§ 23. — *Du Chevenne* (Cyprin).

Le *Chevenne*, du genre Cyprin, est le poisson qu'on appelle *Juène* à Paris, *Chaboisseau* dans l'ouest, *Cabot* dans le sud-ouest, *Meunier*, *Galbo-teau*, *Barbotteau*, etc., etc., dans d'autres contrées de la France. On le trouve dans presque toutes les rivières de l'Europe, mais toujours sous une dénomination différente. Sa forme est presque ronde ;

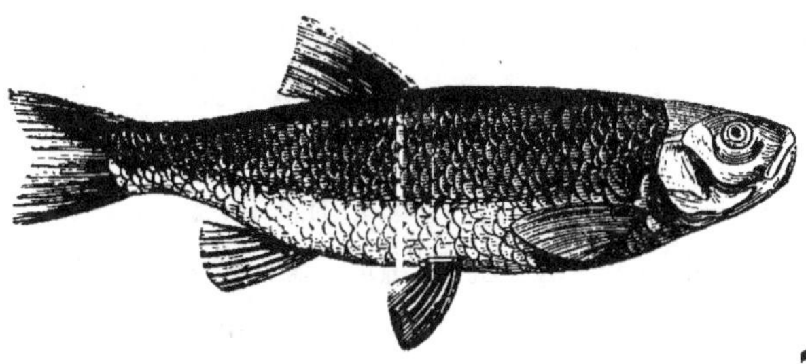

Fig. 71.

ses écailles, bleuâtres sur le dos et blanches sous le ventre, sont grandes, et prennent une teinte dorée sur les côtés en vieillissant. Ses nageoires sont rouges. En somme, c'est un joli poisson dont la chair, quoiqu'un peu molle en été, est excellente le reste de l'année. Malheureusement il a beaucoup d'arêtes (fig. 71).

Comme il se tient généralement à la surface pour guetter les insectes, il est agréable dans les pièces d'eau, où l'on aime à le voir nager, à moins qu'il n'y ait d'autres petits poissons, dont il est très-friand. Sa grande bouche est en harmonie avec sa gloutonnerie, car il mange tout ce qu'on lui offre. Aussi est-il la ressource des pêcheurs; et s'ils réfléchissaient au vide que son absence produirait dans nos rivières, ils l'apprécieraient davantage. Je me propose de parler de la pêche de ce poisson et des différentes manières de la pratiquer, à l'exception de celle à la mouche artificielle (voyez cette pêche), car c'est à peu près le seul qui prenne l'appât dans toutes les saisons, soit entre deux eaux, soit au fond, soit à la surface. Initier le pêcheur à tous ces genres de pêche, lui indiquer les époques de l'année pendant lesquelles on doit les faire, c'est lui créer une précieuse ressource.

§ 24. — *Pêche du Chevenne*.

On serait plus embarrassé de trouver l'appât qu'il ne prend pas que d'indiquer celui qu'il préfère : il mord à tout. On ne peut faire une seule pêche, même celle du brochet, sans prendre des chevennes. Qu'on pêche au blé, à l'asticot, au ver rouge ou au ver de vase, on en prend toujours plus ou moins; quelquefois même on prend autant de ce poisson que de tous les autres ensemble. Il mord à la plupart des fromages, principalement à l'espèce dite de Marolles. Enfin il fait souvent le désespoir des pêcheurs à la carpe, quand ils emploient la fève, dont il est très-friand. Il ne faut pas cependant s'y méprendre; si sa gourmandise est grande, sa méfiance l'est encore davantage : s'il a vu le pêcheur ou même son ombre, il ne touchera à aucun des appâts qu'on lui présente.

Le Chevenne se défend bien, mais pas très-longtemps. Comme la carpe, s'il est près d'un refuge, il le gagnera immédiatement, et s'il a pu l'atteindre, il est perdu pour vous, ou encore il gagnera le fond, qu'il tient facilement, non pour s'y blottir le museau comme le barbeau, mais pour pousser des pointes à droite et à gauche, lesquelles ne sont pas toujours sans danger. Pour celui qui a l'habitude de ce poisson, il est facile de juger de son poids par le plus ou moins de temps qu'il tient le fond.

§ 25. — *Pêche à la cerise.*

La pêche à la cerise est pratiquée dans les courants et dans les baïs. Pour pêcher dans l'eau courante, que ce soit de la berge ou en bateau, il faut employer la canne de 6 mètres avec moulinet, et un bas de ligne de florence, sur lequel on fixe un seul grain de plomb n° 2, à 30 centimètres de l'hameçon. On place entre la canne et la flotte, sur cette ligne longue de 7 à 8 mètres, quatre ou cinq autres petites flottes espacées d'un mètre les unes des autres, afin d'empêcher son immersion et pour la tenir étendue sur l'eau. La ligne ainsi arrangée, on prend une cerise rouge un peu grosse, dont on enlève le noyau par le côté de la queue, noyau qu'on remplace par un hameçon qui sera d'une grandeur proportionnée à la grosseur de la cerise, dans laquelle on l'introduit et où il se trouve couvert. Il faut avoir soin de lancer la ligne au large, afin qu'elle soit bien étendue, et tenant la canne dans ses mains, l'œil fixé sur la première flotte, qui doit être la plus grosse, on suivra le courant, et l'on ferrera vivement aussitôt que la flotte aura disparu. Cette pêche s'appelle *pêche à la grande volée*. On peut la faire toute la journée, mais elle est plus fructueuse le matin et le soir.

La pêche à la cerise dans les hais, qui sont ordinairement de grands fonds, se fait presque toujours de berge; on prend la même canne et la même ligne que les précédentes, mais avec une seule flotte. Autant que possible et pour faire moins de bruit, il faut éviter de prendre le fond si on le connaît à peu près, car c'est au gros chevenne qu'on a affaire ici. Après avoir amorcé l'hameçon avec la cerise, on lance la ligne un peu au large pour qu'elle s'étende en descendant au fond, où elle doit poser, ce qui permet de voir la moindre touche, chose importante à cette pêche, le chevenne attaquant presque toujours brusquement. Il est donc bon de garder la canne dans ses mains, et de ne pas perdre la flotte de vue, afin d'être toujours prêt à ferrer instantanément.

Quand je me livre à la pêche à la cerise, que ce soit à la volée ou de fond, je me sers le plus souvent d'un hameçon double et même quelquefois triple; je fais un petit trou à la cerise, opposé à la naissance de la queue, j'y passe le boyau de ver à soie sur lequel l'hameçon est empilé, et je tire jusqu'à ce que la queue de l'hameçon ait traversé la cerise, qui vient s'asseoir sur les pointes, que j'y fais entrer pour les dissimuler. Avec une ligne ainsi amorcée, je manque bien rarement les chevennes. Cette pêche se fait de quatre à six heures de l'après-midi.

§ 26. — *Pêche à l'insecte vivant.*

La pêche à la volée se fait aussi avec l'insecte vivant, et, quel qu'il soit, on procède de la même manière qu'avec la cerise, c'est-à-dire qu'on se sert exactement de la même canne et de la même ligne; la seule différence à signaler, c'est qu'on pêche tout à fait à la surface, laissant l'insecte libre suivre le courant, à moins qu'on ne préfère mettre un plomb, comme dans la pêche à la cerise. Ces deux procédés s'emploient également.

§ 27. — *Pêche à la surprise.*

Pour réussir, il faut être muni d'une canne longue et légère de roseau de France, solide et un peu roide; ne mettre sur cette ligne ni flotte ni plomb, employer un hameçon en rapport avec la grosseur de l'insecte. S'approcher doucement, et bien se cacher; sans cette précaution, on ne pourrait rien faire, y eût-il des centaines de poissons à l'endroit où l'on place la ligne. Lorsque cette dernière a été descendue à travers les branches et que l'insecte est arrivé près de l'eau, il faut le laisser tomber, le relever ensuite, puis le laisser retomber encore, de façon à simuler le va-et-vient de l'insecte qui fuit le danger tout en jouant avec lui. Le chevenne, s'il y en a, ne tarde pas à saisir l'appât. Si, après avoir laissé retomber la ligne cinq ou six fois, on n'a rien attiré, il faudrait changer de place, car persévérer serait inutile. Un des grands agréments de cette pêche est de voir les chevennes sous les branches, et de pouvoir choisir le plus beau. Il est bien rare que cette pêche ne soit pas fructueuse.

Bien que l'on puisse employer le grillon, il est préférable de pêcher de fond avec cet appât; c'est le meilleur, après le vif, pour le gros chevenne, surtout si on l'emploie dans les remous qui ont de grands fonds.

§ 28. — *Pêche au sang.*

Pour cette pêche, qu'on soit sur la berge ou en bateau, il faut se placer dans un endroit où il y a du courant ; on coupe de petits morceaux de sang caillé de bœuf, de la grosseur d'une noisette, et l'on en jette quelques-uns, qui sont emportés par l'eau ; puis on amorce l'hameçon (n° 3 ou 4) avec des morceaux semblables, et l'on ferre vivement aussitôt que la flotte commence à s'enfoncer, car l'appât, qui doit suivre le courant à 5 centimètres du fond, tenant peu sur l'hameçon, serait enlevé si l'on attendait trop longtemps.

Si l'on veut augmenter les chances de succès, il n'y a qu'à mettre au fond, sur l'endroit où l'on veut pêcher, un filet à petites mailles rempli de sang caillé et amarré à une pierre pour qu'il puisse se maintenir sous l'eau. Les parcelles qui s'échappent du filet amorcent la place et font monter le poisson.

§ 29. — *Pêche au vif.*

La pêche au vif est de toutes les saisons. On s'y livre principalement l'été, dans les endroits où la

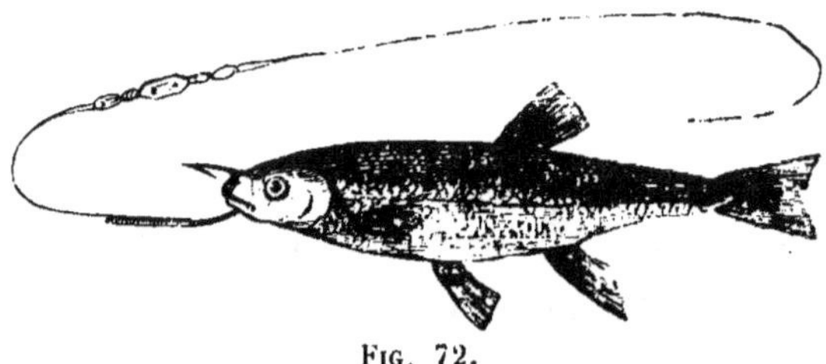

Fig. 72.

rivière est agitée, soit au bas d'une chute ou derrière un barrage, partout enfin où l'eau se précipite en bouillonnant. On met pour appât un véron ou

un goujon (fig. 72) qu'on accroche par la lèvre supérieure avec un hameçon n° 4 ou 5 sur un boyau
de ver à soie; on laisse 50 centimètres de fond entre
la flotte et l'hameçon. Cette ligne ne doit pas être
trop plombée, pour laisser toute liberté d'aller et de
venir à l'appât. Il faut aussi faire attention à ne
point ferrer avant que la flotte ait bien disparu.

§ 30. — *Pêche au solitaire.*

Cette pêche se fait également au vif, mais elle
appartient à la catégorie des lignes dormantes, sans
même être de fond, car elle n'est plombée que pour

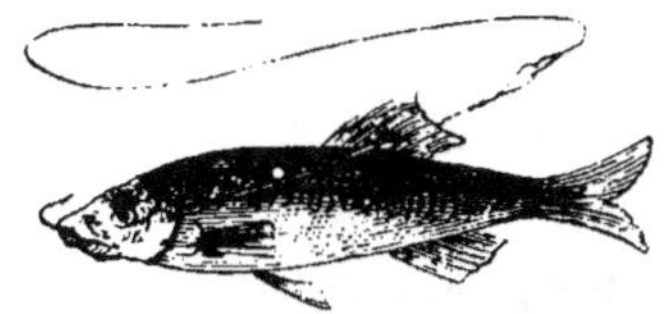

FIG. 73.

forcer l'appât à se rapprocher du fond. Il faut prendre 3 ou 4 mètres de soie solide ou de ficelle de fouet
bien dévrillée, suivant la profondeur de l'endroit où
l'on doit placer la ligne, avec un hameçon n° 3 ou 4
monté sur elle-même ou sur un fort boyau de ver
à soie; l'amorcer avec un goujon ou tout autre poisson de moyenne grosseur, et le fixer comme si l'on

pêchait au brochet (fig. 73). Il faut attacher le bout
de cette ligne à une branche ou autre objet placé
sur le bord, et jeter simplement le goujon dans l'eau.
Ce genre de ligne se place ordinairement le soir

Fig. 74.

et se lève le matin. Lorsqu'il n'y a rien de pris et
que le poisson est intact, on peut la laisser et la
visiter le soir (fig. 74). C'est à la pêche au solitaire
qu'on prend les plus gros chevennes et souvent les
plus belles anguilles, sans compter les plus beaux
brochets, et quelquefois de grosses perches.

On serait bien plus embarrassé de signaler les
endroits où le chevenne ne se trouve pas que d'indiquer ceux où il réside, car il est à peu près partout. Lorsqu'en changeant de contrée, on demande
des renseignements sur le poisson que contient telle
ou telle rivière, il est toujours sous-entendu qu'on
y rencontre le chevenne. Il change de nom, mais
c'est toujours le même poisson, avide de tous les in-

sectes, artificiels ou non ; à la fois de fond et de surface, et facile à prendre quand on connaît ses habitudes et les lieux où il se tient. Au printemps, lorsque la saison n'est pas avancée, il faut pêcher ce
poisson sous les arbres qui l'abritent du vent encore
un peu froid, surtout quand ces abris sont exposés
au soleil, dont il aime les premiers rayons. A mesure que la température s'élève et que l'eau se
réchauffe, il gagne les petits courants, qu'il abandonne en été pour les grands. Car, contrairement
aux habitudes des autres espèces, qui cherchent
à se garantir de la grande chaleur dans les crones,
sous les lavoirs ou sous les moulins, le chevenne
semble la rechercher. Au lieu de se retirer sous les
moulins et sous les lavoirs dont je viens de parler,
c'est contre leurs parois faisant face au soleil qu'on
le trouvera. Est-ce uniquement par amour de la
chaleur, ou bien par gourmandise, parce qu'il
espère trouver plus d'insectes là qu'ailleurs? Je
n'en sais rien, mais le fait que je signale existe.

Il faut donc chercher ces poissons sur la rive où
le soleil darde ses rayons, et non sur celle qu'ils ne
frappent pas encore ou qu'ils ne frappent plus. S'il
y a des herbes dans la rivière où l'on pêche, ils s'y
tiendront de préférence ; on doit donc envoyer l'appât

dans les clairières qui existent au milieu de ces tapis de verdure, dans celles qu'on voit derrière, au ras de terre, et devant, à la pointe des herbes, car ils se sentent là à l'abri des filets, et ils s'y rassemblent en quantité. Dans le courant de la journée, les gués avec fond de gravier doivent être soigneusement explorés.

Les falaises qu'on aperçoit dans les rivières, par les basses eaux, sont d'excellents endroits pour les gros chevennes. L'étendue de ces falaises est quelquefois considérable. Ce sont des parties rocheuses dont les parois pleines de cavités forment autant de refuges. Bien que les gros poissons quittent rarement les grands fonds pendant le jour, on en trouve souvent d'énormes sur ces éminences, alors qu'il y a à peine assez d'eau pour les couvrir. La raison en est bien simple : c'est qu'immédiatement à côté de l'endroit où il n'y a pas plus de 20 centimètres de profondeur, il existe un fond de 4 ou 5 mètres, ce qui leur permet, à la moindre alerte, de se mettre en sûreté par un simple coup de queue. La méfiance bien connue du chevenne empêche presque toujours d'en prendre plus d'un ou deux à la même place, lorsqu'on pêche à la mouche artificielle ; mais ici l'inégalité du fond de ces endroits est telle, que si l'on agit avec prudence, surtout en bateau, on peut faire entièrement sa pêche en les fouillant avec soin. Règle générale : quelle que soit l'étendue de la falaise, c'est toujours sur les points culminants que se tiennent les chevennes, pourvu qu'il y ait assez d'eau pour les couvrir, et encore voit-on souvent leur dorsale hors de l'eau.

Lorsque le soleil est bas, qu'il a disparu ou qu'il est près de disparaître ; que l'ombre, avant-coureur du crépuscule, couvre entièrement la rivière, à la suite d'une de ces belles journées d'été, le chevenne commence à sortir de ses abris et à prendre ses ébats. Si le courant est faible dans l'endroit où l'on se trouve, on ne tardera pas à apercevoir autour de soi une foule de petites têtes sur l'eau, allant et venant exactement comme les ablettes dans la journée. La plupart des pêcheurs à la mouche, les prenant pour ces dernières, n'y font aucune attention, ce qui est un tort. On peut prendre dix livres de chevennes en peu de temps, lorsqu'on est aidé par un peu de brise légère, comme elle l'est ordinairement à l'heure où l'astre du jour va disparaître. Il faut placer son bateau au milieu de la rivière, le confier à la brise et au courant ; s'ils sont légers l'un et l'autre, ils le conduiront mieux qu'on ne pourrait le faire. Quant au pêcheur, en dehors du jet de sa ligne, il doit être immobile et silencieux comme un mort : il ne tardera pas à voir les chevennes venir tout autour du bateau. Aussi, pour leur envoyer la mouche plus doucement, il est nécessaire de laisser peu de longueur à la ligne ; à chaque poisson que l'on prend, tous les autres disparaissent, mais c'est pour revenir aussitôt. Il n'existe pas un moment plus délicieux.

Dans les parties d'une rivière où la berge est haute, nue, et descend à pic dans l'eau, c'est contre la berge que les chevennes se tiennent, ils frôlent la terre ; il faut donc que la mouche y arrive à quelques centimètres de distance seulement : ces endroits sont très-bons.

§ 31. — *De la Vandoise* (Cyprin)..

La *Vandoise* a le corps allongé, la tête petite, les écailles de moyenne grandeur, le dos brun et le ventre blanc. Rarement ce poisson dépasse 25 centimètres. On ne le trouve guère que dans les rivières dont l'eau est pure et courante, et encore dans ces rivières ne se tient-il que dans les endroits plus ou moins rapides. Il se nourrit d'insectes et de vers. Il fraye dans la dernière quinzaine de mars et dépose

son frai sur les herbes. Malgré sa grande reproduction, il aurait de la peine à se maintenir dans les
rivières à cause du grand nombre d'ennemis qui
l'entourent, si la nature ne l'avait doué d'une grande
agilité. La rapidité avec laquelle il nage est telle,
qu'on lui a donné le surnom de *Dard* (fig. 75).

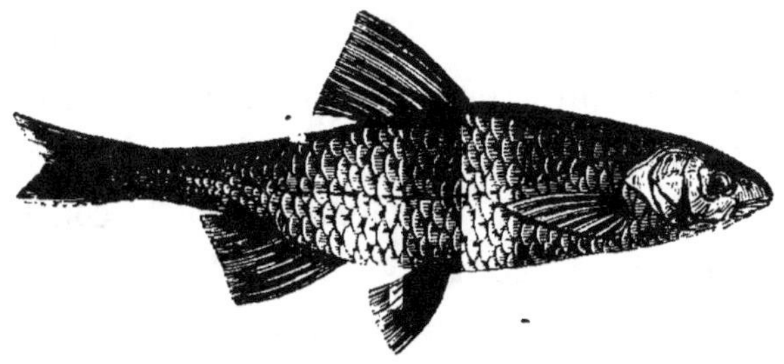

FIG. 75.

Sa chair serait excellente si elle était moins rem-
plie d'arêtes.

Ce poisson est encore de ceux qu'on ne pêche pas
spécialement ; on le prend en même temps que les
autres, et surtout à la pêche à fouetter, qui est
la véritable manière de s'emparer de ce poisson. On
en prend aussi avec la mouche naturelle et artificielle, mais moins qu'à fouetter.

Les meilleurs appâts sont : l'asticot d'abord, le
ver de vase, le blé et le ver de terreau. C'est dire

qu'à toutes les pêches où l'on emploie ces amorces, on peut espérer en prendre.

Il faut se servir d'hameçons de mêmes grosseurs que pour le gardon.

§ 32. — *De la Perche.*

La *Perche* est un poisson chasseur. Quand on l'examine de près, on voit que la nature l'a heureusement dotée pour le combat. Les écailles sont dures et fortement adhérentes ; elles couvrent entièrement son corps, y compris la queue. Ses mâchoires, son palais et son gosier sont armés de petites dents pointues. Les deux nageoires dorsales sont de véritables défenses ; elles offrent même quelque danger pour le pêcheur qui la saisit sans précaution.

Les nageoires rouges de la perche se détachent du reste de son corps, qui est d'un bronze vert et doré, coupé par des bandes transversales noirâtres. C'est un des plus jolis poissons d'eau douce, et l'on ne peut se lasser de l'admirer lorsqu'il chasse dans l'eau claire (fig. 76).

La perche se plaît dans les eaux tranquilles. Tous les lacs en général, ceux de Suisse en particulier, en contiennent beaucoup. Elle fraye en mars ou avril, selon la température et la profondeur des eaux qu'elle habite. Elle multiplie dans des proportions considérables. Elle nage avec beaucoup de rapidité et se tient ordinairement entre deux eaux.

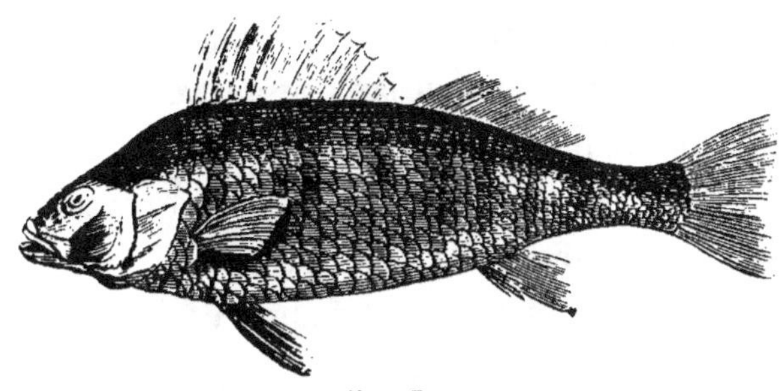

FIG. 76.

Elle atteint rarement un poids de 2 kilogrammes et ne dépasse presque jamais celui de 3. J'en ai pêché une dans l'Orne, près d'Argentan, qui pesait près de 2 kilogr. C'est la plus grosse que j'aie prise. La voracité de la perche est telle, qu'en lançant ma ligne dans une tourbière, à côté de l'Essonne, près de Mennecy, j'en ai enlevé une de 200 grammes environ qui avait saisi ma flotte au moment où elle touchait l'eau. J'ai tiré si brusquement, qu'elle est tombée sur le pré.

La perche se nourrit de poissons, de grenouilles,

de petites couleuvres, de vers, et enfin de tout ce qu'elle peut attraper. Sa gloutonnerie est telle, qu'elle attaque même l'épinoche, mieux armée qu'elle pour la défense. Aussi le paye-t-elle de sa vie chaque fois qu'elle parvient à s'en saisir, car les blessures que l'épinoche lui fait dans la bouche avec ses piquants sont presque toujours mortelles. Il arrive même souvent qu'en la saisissant, elle enfonce si avant les piquants de son ennemi, qu'elle ne peut plus ni l'avaler ni le rejeter, et qu'elle est contrainte de mourir de faim et de douleur.

C'est un des meilleurs poissons d'eau douce; sa chaire est excellente, ferme et très-saine. La perche a la vie dure, et peut être facilement transportée quand le temps n'est pas chaud, en la mettant dans des herbes mouillées.

§ 33. — *Pêche de la perche.*

La voracité de ce poisson en rend la pêche facile; les petites surtout sont très-promptes à saisir l'appât. Il faut avoir une ligne un peu roide, avec un moulinet, pour ne pas brusquer le poisson quand il est pris, sa bouche étant assez tendre; la flotte doit être un peu forte, et la ligne doit avoir de 1^m,50 à

2 mètres de florence dans le bas, à cause de sa double destination, ainsi qu'on va le voir. Les hameçons doivent être renforcés, n°ˢ 4 ou 5, et amorcés avec des vers rouges ou de petits poissons, tels que vérons, goujons, petits gardons, loches, bouvières, etc., etc., tous étant également bons. Si l'eau est dans l'état naturel, c'est-à-dire a sa limpidité ordinaire, on place la flotte de façon que l'appât se trouve à 25 centimètres du fond, et l'on pêche au coup, comme d'habitude. S'il y a des perches dans cet endroit, on ne tardera pas à être attaqué, et, si l'on agit avec précaution et adresse, on prendra toutes celles qui s'y trouvent. Mais si, au contraire, lorsque l'on commence à pêcher, on est dix minutes sans avoir de touches, il faut se mettre à faire la pêche à la plombée, pour faire venir les perches que le mode indiqué ci-dessus a laissées indifférentes, et que la pêche à la plombée va certainement attirer. Car c'est dans le cas où l'on serait dans l'obligation de se livrer à ce genre de pêche qu'on a eu le soin de mettre une flotte un peu forte et un bas de ligne de florence de 1ᵐ,50 à 2 mètres : une flotte un peu forte pour supporter le plomb nécessaire, et un bas de ligne de florence pour qu'elle soit moins apparente dans les

mouvements qu'on va lui imprimer. Voici comment se fait la pêche à la plombée :

On place l'appât de manière qu'il se trouve à 5 centimètres du fond, et, dès qu'il est descendu, on le relève près de la surface, puis on le laisse redescendre encore, et ainsi de suite, jusqu'à ce que l'on sente mordre. Si, au bout de quatre ou cinq minutes, on ne sent rien, à l'aide du moulinet on allonge la ligne, et l'on envoie l'appât aussi loin que possible devant soi, jusqu'à l'autre bord de la rivière, si elle n'est pas trop large ; alors on le ramène vers soi en lui communiquant les mouvements décrits plus haut. Si, après avoir recommencé autour de soi, comme pour bien fouiller l'endroit choisi, on ne sent rien, il faut changer de place : continuer serait inutile, et il vaut toujours mieux aller chercher ce poisson que de l'attendre. Mais si, au contraire, l'appât est pris, il ne faut pas trop se presser de ferrer ; il faut au contraire laisser bien enfoncer la flotte et ne tirer que lorsqu'elle aura complétement disparu. Si la perche est grosse, on doit la ménager, car sa bouche est tendre, et on la perdrait en la brusquant.

La perche se trouvant un peu partout, c'est-à-dire au fond, entre deux eaux et à la surface, quelques pêcheurs emploient parfois plusieurs hameçons très-espacés; mais ce dernier procédé ne vaut pas le mode de .pêche que je viens de mentionner, d'abord parce qu'avec celui-ci on n'est pas exposé à se trouver accroché, inconvénient presque inévitable avec plusieurs hameçons, surtout lorsqu'ils sont amorcés avec des vers rouges, l'appât le plus tendre et celui qui garantit le moins contre un accident de cette nature. Ensuite il arrive que, même pour les poissons chasseurs, il y a des jours où ils mordent peu. Ces jours-là, l'appât reste immobile, ils ne cherchent pas à le prendre; tandis qu'en le voyant fuir devant eux, ils ne peuvent résister, et, croyant qu'il va leur échapper, ils s'élancent pour le saisir.

Après le petit poisson, le ver rouge est le meilleur des appàts pour la perche; cependant, par les grandes chaleurs, on réussit quelquefois avec l'asticot.

La pêche de la perche commence en février ou en mars, selon que la température est plus ou moins douce; mais la meilleure époque est octobre et novembre. Au commencement et à la fin de la saison, on pêche dans la journée; en été, au contraire, on ne pêche que le matin et le soir.

La perche se plaît près des moulins, des ponts,

des vannes, dans les joncs, et aux endroits où il y a de petits poissons. On trouve les grosses un peu partout, mais plus généralement dans les haïs profonds où l'eau est tranquille.

La plus belle pêche de perches que j'ai faite est à Morges, en Suisse, au bord du lac Léman. Il y avait à cette époque un vieux ponton qui servait d'embarcadère pour les bateaux à vapeur du lac, et près duquel j'en ai pris en moins de trois heures environ 15 livres. Si le bateau que j'attendais n'était pas arrivé, il est probable que j'aurais pêché jusqu'à la dernière de celles qui se trouvaient en cet endroit.

La cuiller est l'instrument par excellence pour la pêche de la perche comme pour celle du brochet. Dès que l'un de ces deux poissons chasse autour du pêcheur, s'il sait manier cet instrument, il ne sera pas plus de cinq minutes sans tenir le poisson. Aussi, cette cuiller ne doit jamais quitter le panier du pêcheur. (Voyez *Pêche à la cuiller*, page 236.)

Le poisson de plomb et le tue-diable sont excellents pour prendre la perche ; c'est surtout dans les courants rapides, dans l'eau bouillonnante, au bas des chutes, qu'on réussit bien avec eux. On les fait monter et descendre, aller et venir dans tous les sens. (La ligne avec émérillons est de rigueur.)

§ 34. — *Le Chondrostome nase* (Cyprin).

Ce poisson a quelque analogie avec le chevenne
et la vandoise. Quand on l'aperçoit dans la rivière,
principalement dans un courant, on le prend souvent
pour un chevenne; mais dès qu'on le voit de près,
on ne peut s'y tromper. C'est surtout la position
et la forme de sa bouche qui le font distinguer des
autres poissons : elle se trouve entièrement sous le
museau, en fente transversale et un peu en forme
de croissant. La couleur rouge des nageoires inférieures et la dimension des écailles le rapprochent
du chevenne, avec cette différence cependant que
les écailles du nase sont festonnées (fig. 77).

Comme le chevenne, il porte différents noms.
suivant le pays qu'il habite : dans l'est, le sud-est
et le midi de la France, où il se trouve en quantité,
on l'appelle, *Hotu*, *Aucon*, *Schiff*, *Naas*, etc. Dans
d'autres contrées, on lui donne les noms de *Siége*.
Seuffre, *Seyche*, *Setge*, *Mullet*, etc. C'est par ce
dernier qu'on le désigne aux environs de Paris.

Ce poisson, inconnu il y a quelques années dans
la Seine, s'y trouve aujourd'hui en abondance. Il
fraye en avril.

La nature, généralement si généreuse, si prévoyante pour doter les animaux de l'instinct de conservation, en a privé ce malheureux poisson ; sa bêtise est si grande, que nul autre ne l'égale sur ce point. Tous les pêcheurs savent que pour prendre une autre espèce de poisson de cette dimension, il

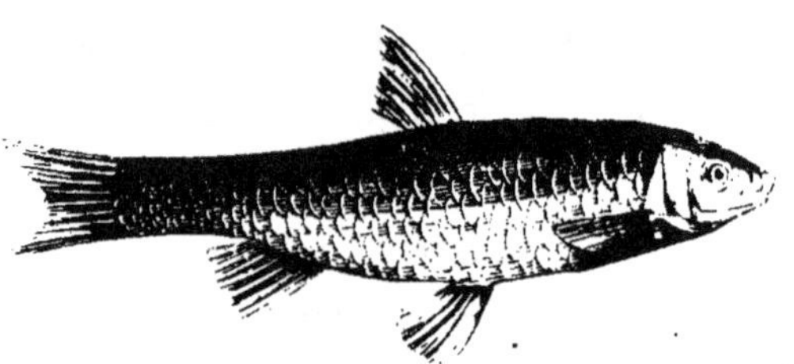

Fig. 77.

faut d'abord une certaine hauteur d'eau, ensuite observer le calme, le silence ; en un mot, prendre toutes les précautions nécessaires ; tandis qu'avec lui on serait tenté de croire que c'est du superflu. J'ai vu douze à quinze pêcheurs réunis dans un espace de 10 à 15 mètres, sur une grève où rien ne pouvait les cacher, pêchant dans un courant n'ayant pas plus de 30 à 40 centimètres de profondeur, en prendre toute la journée, et cela pendant quinze jours consécutifs. Du reste, les nases se trouvent presque toujours par bandes nombreuses.

Dans certains pays de l'Allemagne, lorsqu'une de ces bandes est arrivée près d'un barrage ou de tout autre obstacle de ce genre qui les empêche d'aller plus loin, on ferme la rivière derrière eux avec un grand filet et l'on en prend des quantités considérables. Je le répète, ce poisson a si peu de défiance, qu'il semble que tout instinct de conservation lui fasse défaut. Chose bizarre, contrairement à ce qui existe généralement, on n'en prend pas de petits : ceux qu'on pêche atteignent le poids d'un demi-kilogr. à un kilogr. environ. Du reste, les plus gros de cette espèce dépassent bien rarement un kilogr. et demi.

Le nase a beaucoup d'arêtes; sa chair est molle et fade : c'est dire qu'il est peu estimé. Il meurt aussitôt qu'on le sort de l'eau.

§ 35. — *Pêche du nase.*

Le nase mord depuis le printemps jusqu'aux grands froids. On le trouve partout, dans les endroits profonds, comme dans ceux qui ne le sont pas, dans les courants rapides comme dans les courants modérés, mais presque jamais dans l'eau morte, où il ne se plaît pas. Le nase se prend avec presque tous les vers : l'asticot, le ver de vase, le ver de terreau, etc., les insectes, le blé, même avec de l'herbe, dont on entoure l'hameçon en ayant soin d'en conserver la pointe libre : ils prennent bien cet appât.

Malgré le peu de défiance de ce poisson, on réussit mieux avec des montures fines ; les hameçons n°⁵ 12 à 11, sur florence anglaise fine ou sur du crin bien choisi forment un bas de ligne convenable. Le nase mord très-doucement, et si l'on n'est pas attentif au plus léger mouvement de la flotte, on en manquera beaucoup ; n'enfoncerait-elle que d'un demi-centimètre, il faut ferrer.

Ce poisson ne se défendant que mollement, si l'on a soin d'avoir une canne flexible, on peut sans danger se servir d'un bas de ligne fin.

§ 36. — *De l'Esturgeon.*

Ce poisson de mer, du genre des *Acipenser*, est le plus gros de ceux qui remontent les fleuves de la France ; mais il ne se montre guère que dans les plus grandes rivières, celles qui sont profondes. Dans tous les cas, il choisit de préférence celles qui sont fréquentées par les saumons, dont les petits lui servent de nourriture (fig. 78).

Après avoir frayé en avril ou mai dans les fleuves, l'esturgeon retourne à la mer ; après l'éclosion, les petits esturgeons en font autant.

La structure de ce poisson est assez bizarre. Sa tête est longue et terminée en pointe obtuse ; sa bouche, sans dents, est située à la partie inférieure.

Fig. 78.

Son corps, très-allongé, est couvert de plaques osseuses sur le dos et sur les côtés. Les nageoires de la queue sont partagées en deux parties inégales ; la partie supérieure, plus longue que l'inférieure, a la forme d'une faux.

Bien que sa taille et sa force soient énormes, il est naturellement doux. Il se nourrit de vers, de petits poissons, de reptiles qu'il cherche dans la vase ou qu'il guette au passage, caché dans les roseaux.

La chair de l'esturgeon est très-délicate et a quelque analogie avec celle du veau ; on la mange fraîche, salée, sèche ou marinée.

Ce poisson est la source d'un commerce considérable en Russie ; la vessie natatoire même, avec
laquelle on prépare la colle de poisson, vient encore
augmenter la valeur de son produit.

L'esturgeon, qui atteint 8 mètres de longueur,
pèse quelquefois 500 kilogrammes : il pourrait
tuer un homme avec sa queue ; aussi ne se pêche-t-il
pas à la ligne.

§ 37. — *De la Plie.*

La *Plie* (fig. 79), quoique poisson de mer, se
trouve en assez grande abondance dans les rivières,

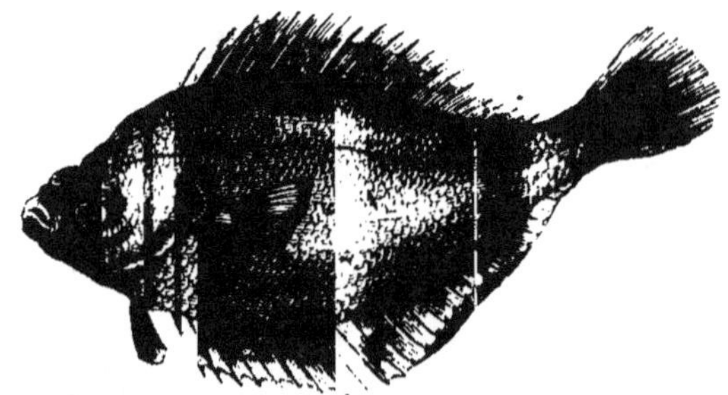

FIG. 79.

qu'elle remonte, et où elle reste la plus grande partie
de l'année, surtout dans les fleuves à fond sablonneux, tels que la Loire, la Garonne et leurs affluents.

La plie se prend facilement à la ligne ; on se sert
d'hameçons nᵒˢ 5 ou 6. On la pêche de fond au ver
rouge, qu'elle prend avec avidité.

§ 38. — *De l'Éperlan.*

Encore un poisson sur lequel on n'est pas d'accord. Pendant que Lacépède le place au rang des

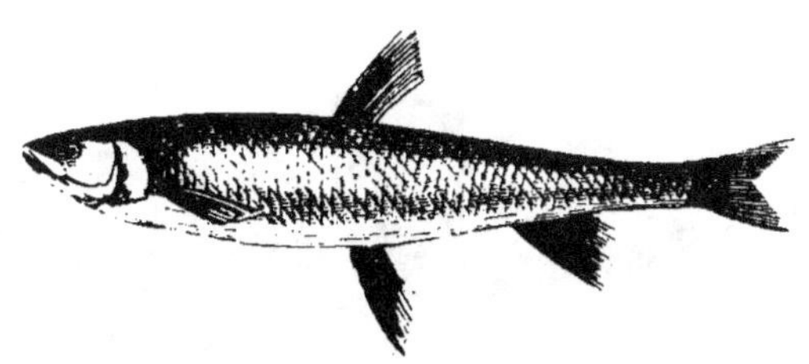

Fig. 80.

Osmères, Cuvier en forme un sous-genre des Salmones. Ce qui est certain, c'est qu'il est, comme le
saumon, moitié poisson de mer et moitié poisson
de rivière (fig. 80).

Qn en prend de grandes quantités à l'embouchure
de la Seine, où il est en abondance. Il se nourrit de
vers et de coquillages.

Ce poisson a le corps allongé et demi-transparent.
Sa tête est petite ; la lèvre inférieure, étant plus lon-

gue que la supérieure, fait que son museau semble plus relevé qu'il ne l'est réellement.

Il ne se prend pas à la ligne.

§ 39. — *De l'Alose.*

Ce poisson, du genre des Clupes, est encore de ceux qui vivent dans l'eau douce et dans l'eau salée.

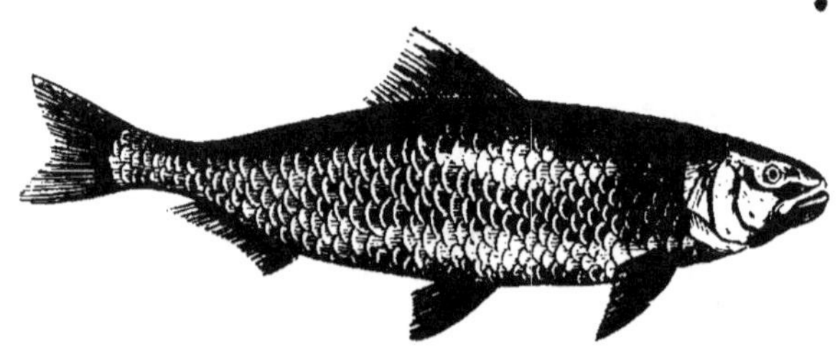

Fig. 81.

Il habite les mers qui baignent l'Europe. Il remonte au printemps dans les fleuves, y dépose son frai, et retourne à la mer en automne. L'époque du frai est en avril (fig. 81).

L'alose se nourrit d'insectes, de petits poissons et de vers. C'est un poisson plat; ses écailles sont grandes et dures. Elle dépasse rarement 60 à 70 centimètres de longueur, et ne pèse alors que de 2 à 3 kilogr. Sa chair est estimée, et le serait encore davantage sans la quantité d'arêtes qu'on y trouve. Les mâles sont plus délicats que les femelles, mais ils sont plus petits.

L'alose se rencontre dans la Loire, le Rhône, la Seine, l'Adour, le Rhin, etc.; mais c'est dans la Loire qu'elle se trouve en grande abondance. On en pêche cependant dans la Seine-Inférieure une dizaine de mille par an.

Ce poisson ne se prend pas à la ligne.

§ 40. — *De la Lamproie.*

La *Lamproie* est du genre des *Petromyzon*. Comme le précédent, ce poisson habite une partie de l'année la mer, et l'autre partie les fleuves et les rivières. Son corps est serpentiforme, et ressemble assez à l'anguille. Il quitte la mer au printemps et remonte dans les fleuves pour y frayer; il multiplie beaucoup.

La lamproie ne se prend pas à la ligne.

§ 41. — *Du Brochet.*

Ce poisson est du genre des Ésoces. On peut à juste titre l'appeler le requin des eaux douces, où il règne en tyran dévastateur; aussi est-il la ter-

reur des habitants des fleuves, des rivières et des
étangs (fig. 82). Il porte différents noms, suivant son
âge. On appelle *brochets carreaux*, les gros; *brochets*, les moyens ; et *brochetons lançons* et *lancerons*,
les petits. A Châlons, ils sont connus sous le nom de

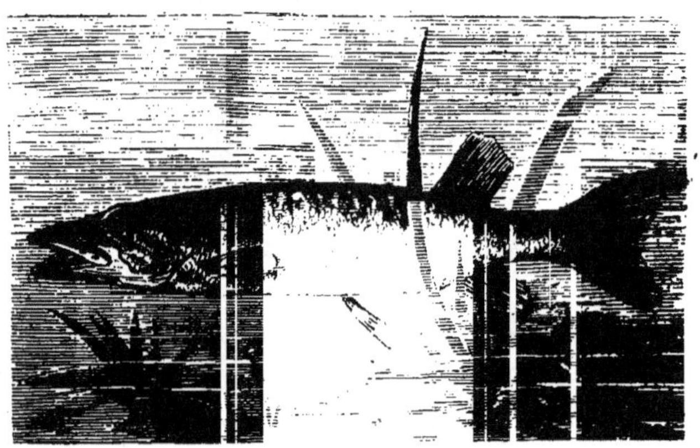

Fig. 82.

Luz, et au xiiie siècle ils étaient très-recherchés;
aussi criait-on dans Paris : « *Luz de Châlons!* ». On
le nomme encore *poisson-loup* dans quelques provinces, à cause de sa voracité et des ravages qu'il fait.
Que l'eau soit immobile ou qu'elle coule avec rapidité, peu lui importe; il va partout, chassant sans
cesse, et ne s'arrêtant que lorsque, copieusement
repu, il est saisi par le sommeil. Trop fort pour être

méfiant, il s'endort où il se trouve, souvent même à fleur d'eau, sans se préoccuper des dangers qu'il peut courir. Son instinct sauvage et vorace le pousse irrésistiblement à saisir tout ce qui se trouve à sa portée: les grenouilles, les serpents, les rats, les petits canards, et même les jeunes chiens que l'on jette à l'eau pour les noyer, il engloutit tout. Il n'épargne même pas ses semblables : féroce sans discernement, il dévore ses propres petits ; insatiable dans ses appétits, il ravage avec une promptitude effrayante les petits lacs, les rivières et les étangs. Il n'est pas rare de voir un brochet en retenir un autre aussi gros que lui, à la suite d'un de ces combats à mort qu'ils se livrent entre eux, où le vaincu est toujours sûr d'être mangé, et où le vainqueur prend la tête de son adversaire dans sa gueule, la garde jusqu'à ce qu'elle soit assez amollie pour l'avaler et engloutit ainsi peu à peu sa proie. Il attaque même la perche, qui, de tous les poissons d'eau douce, l'épinoche excepté, est la mieux armée pour la défense; ne pouvant pas l'avaler à cause de son armure dorsale, il la harcèle jusqu'à ce qu'il soit parvenu à la blesser, et il la mange quand elle est morte.

Ce poisson, très-élancé, a la forme d'un carré long, et sa couleur sur le dos est d'un gris noir parsemé de taches. La tête est grosse, un peu aplatie; la bouche est très-large et s'étend presque jusqu'aux yeux. La mâchoire inférieure est armée de dents fortes et petites, et par derrière de dents alternativement fixes et mobiles; le devant de la mâchoire supérieure est garni de petites dents; le palais et la langue en sont également pourvus. On en compte 700, sans comprendre celles qui existent à l'entrée du gosier.

On le trouve dans les fleuves, les lacs et les étangs. Il se plaît surtout dans les eaux tranquilles. Sa croissance est très-rapide, et il parvient à une grande dimension : on en a vu de 2 à 3 mètres.

L'époque du frai dure trois mois : février, mars et avril. Ce sont les plus jeunes qui frayent d'abord, et les plus âgés qui finissent. Il multiplie considérablement. Sa chair est ferme, blanche et bonne ; elle est facile à digérer; ses œufs seuls sont dangereux, principalement à certaines époques de l'année.

§ 42. — *Pêche du brochet.*

Pour pêcher le brochet à la ligne, il faut être solidement monté, chose d'autant plus facile, qu'à moins de pêcher dans de l'eau très-claire, on n'a

qu'à se préoccuper de la solidité ; car, avec ce poisson
et dans l'eau ordinaire, les lignes fines sont inutiles.
Une canne forte, peu flexible et solide, avec une
forte ligne de soie du plus gros numéro, et un bon
moulinet, un hameçon double empilé sur une
corde métallique, dite *corde de guitare* (fig. 83),

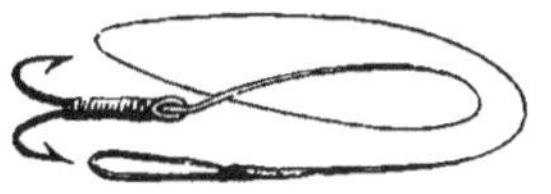

Fig. 83.

fixée à la ligne par un émérillon, avec une grande
flotte, constituent la ligne à main pour le brochet.
On amorce l'hameçon avec un poisson vivant : le
goujon, le chevenne, le gardon, etc., sont excellents ;
du reste, ils sont tous également bons. Le poisson-
appât se fixe sur l'hameçon de plusieurs manières.

Dans la première, on passe la boucle d'une
empile dans une aiguille à amorcer ; on fait entrer
cette aiguille par la bouche du poisson et on la
fait sortir par l'anus, opération facile à exécuter,
avec un peu d'habitude, sans blesser le poisson.
(Voyez *Pêche au solitaire*, page 375.)

Dans la deuxième, on accroche l'hameçon sous
la dorsale.

La troisième consiste à introduire une des pointes de l'hameçon, s'il est double, par l'ouïe et à le faire sortir par la bouche, pour ramener l'empile le long du corps, où on la fixe en entourant d'un fil et l'empile et le poisson près de la queue. Quelques pêcheurs, à l'aide d'une aiguille ordinaire, passent ce fil entre peau et chair pour plus de sûreté. Dans le premier comme dans le deuxième cas, le poisson reste, sans la moindre gêne, libre de ses mouvements.

Dans une quatrième manière, on fait entrer et sortir l'hameçon sous la dorsale, près de la queue; on l'introduit ensuite par l'ouïe pour le faire sortir de nouveau par la bouche. C'est le moyen le plus prompt et le meilleur pour conserver le poisson vivant, quand on n'a pas l'habitude de lui passer l'aiguille dans le corps. (Voyez *Pêche au solitaire*.)

Les poissons qui doivent servir d'appât seront mis dans une boîte de fer-blanc pleine d'eau, dont le couvercle est percé de trous d'un demi-centimètre au moins de diamètre. L'eau doit être renouvelée souvent, sans ouvrir la boîte : pour cela, il suffit de pencher celle-ci et de faire sortir l'eau par les trous; on la plonge ensuite dans la rivière pour la remplir de nouveau. Une autre précaution qu'il est toujours bon de prendre, c'est de tout apprêter avant de retirer le poisson-appât de l'eau, quand on veut le fixer sur l'hameçon, afin qu'il ne reste hors de son élément que le temps nécessaire, et de l'y remettre aussitôt qu'il est fixé. J'ajouterai qu'il ne faut pas non plus saisir le poisson-appât avec la main lorsqu'on le retire de la boîte, mais bien avec une épuisette spéciale, afin de ne pas échauffer l'eau.

Il doit exister un rapport aussi exact que possible entre la grandeur de l'hameçon et la grosseur du poisson-appât dont on doit se servir.

L'époque la plus favorable pour la pêche du brochet est de septembre à décembre.

Lorsque le brochet saisit l'appât, il faut se garder de ferrer immédiatement ; au contraire, on le laisse filer, et l'on attend cinq ou six minutes avant de ferrer. Il est nécessaire de tenir sa canne comme on doit toujours le faire pour le gros poisson, c'est-à-dire le scion à 3 ou 4 mètres au-dessus de l'eau, avec le moulinet ouvert et la ligne tenue seulement par la pression du pouce ou de la main sur la canne, selon l'habitude que l'on a de pêcher avec le moulinet dessus ou dessous. Pour amener le brochet et le tirer de l'eau, on procède comme pour les autres poissons.

On prend aussi le brochet avec des lignes dormantes, de jour et de nuit indistinctement ; ces lignes ont plusieurs hameçons, comme pour les anguilles. Il les faut solides, et on les attache fortement au rivage ; les hameçons peuvent être simples ou doubles, pourvu qu'ils soient empilés sur des cordes métalliques, avec l'appât placé comme pour la pêche précédente. Le brochet se pêche également avec des piquets-grelots à poulie, sur lesquels on peut enrouler une ligne d'une longueur considérable.

Mais la pêche du brochet par excellence est celle au solitaire : c'est ainsi qu'on prend les plus gros. Toujours même genre d'hameçons, d'empiles et d'appâts. (Voyez *Pêche au solitaire*, page 375).

On le prend encore de la même manière que la perche et la truite : c'est ce que certains pêcheurs appellent *traîner* ou *rôder*. On doit lancer l'appât aussi loin que possible, et on le ramène ensuite vers soi en le faisant sans cesse monter et descendre dans l'eau. On recommence à droite et à gauche pour bien fouiller la place. Si l'on n'a rien senti, il faut se porter ailleurs, car, ou bien il n'y a pas de brochets en cet endroit, ou ceux qui s'y trouvent ne sont pas en quête de nourriture. Quelques pêcheurs emploient pour cette pêche des hameçons plombés : c'est un hameçon double comme tous les autres, dont la queue est revêtue d'une chemise de plomb qui a la forme d'un fuseau (fig. 84). Je m'en suis servi quelquefois, mais j'y ai renoncé, parce qu'on ne peut faire usage que d'un poisson mort,

Fig. 84.

soit qu'on le place sur l'hameçon dont je viens de parler, ou sur un *tackle*. Voici comment on opère dans le premier cas. A l'aide d'une aiguille à amorcer, on fait entrer par la bouche du poisson la queue

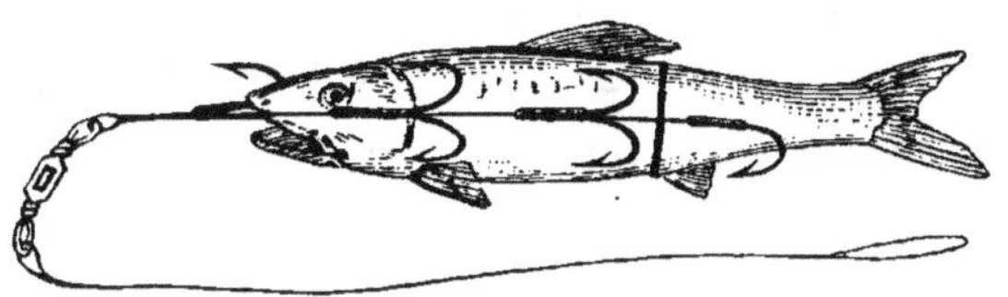

Fig 85.

de l'hameçon revêtue du plomb, qui reste dans le corps, pour faire sortir l'empile par l'anus; tandis que dans le deuxième, c'est la lance du tackle qu'on fait entrer dans le poisson, afin de piquer et attacher les hameçons sur la partie extérieure de son corps (fig. 85 et 86). Cet appât ainsi amorcé est lourd et descend facilement au fond; lorsqu'on le fait remonter, il tourne, ce qui est nécessaire pour attirer le brochet. Cette manière de pêcher est bonne, mais je ne l'emploie que dans les courants; partout ailleurs je l'ai remplacée avec avantage par celle que j'ai décrite plus haut, préférant toujours un appât vivant à un appât mort.

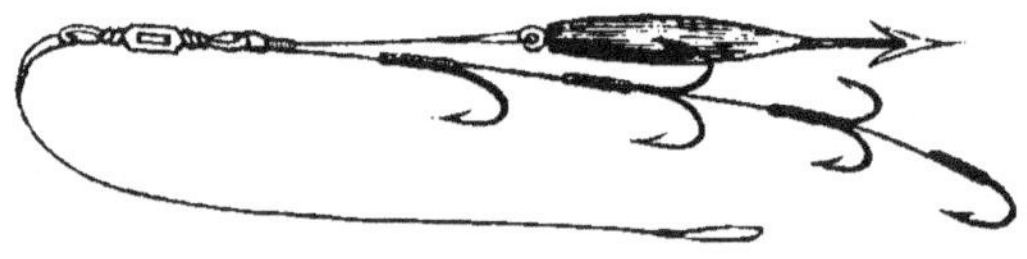

Fig. 86.

Voici comment je dispose ma ligne. Je place une chevrotine fendue à 25 centimètres de l'appât, et, comme tout poisson tend toujours à descendre pour se dérober à la vue, qu'il y est aidé par le poids de la chevrotine, je monte et je descends aussi bien qu'avec un hameçon plombé, et je conserve l'avantage incontestable de pêcher avec un poisson vivant. A cette pêche, comme à toutes les autres, on ne doit pas se tenir trop près du bord.

Si l'eau dans laquelle on pêche est très-claire, il faut se servir d'une ligne plus fine; mais si elle est légèrement trouble, comme dans les étangs et dans certaines rivières, il ne faut•s'occuper que de la solidité.

A la pêche du brochet, il faut se méfier quand on jette la ligne et surtout quand on la retire : il arrive quelquefois que l'appât est pris lorsqu'il tombe dans l'eau, et plus souvent encore c'est lorsqu'on retire la ligne que le brochet le saisit. On doit donc toujours être sur ses gardes. Tous les pêcheurs qui se sont livrés à cette pêche peuvent attester qu'il n'est pas rare de voir un brochet se jeter sur celui qui est pris à l'hameçon au moment où on le retire de l'eau.

Dans une rivière où il y a du brochet, c'est dans l'eau dormante près d'un grand courant qu'il faut le pêcher, car c'est en ces endroits qu'il se tient préférablement, sachant que les autres poissons viennent là guetter tout ce qu'entraîne une eau rapide. Il se plaît aussi dans les herbes; dès qu'on aperçoit une clairière, on doit y jeter une ligne, car ces places sont très-bonnes.

Lorsqu'un brochet a pris l'appât, voici ordinairement ce qui arrive et ce qui doit guider le pêcheur. J'ai dit que, contrairement à l'usage suivi pour les autres poissons, il ne fallait pas se hâter de ferrer le brochet : la raison en est simple. il se sauve aussitôt qu'il tient l'appât, mais il ne l'a que dans la gueule; si donc on ferre en ce moment, il le rejettera; tandis qu'arrivé au bout de sa course, il le mangera. Une fois avalé, il n'y a aucune nécessité de se presser : cinq minutes, un quart d'heure, une heure après, il est encore temps. Souvent aussi, après avoir pris l'appât et avoir poussé une pointe, il s'arrête un instant, puis il reprend sa course, et il s'arrête de nouveau pour recommencer ensuite à se sauver. Tant que dure ce manége, on peut être certain qu'il n'a pas avalé ce qu'il tient. Ces alternatives d'élans et d'arrêts sont une preuve de l'inquiétude qu'il·ressent pour sa proie ou pour lui-même. Il a peut-être aperçu un voisin aussi gourmand et aussi vorace que lui, et la crainte qu'il en éprouve lui enlève toute la tranquillité nécessaire pour savourer à son aise la capture qu'il tient dans sa gueule. Si, au contraire, il reste calme et s'arrête pendant cinq minutes, on peut le ferrer sans crainte, il a avalé sa proie. Lorsqu'on l'a tiré hors de l'eau, il faut agir avec prudence pour lui enlever l'hameçon. S'il l'a complétement avalé, il est préférable de détacher l'empile de l'émérillon et de ne le lui enlever que lorsqu'on est rentré chez soi. S'il ne l'a que dans le gosier, on doit maintenir sa gueule ouverte avec deux morceaux de bois faisant levier en sens inverse, lui ôter l'hameçon avec le décrochoir et non avec les doigts, car il pourrait mordre, et ses dents sont dangereuses.

On peut employer avec un égal succès un instru-

FIG. 87.

ment en forme de pince dentelée, qui, placé dans la bouche du poisson, écarte mécaniquement la mâchoire inférieure de la mâchoire supérieure.

FIG. 88.

Lorsqu'on pêche avec un *tackle* (groupe d'hameçons disposés de façon à entourer un appât), qu'il soit ou non plombé, il faut, contrairement à ce que je viens de dire, ferrer vivement à la première attaque, car il est rare de ne pas prendre en ce cas le brochet à l'un des hameçons (fig. 87 et 88).

La pêche du brochet la plus amusante est celle au *trimmer*. Ce genre de ligne a été inventé par les Anglais, il était justé de lui conserver le nom que ses inventeurs lui ont donné. Seulement cette pêche n'est possible que dans les étangs ou dans certaines parties de rivières sans courant, et encore dans ces derniers endroits n'est-elle possible que le jour, en surveillant les trimmers. Que ce soit en rivière ou dans les étangs, il faut avoir un bateau à sa disposition.

Le *trimmer* est un morceau de liége plat et rond, de 3 centimètres d'épaisseur et de 14 à 15 centimètres de diamètre; un trou pratiqué au milieu reçoit une cheville fendue d'un bout, de 10 centimètres de longueur. Dans l'épaisseur et tout autour du liége se trouve une entaille circulaire dans laquelle on loge la ligne en l'y enroulant jusqu'à ce qu'elle y soit entièrement logée. Au bout de cette ligne, qui doit avoir 5 à 10 mètres, selon la profondeur de l'endroit où l'on pêche, est un hameçon double empilé sur une corde métallique attachée avec un émérillon, et une chevrotine placée à 25 centimètres de l'hameçon, comme aux autres lignes.

Les deux côtés du liége sont peints d'une couleur différente, ordinairement rouge d'un côté et blanche de l'autre. Tel est le trimmer (fig. 89).

Voici la manière de s'en servir. Supposons que l'on veuille placer l'appât à 50 centimètres de la surface de l'eau : on déroule 60 centimètres de ligne, et on la fixe dans la fente de la cheville pour que

Fig. 89.

l'appât se trouve dans l'eau à 50 centimètres sous le trimmer, qui reste à la surface ; on amorce l'hameçon avec un poisson vivant, comme aux autres lignes, et l'on pose le trimmer à 3 ou 4 mètres du bord : le poisson qui sert d'amorce l'entraînera çà et là... Il faut avoir soin que le bout fendu de la cheville se trouve en haut : le brochet prend si brusquement l'appât, qu'en le saisissant, il tire sur l'extrémité de la cheville et fait retourner le trimmer, qui présente une autre couleur et indique par là que le poisson est pris; naturellement, en se sauvant, le brochet déroule la ligne et entraîne le trimmer, qui le suit, mais en restant sur l'eau. Le brochet s'épuise tellement en allant de côté et d'autre, qu'on le trouve souvent complétement rendu.

Quand on procède à cette pêche, aussitôt qu'on voit la couleur du trimmer changée, c'est-à-dire lorsqu'il est retourné, on le suit en bateau jusqu'à ce qu'on soit parvenu à le saisir.

C'est encore pour le brochet que la cuiller a été inventée; c'est en effet l'instrument par excellence pour pêcher ce poisson. Quand on a l'habitude de s'en servir, un brochet qu'on voit chasser est un poisson pris. (Voyez *Pêche à la cuiller*, page 236.)

Au risque de me répéter, je dois dire que toutes les lignes à brochet doivent être montées avec un ou plusieurs émérillons, afin que le poisson-appât tourne facilement s'il est mort, et qu'il ne soit pas gêné s'il est vivant.

Le poisson de plomb et le tue-diable sont aussi d'excellents appâts pour le brochet.

§ 43. — *De la Lotte.*

La *Lotte*, du genre des Gades, que l'on nomme aussi *Motelle*, *Barbotte* ou *Moutelle*, est un des vilains poissons de la création. Elle a le corps allongé et serpentiforme; les mâchoires garnies de petites dents aiguës et d'inégale longueur, avec des

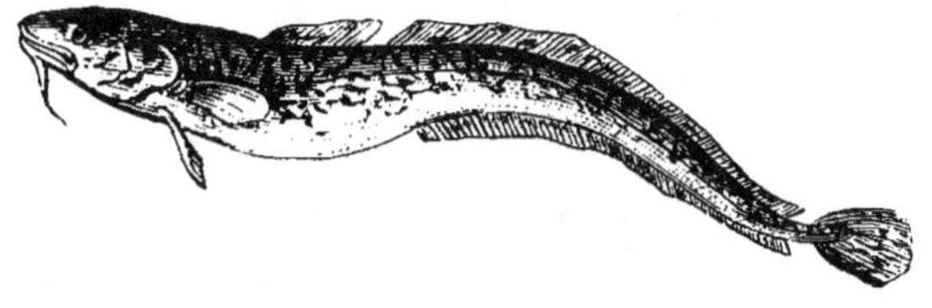

Fig. 90.

barbillons à l'inférieure; deux nageoires dorsales basses et longues; une, également longue, de l'anus à la queue, qui est petite et arrondie. Ce poisson est recouvert d'une matière visqueuse qui le rend aussi glissant dans les mains que l'anguille. Il est d'un jaune sale, tacheté de noir ou de brun; si l'on joint à cela une tête de crapaud, large et aplatie, on aura un aperçu du type hideux que présente la lotte (fig. 90).

S'il y a peu de poissons qui l'égalent en laideur,

il y en a encore moins qui le surpassent en délicatesse de goût, car c'est le plus excellent de tous. Son foie surtout, qui est très-volumineux, est un mets exquis et recherché. Ses œufs, comme ceux du brochet, ne sont pas toujours inoffensifs, aussi est-il préférable de s'en abstenir.

La lotte se plaît dans les eaux courantes et limpides. Elle se nourrit d'insectes, de vers et de petits poissons, qu'elle attire en employant une singulière ruse : tantôt elle se creuse des trous, tantôt elle se blottit sous les pierres, où elle se tient cachée souvent toute la journée; ainsi dissimulée, elle agite ses barbillons, que les petits poissons prennent pour des vers, et elle les happe dès qu'ils approchent. Comme la truite, ce poisson fraye de novembre à janvier. Il croît rapidement, mais sa longueur ne dépasse guère 30 à 40 centimètres, rarement il arrive à 50. Il a la vie dure et peut être conservé plusieurs jours dans un endroit frais, en le nourrissant de petits poissons.

La seule lotte que j'aie pêchée se trouvait dans l'Arve, près de Mornex, en Savoie; je l'ai prise au vif en pêchant la truite. On peut aussi la prendre au ver rouge.

C'est à tort que quelques auteurs ont dit que ce

poisson se tenait caché toute la journée. Cela peut
avoir lieu dans les petites rivières découvertes, où
il ne se croit pas en sûreté; mais non dans les cours
d'eau couverts, et dans les fleuves, quoique toujours
découverts, : j'en ai vu moi-même dans le Rhône,
sous le pont de la Coulouvrenière, à Genève.

§ 44. — *De l'Ombre chevalier.*

L'*Ombre chevalier*, de la famille des Salmones, est

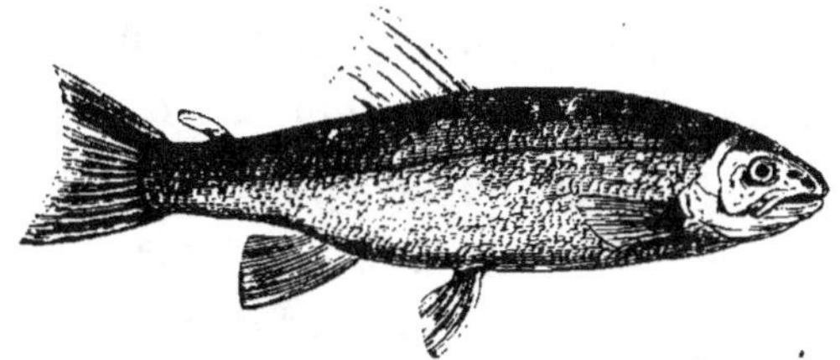

Fig. 91.

une variété de la truite. C'est un très–joli poisson,
surtout à l'époque du frai, qui a lieu ordinairement
en novembre et décembre. Son corps, couvert de
petites écailles presque imperceptibles, offre, comme
celui de la truite, un mélange de couleurs agréables,
avec des taches blanchâtres légèrement rosées sur
les côtés; ses nageoires inférieures, d'un jaune tirant

sur le rouge, font ressortir les belles couleurs dont il est revêtu. C'est surtout dans les magnifiques eaux que ce poisson habite qu'on peut l'admirer ; malheureusement ce spectacle est assez rare, car on ne l'aperçoit pas souvent (fig. 91).

On le trouve dans beaucoup de lacs de l'Europe centrale, principalement dans ceux de la Suisse ; mais jamais ou presque jamais on ne le rencontre dans les rivières : ceux qu'on cite comme ayant été pris dans le Rhône ne sont qu'une exception. L'ombre se tient ordinairement à des profondeurs de 80 à 100 mètres, comme il en existe dans presque tous les grands lacs, notamment dans ceux de Neufchâtel, du Bourget, du Léman, etc. Il nage presque toujours entre deux eaux. Cependant il se rapproche quelquefois de la surface ; ce qui permet d'en prendre quelques-uns, mais c'est bien rare.

Il se nourrit de vers d'eau, de crustacés et d'insectes.

L'ombre chevalier atteint habituellement la longueur de 30 à 50 centimètres et le poids de 2 kilogrammes à 2 kilogrammes et demi ; il y en a qui deviennent plus gros, mais c'est une exception.

La pêche de ce poisson ne se fait guère qu'au moment du frai, par les pêcheurs au filet : c'est l'époque où elle peut être un peu fructueuse. On le prend encore au printemps, avec une longue ligne amorcée avec un petit poisson vivant : un goujon, un véron, etc. On place sur cette ligne une forte plombée à 2 ou 3 mètres de l'hameçon, qu'on plonge dans l'eau profonde et qu'on laisse traîner après un bateau.

En pêchant la truite à la mouche artificielle, on prend quelquefois un ombre par-ci par-là, lorsqu'on se sert de petites mouches; mais celle qui est préférable et qui réussit le mieux, c'est le moucheron-aiguille. (Voyez *Moucheron-aiguille*, page 218.)

En somme, ce poisson se prend peu à la ligne.

§ 45. — *De l'Ombre de rivière.*

L'ombre de rivière ne se plaît que dans l'eau vive, limpide et rapide, ou dans quelques lacs dont l'eau est extrêmement froide, comme dans celui de Nantua où il y en a un grand nombre. La vitesse avec laquelle il nage justifie pleinement son nom et ce proverbe : « Il a fui comme un ombre. » Sa taille dépasse rarement 30 centimètres, et son poids ne va pas au delà d'un demi-kilogr. L'ombre diffère de la truite en ce qu'il reste plus petit qu'elle : sa bouche, dépourvue de dents, est aussi moins grande. Il ne se nourrit pas de petits poissons comme elle, il se contente des petits vers et de chétifs insectes. Son corps est tacheté de noir, et sa chair, dépourvue d'arêtes, est saumonée et délicieuse (fig. 92).

Ce poisson parcourt de très-grandes distances pour arriver aux endroits où il fraye. Par exemple,

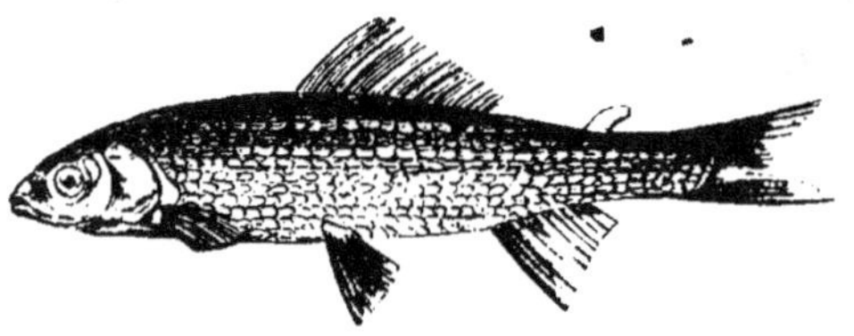

FIG. 92.

dans l'Ain, les ombres descendent cette rivière jusqu'au Rhône, puis ils remontent non-seulement ce fleuve jusque près de Genève, mais même les affluents qui descendent des montagnes du Jura. La London surtout semble être l'objet de leur prédilection. Les riverains de ce cours d'eau, principalement les Génevois, ne sachant pas prendre l'ombre à la ligne, les tuent à coups de fusil. Leur insuccès dans un pays voisin du Rhône où l'on ne se sert que de grosses mouches, s'explique par la raison que ce poisson ne prend jamais la grosse mouche et fort rarement la petite; il n'aime que le moucheron, et encore ce moucheron doit-il être fait sur un hameçon d'aiguille (voy. aux *Hameçons*) qu'on est obligé de fabriquer soi-même. Les pêcheurs de l'Ain ne se servent que de cet appât. Leurs bas de ligne sont faits avec trois ou quatre crins de cheval tordus, d'une longueur de 6 mètres environ, sur lesquels ils disposent huit à dix moucherons de couleurs diverses et tellement éclatantes, que je doute qu'il en existe de semblables. Quoi qu'il en soit, ils réussissent très-bien. Pour augmenter leurs chances, ils parcourent même la rivière en se mettant dans l'eau, ce qui est toujours une très-mauvaise habitude.

Quand je dis que l'ombre dédaigne la mouche, ce n'est pas d'une manière absolue, puisque j'en prends chaque fois que je pêche la truite dans cette rivière : en 1870, j'en ai pêché cinq des plus gros, de trois quarts à une livre; seulement j'en aurais pris bien davantage si je m'étais servi d'hameçons-aiguilles.

La chair de ce poisson, pour la finesse et la délicatesse du goût, ne craint nullement la comparaison avec celle de la truite.

§ 46. — *Du Saumon.*

Ce poisson (fig. 93) est du genre des Salmones.
Il tient le milieu entre les poissons marins et ceux
d'eau douce : il naît dans les rivières, mais il grandit
dans la mer, qu'il habite une partie de l'année. Il

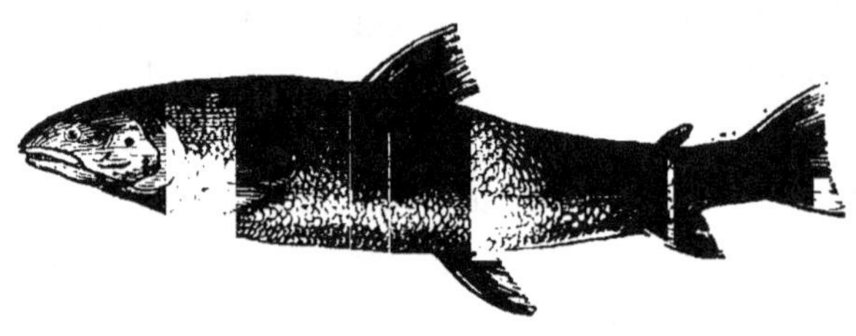

Fig. 93.

a le front, les joues et le dos noirs ; la partie inférieure de son corps est argentée. On remarque sur
sa tête, sur les côtés et le dos, des taches noires
irrégulièrement placées. Ses mâchoires sont garnies de deux rangées de dents nombreuses et pointues ; de chaque côté du palais il s'en trouve aussi
une et souvent deux rangées ; il possède en outre,
des deux côtés du gosier, un os hérissé de dents
aiguës et recourbées ; on en distingue six ou huit
de semblables sur la langue.

Le saumon existe dans presque toutes les mers,

mais toujours aux endroits avoisinant l'embouchure des fleuves, où il entre au printemps. Il
choisit de préférence les rivières dont l'eau est pure
et limpide. L'époque où il pénètre dans les fleuves
est aussi régulière que les dispositions qu'il adopte
pour les remonter. Le plus gros de ces poissons, qui
est ordinairement une femelle, s'avance le premier;
à sa suite viennent les autres femelles deux à deux,
et chacune à la distance de $1^m,50$ à 2 mètres de
celle qui la précède; les mâles les plus grands paraissent ensuite, observant le même ordre que les
précédentes, et suivis des saumons les plus jeunes.
On ne peut expliquer cette disposition que par l'inégalité de hardiesse de ces différents individus, ou
de la force qu'ils peuvent opposer à la résistance
de l'eau, car ils exécuteront ainsi de très-grands
voyages en parcourant des espaces immenses. Les
saumons, qui ne mettent que trois mois pour remonter jusque vers les sources d'un fleuve de l'Amérique méridionale, tel que le Maragnon, dont le
cours est de mille lieues et dont le courant est
remarquable par sa vitesse, sont obligés de déployer
pendant près de la moitié de chaque jour une force
de natation telle, qu'elle leur permettrait, dans un
lac tranquille, de parcourir 45 à 50 kilomètres à

l'heure, vitesse égale à la marche réglementaire des trains express de chemin de fer. Lorsque ces poissons ne sont pas contraints d'exécuter des mouvements aussi prolongés, ils franchissent habituellement par seconde une étendue de 8 mètres environ. Du reste, rien de plus beau, de plus majestueux, que de voir remonter un fleuve ou une rivière, à fleur d'eau, par ce fugitif des mers. Comme tout chez lui dénote la force!... Il tient exactement le milieu des fleuves, sans jamais s'en écarter, se jouant des courants les plus rapides, et laissant après lui le long sillon que tracerait une pirogue naviguant entre deux eaux. Ceux qui connaissent la force motrice qui réside dans la queue du saumon, ne trouveront rien d'étonnant dans cette célérité dont je viens de parler ; les muscles de cette partie de son corps ont une si grande énergie, qu'il peut franchir des barrages très-élevés. Il s'appuie contre de grosses pierres, rapproche de sa bouche l'extrémité de sa queue, en serre le bout avec ses dents, en fait par là une sorte de ressort tendu; puis, débandant avec vivacité l'arc qu'elle forme, il frappe avec violence contre l'eau, s'élance à une hauteur de plus de 4 à 5 mètres, et franchit l'obstacle.

Ce poisson est souvent victime de son imprévoyance : cédant à ce besoin bizarre que la nature lui impose de remonter toujours les eaux dans lesquelles il est entré, le saumon va souvent, de cascade en cascade, s'échouer au sommet des montagnes, dans de vraies rigoles où il ne trouve plus l'eau nécessaire pour le porter. Là, il sera tué par un coup de fusil; quelquefois même il succombera sous un coup de bâton, car, ayant conscience de sa position, il ne prendra aucun appât.

Le saumon, par l'armure de sa bouche, par l'agilité et surtout par la force et la vigueur de sa queue, est la terreur des petits poissons dans les rivières, tandis que dans la mer son rôle est complétement effacé; là il rencontre de très-redoutables ennemis : il est poursuivi par les squales, par les phoques, par les marsouins et par les gros oiseaux de mer.

Il se nourrit de vers, d'insectes et de petits poissons. On le voit s'élancer avec la rapidité de l'éclair sur les moucherons, les papillons et les autres insectes qui voltigent au-dessus de la surface de l'eau.

Il fraye au printemps, et va déposer ses œufs dans de faibles ruisseaux dont l'eau est peu rapide, mais pure et limpide, sur un fond de sable ou de gravier, de préférence aux fleuves qu'il a remontés. On dit que le saumon revient tous les ans frayer au même endroit : des anneaux qu'on aurait attachés à la queue de certains de ces poissons auraient permis d'en acquérir la certitude.

Le frai les fatigue beaucoup ; après ce moment, ils sont maigres, mous, languissants et faibles, et recouverts de taches brunes et de petites excroissances sur les écailles. Ils se laissent alors entraîner par les courants dans la mer, où ils vont reprendre des forces.

La chair du saumon, surtout chez les mâles, quoique un peu lourde à digérer, est très-estimée ; elle est agréable au goût, ferme et nourrissante. Elle plaît à l'œil par sa couleur toujours rosée.

§ 47. — *Pêche du saumon.*

Dans presque tous les cours d'eau pure et limpide, à l'exception de ceux qui se jettent dans la Méditerranée, où il n'y en a pas, on rencontre le saumon. Ceux où ils abondent le plus sont le Rhin, la Loire, la Moselle, la Meuse, la Somme, l'Allier, etc., etc. D'autres rivières en contiennent également, mais en moindre quantité que celles que je viens de citer.

Le saumon se pêche exactement de la même

manière que la truite, seulement on doit se servir de cannes et de lignes plus fortes. Les mouches doivent aussi être plus grosses (fig. 94).

Comme le saumon se tient toujours au milieu de la rivière quand il remonte, habitude que j'ai déjà signalée, car elle est caractéristique, je n'ai pas

Fig. 94.

besoin de dire qu'il serait inutile de le chercher au bord, à moins que ce ne soit au bas d'une chute, où la chaleur le force quelquefois à venir se rafraîchir, et où il est attiré, d'ailleurs, par la multitude de petits poissons qu'il y trouve. Le pêcheur en bateau peut le prendre dans les fleuves, dans les grandes rivières et dans les lacs ; mais le pêcheur de berge doit choisir de préférence les cours d'eau de moyenne largeur, de façon à pouvoir en atteindre facilement le milieu. Les chutes, derrière un barrage, sont toujours d'excellents endroits pour pêcher le saumon, car il se plaît dans cette eau vive, bouil lonnante, où il stationne souvent assez longtemps, pour reprendre ensuite sa marche ascendante. Pendant ce temps d'arrêt plus ou moins long, il joue et il chasse alternativement comme les autres poissons, et il se prend aussi facilement que ces derniers, surtout le saumoneau.

§ 48. — *De la Truite.*

La *Truite* (fig. 95), du genre des Salmones, n'est pas seulement un des poissons les plus agréables au goût, elle est encore un des plus beaux; on peut même dire que c'est le plus joli de ceux qui fréquentent nos contrées. Ses écailles, de petite dimension, brillent comme des feuilles d'or et d'argent. Un jaune doré, mêlé de vert, étincelle sur les côtés de la tête et du corps, qui est parsemé de taches rouges cerclées de bleu clair. Le dos ne semble tacheté de noir que pour relever les autres couleurs. Les mâchoires de la truite sont garnies de dents pointues et recourbées; la langue en a six et le palais trois rangées.

On trouve la truite dans presque tous les fleuves, et particulièrement dans presque tous les lacs élevés, tels que le Léman, ceux de Joux, de Neuchâtel, en Suisse; dans celui de Gaube et d'autres du même genre, dans les Pyrénées. On la rencontre aussi dans tous les cours d'eau qui descendent des montagnes des Vosges, de la Suisse, des Pyrénées, etc., ainsi que dans la plupart des petites rivières de la Normandie. Elle ne se plaît que dans l'eau vive, froide et rapide, coulant sur un lit de gravier ou sur un fond rocailleux. Elle remonte facilement les cou-

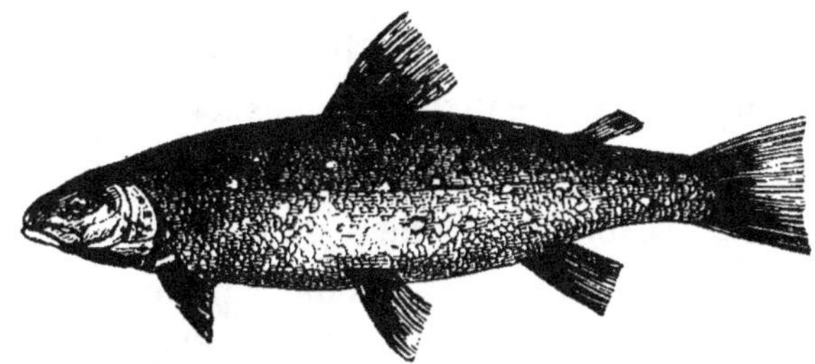

Fig. 95.

rants les plus rapides et franchit des cascades très-élevées, puisque, dans les cours d'eau où elle se plaît, on la trouve jusqu'à la source même, ainsi qu'on le verra plus loin. Seulement on se trompe généralement sur la manière dont elle franchit ces obstacles. Je puis l'affirmer *de visu*, ayant été témoin du passage de plus de vingt truites et des tentatives d'un bien plus grand nombre. C'était à Noirac, à l'extrémité du val de Travers, en Suisse.

Je pêchais à la mouche artificielle dans la Reuss, ravissante rivière qui sillonne dans toute sa longueur ce val, un des plus beaux et à coup sûr l'un des plus riches de la Suisse. Au-dessous du village de Noirac, existe un barrage d'environ 2 mètres à $2^m,50$ de hauteur, qui traverse entièrement la rivière. Comme ces endroits sont les meilleurs pour la truite, je pêchais avec soin, me tenant à 5 ou 6 mètres de distance au-dessus du barrage, pour ne pas être vu des truites que je supposais cachées dans les eaux écumantes formées par la chute, où j'envoyais ma mouche. Tout à coup je crus apercevoir une truite à un mètre au-dessus de l'eau, située en contre-bas du barrage, comme si elle s'était élancée pour franchir l'obstacle qu'elle avait devant elle. D'abord je n'y pris pas garde; mais le fait s'étant renouvelé trois ou quatre fois et ne voyant rien tomber au-dessus du barrage, je posai ma ligne et j'allai m'asseoir sur une pierre au-dessous et en face de la chute, pour bien voir ce qui se passait. C'était justement de mon côté, sur la rive droite où je me trouvais, que les truites sautaient en plus grand nombre, et je pouvais d'autant mieux juger de leur adresse qu'elles bondissaient quelquefois à moins de 80 centimètres de moi.

Leur élan en sortant de l'eau faisait supposer qu'elles, espéraient franchir entièrement l'obstacle, ou bien elles s'élançaient ainsi pour arriver le plus plus haut possible. Quoi qu'il en soit, il n'y en eut pas une qui put réussir : toutes tombaient plus ou moins haut contre la paroi du barrage, sur laquelle il y avait 18 à 20 centimètres d'eau en chute. Malgré cela, elles parvenaient toujours à entrer dans cette eau et à se blottir contre la paroi, où elles restaient un moment plus ou moins long parfaitement droites, c'est-à-dire la tête en haut et le ventre adhérent à la paroi. Le plus grand nombre retombaient, tandis que d'autres disparaissaient sans que je pusse savoir où elles passaient. Or, comme aucune d'elles ne pouvait retomber sans que je m'en aperçusse, je n'ai pas douté un seul instant qu'elles ne fussent parvenues à franchir les derniers obstacles.

Toutes ces truites étaient petites; le poids des plus grosses n'atteignait certainement pas une demi-livre.

La truite se nourrit de petits poissons, d'insectes, de vers d'eau et de terre, ainsi que de coquillages. Elle fraye en automne (novembre et décembre), et préfère alors aux grandes rivières les petits cours d'eau, surtout s'ils sont rapides, avec un fond de gravier et peu de profondeur : c'est toujours dans ces endroits que la femelle dépose ses œufs que le mâle vient ensuite féconder. Les œufs de truite sont plus volumineux que ceux des autres espèces de poissons. Leur grosseur égale celle des petits pois; le nombre en est naturellement plus restreint. Malgré cela, la truite multiplie beaucoup, parce que les endroits où elle dépose son frai ne sont fréquentés par aucun autre poisson, et par conséquent, il ne s'en perd presque pas.

Il serait difficile d'assigner une limite à la taille ou au poids de la truite; il y en a de très-grosses. Je n'en ai jamais pris au-dessus de 5 kilogr., mais j'en ai vu prendre une dans le Rhône, à la plaine, du poids de 8 kilogr.; et l'on m'en a montré à Genève qui pesaient 15 kilog., mais ces dernières étaient pêchées dans ces fameuses nasses sous le pont de la machine, qui existaient encore il y a une quinzaine d'années, et qui furent en leur temps le sujet de tant de récriminations. Les justes réclamations des riverains du Rhône et du lac finirent enfin par les faire disparaître. Jamais en effet, dans aucun pays, on n'avait vu pareille monstruosité : une municipalité sans pudeur et sans droit, dans un but avoué de cupidité, donnait à ses administrés l'exemple du plus déplorable vandalisme. Le Rhône,

comme tout le monde le sait, sort du lac Léman
à Genève, par deux bras qui contournent une île
au milieu de la ville. De ces deux bras, un seul est
libre pour le passage du poisson ; eh bien, cette généreuse municipalité l'avait complétement barré, en
ménageant une ouverture qui conduisait le poisson
dans une nasse d'où il ne pouvait plus sortir. Comme
cette nasse était permanente, solidement bâtie (on
en voit encore les piquets) et tendue nuit et jour,
les truites s'y trouvaient prises par centaines, et
on les vendait ensuite dans un magasin, place du
Molard. Ce système déplorable dépeuplait le lac et
confisquait au profit de la ville le droit des riverains
du lac et du Rhône.

On distingue plusieurs variétés de truites, mais
toutes ont les mêmes mœurs; qu'elles soient plus ou
moins tachetées, ou qu'elles ne le soient pas du tout,
elles se plaisent dans les mêmes eaux et se nour-
rissent des mêmes aliments. C'est donc de la même
manière qu'il faut les pêcher.

§ 49. — *Pêche de la truite aux vers, aux poissons
artificiels, au vif et aux vérons morts.*

On chasse plutôt la truite qu'on ne la pêche. Ce
poisson étant de ceux qu'il faut poursuivre et non

attendre, il y a de longues distances à parcourir pour le pêcheur qui veut obtenir quelques succès. Rarement on a besoin de s'arrêter plus d'un quart d'heure dans le même endroit, et encore cette station ne doit-elle être aussi longue que derrière un moulin ou un barrage, à cause des remous qui doivent être soigneusement explorés. En dehors de ces endroits ou de quelques autres semblables, cette pêche se fait en suivant les bords de la rivière, comme je vais l'indiquer.

Pour une petite rivière où il n'y a pas de grosses truites, il faut prendre une canne longue, légère et un peu roide, sans moulinet. Le bas de ligne doit être de florence anglaise fine, de 2 mètres de longueur, sans flotte, avec le plomb nécessaire pour faire descendre l'appât au fond de l'eau et placé à 30 centimètres de l'hameçon n° 3 (1). Si au contraire on pêche dans une rivière à grosses truites, on doit employer une canne plus solide, avec son moulinet, et aussi légère que possible. Il est important de placer pour bas de ligne ce qu'il y a de plus fort en florence, et afin d'éviter les accidents qui se produisent toujours à l'endroit où on la noue, ce bas

____

(1) J'ai pris des truites qui ne pesaient pas 125 grammes avec des hameçons n° 2; le n° 3 est donc plutôt trop petit que trop grand.

de ligne ne devra pas excéder un mètre, pour avoir moins de neuds. L'hameçon n° 0 ou n° 1 est celui qui convient le mieux.

Il ne faut jamais pêcher la truite par les temps clairs, surtout par le soleil, à moins que l'eau ne soit troublée ou que ce ne soit dans une petite rivière dont les bords extrêmement boisés assombrissent complétement l'eau. Elle ne doit se pêcher que par les temps sombres et nébuleux, le matin, au petit jour, ou l'après-midi, assez tard, au moment où la rivière n'est plus éclairée des rayons du soleil.

Les meilleurs appâts pendant le printemps sont les vers rouges et le porte-bois, qui doivent toujours être vivants. Il faut placer le ver de telle façon qu'il cache entièrement l'hameçon, en ayant soin de le laisser dépasser de 2 à 3 centimètres, afin qu'il puisse remuer. En se tenant aussi éloigné du bord que l'exige l'instinct de ce poisson, on lancera l'appât doucement, pour empêcher que le ver ne se déchire en tombant dans l'eau. Si l'endroit choisi est un courant rapide, terminé, comme presque toujours, par un ou plusieurs remous, c'est dans le courant qu'il faut envoyer l'hameçon, afin qu'il soit entraîné dans la direction des remous, où la truite est en embuscade, attendant les proies que la rivière lui destine. Aussitôt qu'elle saisira l'appât, le pêcheur percevra un petit coup sec ; alors, au lieu de tirer, qu'il baisse un peu le bout du scion, mais si peu, que sa ligne restera toujours tendue, il ne tardera pas à sentir un deuxième et souvent un troisième coup qui se succèdent presque immédiatement après. Quant à moi, j'attends rarement le troisième, je ferre au deuxième, et j'engage le lecteur à en faire autant. Si la truite est petite, tirez-la d'autorité ; si au contraire elle est forte, agissez avec prudence : c'est le moment d'avoir recours au moulinet. La truite est le poisson le plus vigoureux et le plus vif, c'est celui qui se défend le mieux. Quand elle se sent prise, elle bondit quelquefois à 30 centimètres au-dessus de l'eau pour se décrocher ; ne la contrariez pas, il ne faut chercher à l'amener que lorsqu'elle ne se défend plus.

Je crois qu'il est bon d'entrer dans quelques explications pour faire comprendre cette pêche. Plus la force, c'est-à-dire plus la rapidité de l'eau est grande, plus la ligne doit être chargée, afin que, malgré cette rapidité, l'appât entre dans l'eau au lieu de rester à la surface, entraîné par le courant, ce qui arriverait inévitablement si elle était trop légère. Cette ligne étant sans flotte, c'est la main qui en remplit l'office, puisque c'est elle qui la soutient pour l'empêcher de toucher le fond et de s'y accrocher. Elle n'est donc tendue que par le poids du plomb et n'est soutenue que par la main. On doit la maintenir de manière à ne contrarier aucun mouvement produit par l'eau sur l'appât, c'est-à-dire que quand il arrivera dans le remous, il sera nécessaire de suivre avec la canne toutes les sinuosités que l'eau lui fera parcourir.

Le véron, vivant ou mort, est un excellent appât, surtout pour la grosse truite. Quand il est vivant, on l'accroche simplement par les lèvres ou sous la nageoire dorsale (la première manière est préférable) avec un hameçon n° 4 ou n° 5 (voyez *Pêche au vif*). Il faut choisir les endroits profonds et faire nager l'appât aux trois quarts de la profondeur. Quelles que soient la rapidité ou la tranquillité de l'eau, il ne faut jamais mettre de flotte.

Le véron mort se place sur un tackle, groupe d'hameçons disposés de façon à bien le tenir (voyez *Pêche au brochet*), ou sur un gros hameçon (fig. 96). Du reste, il faut que le véron soit bien attaché pour faciliter la pêche. Cet appât doit enfoncer moins que s'il était vivant, et il est important de ne pas le perdre de vue autant que possible. On le traîne dans l'eau bouillonnante, dans les haïs, dans les remous, contre le courant. Lorsque le temps est sombre, les remous derrière les piles des ponts (surtout des ponts isolés) sont excellents : on pose l'appât dans l'eau et on le laisse descendre pour le ramener par le remous jus-

Fig. 96.

qu'au pied de la pile. Le bouillonnement formé par une chute qui fait tourner une roue de moulin est toujours un des meilleurs endroits, surtout sous la roue même. Le ver rouge, dans ce cas, est un appât sûr. Comme c'est la grosse truite qu'on cherche à cette pêche, il est urgent d'être solidement monté ; car celui qui n'a pas tenu au bout de sa ligne de truite de trois ou quatre livres seulement, ne peut se douter de leur vigueur.

Pour pêcher ce poisson, on emploie aussi les mêmes moyens que pour prendre la perche et le brochet. Seulement, comme il ne se tient que dans les eaux rapides ou à côté, on se sert souvent d'un hameçon plombé (voyez *Pêche au brochet*), aussi solidement empilé. Le poids de l'hameçon permet d'envoyer l'appât où l'on veut, ce qui est précieux pour ce genre de pêche. La longueur de la ligne est égale à la longueur de la canne; on en déroule un mètre en plus, et l'on tient l'hameçon dans l'autre main pour le lâcher au moment où on lance l'appât. Il doit être jeté de l'autre côté du courant, de façon à le ramener à soi en le soulevant du fond, et en l'y laissant retourner, pour le soulever encore, jusqu'à ce qu'on l'ait ramené. On recommence dans tous les sens, pour que la place soit bien explorée. Si l'on sent toucher, on n'a qu'à agir comme je l'ai indiqué précédemment.

Cette même pêche se fait aussi avec des vers rouges, en opérant comme avec le véron vivant, mais en mettant un hameçon ordinaire de deux ou trois numéros plus gros, au-dessus duquel on place à 35 ou 40 centimètres des plombs fendus en suffisante quantité. Que l'on se serve de vérons ou de vers, l'essentiel est qu'on explore bien la place, parce que les jours où la truite mange peu, elle ne se dérange pas pour saisir l'appât, elle ne le prendra que lorsqu'il passera près d'elle. Si, après l'avoir envoyé dans tous les sens, on n'a rien senti, il faut aller ailleurs, car persévérer serait inutile.

Une observation très-importante est celle-ci : on ne doit jamais faire aucune de ces pêches sans un émérillon à la ligne; il doit toujours être employé principalement avec les appâts dont je vais parler.

Pour la truite, qui n'aime et ne se plaît que dans les courants rapides, dans l'eau bondissante, le poisson de plomb et le tue-diable sont d'excellents appâts; on s'en sert beaucoup en Angleterre et en Suisse. Rarement dans ces pays un pêcheur passera devant une chute ou une eau rapide sans visiter la première avec le poisson et la deuxième avec le tue-diable.

En Suisse, le pêcheur se place ordinairement sur un pont ou sur une pierre avancée au-dessus de la rivière; il attache l'un de ces deux appâts artificiels à l'extrémité d'une ligne solide, longue de 150 à 200 mètres, placée sur un plioir de 20 à 25 centimètres carrés, de telle manière que la moitié se trouve dans un sens et l'autre moitié dans un autre sens. Il tient le plioir d'une main, de façon à lâcher autant de ligne qu'il veut pour la laisser aller au fil de l'eau; de l'autre main il

tient la ligne, et, par un mouvement de bras à
chaque instant répété, il fait brusquement avancer
l'appât pour exciter la truite : c'est un bon moyen
pour en prendre de très-grosses.

§ 50. — *Pêche de la truite à la mouche artificielle.*

La truite a presque tous les instincts du saumon,
à la famille duquel elle appartient, mais elle aime
encore plus que lui l'eau froide et limpide : aussi
plus on approche de la source de la rivière dans
laquelle on pêche, plus les chances de succès
augmentent. Comme le saumon, elle se plaît au
bas des chutes, dans les remous tourmentés, et
quand ils sont profonds, c'est souvent la grosse truite
qu'on y trouve. Lorsqu'au milieu même du courant il se rencontre un obstacle formé par un
fragment de rocher, ou l'une de ces énormes pierres
comme il y en a tant dans ces rivières, contre lesquelles l'eau dans sa course rapide vient se briser,
c'est dans le remous qui existe derrière ces obstacles
qu'on trouvera certainement la truite, car elle se
plaît là où elle pourra se cacher et se mettre à
l'abri des rayons du soleil, qu'elle redoute beaucoup. On doit donc envoyer la mouche artificielle

dans tous les endroits semblables à ceux que je viens d'indiquer.

Ainsi que j'en ai déjà fait l'observation, dans cette eau claire et limpide il n'y a nul besoin de s'occuper de la profondeur ni de la couleur des insectes; on peut même employer les nuances tendres, comme celle de la jolie mouche de mai (fig. 97) : la truite, à moins qu'elle ne soit sous une pierre ou

Fig. 97.

quelque racine d'arbre l'apercevra, et, prompte comme l'éclair, elle s'élancera pour la saisir. Ce n'est donc que des obstacles qui pourraient empêcher la mouche d'aller où on l'envoie qu'on doit s'occuper.

Comme la truite préfère les places sombres et les rivières protégées par les bois, il est bon de profiter de ces lieux couverts pour pêcher sur ces bords ombreux.

Malgré la difficulté de se servir de la mouche, on réussit néanmoins quelquefois, mais ce n'est pas sans éprouver d'ennui et sans prendre beaucoup de précautions. Dans ce cas, la ligne doit être très-courte et ne pas dépasser en longueur la moitié de celle de la canne ; elle ne doit jamais avoir qu'une seule mouche, que l'on tiendra dans la main pendant qu'on fait passer l'extrémité du scion à travers les branches ; puis, la laissant tomber sur l'eau on la fait sautiller. Comme ces endroits ombreux sont fréquentés par la truite, surtout dans les moments où le soleil brille, et qu'on a l'avantage de n'y être pas vu, la pêche est souvent fructueuse.

Ce qui précède indique clairement aux pêcheurs de ce poisson qu'ils doivent explorer avec le plus grand soin les réduits les plus sombres des rivières. Voici un exemple de l'utilité de ces explorations. En suivant la route de Saint-Genis à Toiry (Ain), à peu de distance de ce dernier village, on traverse l'Allomogne sur un pont de pierre. Ce pont n'étant pas à plus d'un kilomètre de la source de cette rivière, nul débordement n'est à craindre, aussi est-il extrêmement bas : la partie la plus élevée du cintre de son unique arche se trouve à peine à un mètre au-dessus de l'eau ; la route étant assez large, il fait très-sombre sous ce pont, même par les temps clairs.

Jamais je ne suis passé là sans y prendre au moins une truite, quelquefois deux ou trois. Je faisais tomber ma mouche sur l'eau, et déroulant mon moulinet, je la laissais entraîner sous le pont en maintenant ma ligne tendue et en donnant par instants un coup de poignet comme pour la ramener d'environ 10 centimètres.

Je le répète, tous ces endroits sont à scruter avec beaucoup de soin; ce sont autant de refuges de la truite pendant la journée.

§ 51. — *De la Truite saumonée.*

Ce poisson, qu'on appelle aussi *Truite de mer* et qu'on avait longtemps regardé comme un métis auquel on refusait la faculté de se propager, n'est en réalité qu'une variété de la truite, qui se reproduit comme les autres espèces. Elle a tout à la fois les habitudes de la truite et du saumon : comme ce dernier, elle habite la mer une partie de l'année, et elle remonte les fleuves et les rivières au printemps. Pour frayer, elle choisit comme la truite commune les petits cours d'eau rapides, à fond rocailleux; mais elle recherche avec plus de soin encore que cette dernière l'eau extrêmement froide.

Sa couleur, sa forme, et la qualité de sa chair, qui est ordinairement exquise, dépendent beaucoup des eaux qu'elle habite.

Bloch assure avoir reconnu chez ce poisson le phénomène de la phosphorescence, ce qui le distinguerait des autres espèces.

La pêche de la truite saumonée ne diffère en rien de celle de la truite ordinaire, elle se pratique exactement de la même manière.

CHAPITRE XI

LES RIVIÈRES A TRUITE

Comme je l'ai déjà dit, la truite se trouve dans presque toutes les rivières de France, et sauf la Normandie ou, au moment des récoltes, on n'éprouve nulle part d'empêchement sérieux pour la pêcher. L'inévitable obligation de suivre les bords du fleuve sur une très-grande étendue et l'impossibilité de demander à tous les riverains, dans un pays où la propriété est très-divisée, la permission de traverser leurs terres, exigent de la part du pêcheur beaucoup de tact et de prudence, ainsi qu'une certaine connaissance du caractère plus ou moins ombrageux des indigènes.

La Normandie est la seule province où quelquefois on rencontre quelque embarras sérieux.

Néanmoins je dois ajouter que si j'ai eu à surmonter certaines difficultés, souvent aussi je n'ai éprouvé que peu de gêne dans mes paisibles divertissements.

Les ennuis qu'on subit de temps en temps sont désagréables, mais ce n'est pas sans un malin plaisir qu'on étudie les types si divers que présentent les ruraux; car celui qui jugerait des habitants de ce pays par ceux qu'à Paris nous voyons généralement si sociables, quoique originaires de ces contrées inhospitalières, s'exposerait à bien des mécomptes,

Quelles gens singuliers ! quels industriels consommés ! et comme ils vous vendraient non-seulement le droit de fouler l'herbe absente de leurs prés, mais aussi celui de respirer l'air qui fait partie de leurs domaines.

Rien n'est comparable à quelques individus qu'on rencontre çà et là, d'une humilité railleuse ou d'une vanité bouffonne, triste mélange d'avarice et de ruse, d'égoïsme et d'orgueil. Ces propriétaires grincheux et jaloux me rappellent ce qu'écrivait à leur sujet un de mes anciens compagnons de pêche qui vécut longtemps parmi eux :

« A vous, seigneurs de l'industrie, qui parfois
» m'interdisiez l'abord de la rivière; à vous, rive-
» rains jaloux qui, me trouvant sur un chemin nu

» et public, me déclariez que j'y *pilais votre herbe;*
» à vous, intelligents meuniers qui, après m'avoir
» permis de pêcher sous vos moulins, me défendiez
» de continuer dès qu'une truite par moi prise
» vous faisait doctement penser qu'il s'en trouvait
» parmi vos eaux *une de moins.....;* à vous tous,
» pardon. Je vous en ai ravi bon nombre de ces
» truites; mais enfin, comme vous je deviens vieux.
» et je crains de ne pouvoir souvent recommencer;
» et puis veuillez écouter ceci : Ce poisson est-il
» bien à vous?... Est-ce vous qui le semez, ainsi
» que vous semez des graines dans vos champs?
» Vous ne pouvez emprisonner les eaux, la rivière
» vous échappe; et pussiez-vous la retenir, la pro-
» priété voisine viendrait au même instant vous
» sommer de la lui rendre. Donc la truite n'est point
» à vous, si ce n'est dans vos réservoirs, et là
» jamais vous ne m'avez trouvé. Il y a plus, un
» jour viendra, j'espère, où partout, si ce n'est
» dans les lieux clos, un sentier libre et battu devra
» longer les eaux courantes; où, quand la soif le
» pressera, un passant, sans nulle crainte, pourra
» pencher sa main, la remplir d'eau et boire; où
» l'enfant en danger de se noyer pourra être
» secouru sans qu'on ait à redouter un *beau procès*

» pour avoir foulé l'herbe d'un pré; où enfin la
» ligne à la main, chacun pourra prendre un de
» ces poissons que la nature apparemment a créés,
» non pour vous, mais bien pour tous, puisqu'en
» dépit de vos barrières, ils s'enfuient bien loin de
» vous. »

(De Massas.)

Le tableau est exact; mais, pour qu'il soit complet, il faut rendre aussi à chacun sa part de responsabilité. Or, s'il y a des pêcheurs discrets qui prennent les précautions nécessaires pour n'occasionner aucun dégât; il y en a qui sont parfois un peu sans façon, ils se considèrent comme les seigneurs et maîtres de toutes les rives fluviales; ils devraient cependant réfléchir que si le poisson appartient à tout le monde, les bords de la rivière appartiennent au propriétaire. On ne saurait donc agir avec trop de circonspection dans ces circonstances.

L'est de la France est une contrée bien plus hospitalière, principalement dans les montagnes du Jura. Là, à moins que la récolte ne soit sur le point de se faire, nul obstacle, nulle entrave ne vous arrête; mais, il faut bien le dire aussi, la chorogra-

phie du pays n'est plus la même. En Normandie,
pas un coin de ces riches et ravissantes vallées
n'est perdu; les rivières, enfermées le plus étroite-
ment possible, n'ont pas sur leurs rives 50 centimètres de terre qui ne soient cultivés. Tandis que
dans l'Ain, tous les cours d'eau, ou à peu près
tous, descendent du Jura avec impétuosité; aussi,
à la moindre crue, au printemps par la fonte subite
des neiges, en été à la suite d'un violent orage,
ou par une saison exceptionnellement pluvieuse,
ces rivières, devenant de véritables torrents, ravi-
nent tout sur leur passage, élargissent leur lit,
quand elles ne le changent pas: ce qui permet souvent de pêcher et de faire de longs parcours en
suivant le lit à sec de la rivière, sans entrer dans une
propriété. Du reste, je ne saurais trop le répéter,
on peut traverser tous les domaines de ce pays sans
crainte d'être inquiété.

§ 1. — *L'Epte.*

De toutes les rivières de la Normandie qui contiennent des truites, l'Epte possède sans contredit
les meilleures : on y trouve la truite blanche et la
truite saumonée. Bien que cette dernière mérite la

préférence, l'autre n'en est pas moins délicieuse. Les rives, parfois un peu couvertes, ne sont pas partout d'un abord facile pour la pêche à la mouche artificielle, mais il y a des endroits où l'on peut aisément s'y livrer. Il ne faut employer de grosses mouches dans cette rivière qu'au-dessous des chutes formées par les usines et les moulins ; ailleurs on doit se servir de petites mouches, avec des bas de ligne fins, à cause de la grande limpidité de l'eau.

L'Epte passe à Gournay, à Gisors, et se jette dans la Seine près de Vernon.

§ 2. — *L'Eure.*

L'Eure, qui passe à Chartres, à Évreux, pour se jeter dans la Seine non loin de Pont-de-l'Arche, est une rivière presque toujours abordable pour la mouche artificielle ; ses rives, généralement découvertes, ont si peu de berge, qu'en certains endroits il y en a à peine 50 centimètres. C'est une rivière agréable pour cette pêche. Je recommande des bas de ligne et des mouches de moyenne force.

§ 3. — *L'Andelle*.

L'Andelle parcourt une ravissante vallée; ses bords, généralement peu boisés, rendent possible presque partout la pêche à la mouche artificielle ; mais cette rivière est utilisée par plusieurs usines, et les usiniers sont jaloux de leur pêche.

L'Andelle est visitée par la truite saumonée, même en nombre respectable. De l'endroit où cette rivière prend sa source à la Seine, dans laquelle elle se jette à quelques kilomètres de Pont-de-l'Arche, la distance n'est pas bien grande. On y emploie les instruments de pêche que je viens d'indiquer.

§ 4. — *La Rille*.

Cette rivière possède un volume d'eau un peu plus fort que celui des rivières dont je viens de parler, aussi contient-elle et la truite saumonée et le saumon. Il faut donc se monter plus solidement sur les rives de la Rille. La pêche à la mouche artificielle y est plus agréable que le caractère des usiniers qui demeurent sur ses bords.

Cette rivière, comme la précédente, n'a pas un

long parcours, elle se jette dans la mer, au-dessous de Pont-Audemer.

§ 5. — *Le Rhône.*

Pourquoi faut-il que chaque arbre ait son ombre, que chaque médaille ait son revers? Est-ce pour justifier ce vieil adage que l'Arve a été créée... cette affreuse rivière qui verse dans le Rhône ses eaux bourbeuses? Jamais les glaciers dont elle sort n'ont pu en fournir de semblables. C'est en vain que le Rhône les repousse pour empêcher qu'elles ne se mêlent aux siennes jusque-là si pures, si limpides et si belles. C'est même un singulier spectacle que ces deux cours d'eau conservant dans un même lit leur caractère distinctif, et coulant côte à côte pendant un ou deux kilomètres sans se mêler. L'Arve, quoique rapide, l'est beaucoup moins que le Rhône, si remarquable par son impétuosité. Quel magnifique fleuve, sans cette vilaine rivière qui le trouble ainsi depuis le mois de mai jusqu'au mois de septembre; car, à l'inverse des autres cours d'eau qui sont presque à sec pendant l'été, le Rhône au contraire est d'autant plus haut qu'il fait chaud.

Quelles belles grèves pour la pêche à la mouche

artificielle, depuis Aïre jusqu'à Collonge, sur un parcours de 20 kilomètres environ! il est vrai qu'arrivé là, le Rhône disparaît et qu'on ne peut que lui souhaiter bon voyage à travers les gorges du Jura, où nul être humain ne pourrait le suivre. C'est dans cette gorge, près de Bellegarde, que se trouve la *perte du Rhône*, cette merveille naturelle qui rappelle par son aspect sauvage les temps primitifs du globe. Des montagnes nues, arides et désolées, assistent depuis l'origine des siècles à un étonnant spectacle. L'eau, comme en fureur, descend en mugissant dans le lit abrupt et rocailleux qu'elle s'est créé. La pente naturelle des rochers augmente l'impétuosité du torrent, et tout à coup, par une ouverture de médiocre grandeur s'engloutit le fleuve, qui se dérobe aux yeux du spectateur surpris. La largeur de l'orifice n'étant pas en rapport avec la masse d'eau qui se précipite, le flot, en s'avançant, *recule épouvanté*.

A la vue de ce fleuve dont le lit est tellement parsemé d'obstacles, que l'eau est presque partout bondissante, on comprend que le poisson s'y maintienne à l'abri de la convoitise humaine; aussi y trouve-t-on tous les poissons d'élite, à l'exception du saumon, qui ne remonte dans aucun des affluents de la Méditerranée. Malheureusement la pêche à la mouche artificielle n'y est guère praticable l'été, à cause des eaux troubles du fleuve ; et c'est d'autant plus fâcheux, que le calme n'est pas à craindre ici, le vent même, ce grand auxiliaire pour cette sorte de pêche, devenant alors superflu, par suite de la force du courant et du mouvement de la vague.

Le Rhône ne reçoit l'Arve qu'à un kilomètre au-dessous de Genève, jusque-là il conserve la limpidité qu'il a en sortant du lac ; mais pendant 2 kilomètres environ ses rives sont boisées et à peu près inaccessibles pour la pêche à la mouche artificielle.

C'est par le vent du nord qu'il faut pêcher dans ce fleuve. Longues cannes, fortes lignes, et grosses mouches partout.

§ 6. — *L'Ain.*

De toutes les rivières qu'il m'a été donné de connaître, l'Ain me paraît posséder au plus haut degré tout ce qui est favorable aux pêcheurs à la mouche artificielle : on dirait que ses bords ont été disposés par la nature pour faciliter ce genre de pêche. Les oseraies qui longent la rivière sont assez hautes pour dissimuler le pêcheur, et assez basses pour permettre le jet de la ligne. Son eau si limpide, si belle, son courant si vif, sur un lit de gravier, en font une rivière à truite par excellence, où l'ombre se trouve également en grande abondance. L'ombre ne dépasse que bien rarement le poids d'une livre; les pêcheurs de ces contrées prennent de grandes quantités de ces poissons, seulement ils sont petits et n'atteignent pas le plus souvent un quart de livre. Le fond de cette rivière est tellement uni, que les habitants du pays qui se livrent à ce plaisir se promènent dans l'eau en pêchant à la dérive.

Je conseille donc aux pêcheurs à la mouche artificielle d'aller sur les rives de l'Ain; car, à moins de posséder une propriété particulière, ils trouveront difficilement une rivière aussi poissonneuse, aussi commode et aussi belle que celle-là.

§ 7. — *L'Allomogne et la London.*

L'Allomogne est une petite rivière de 3 à 4 mètres de largeur et d'un parcours de 3 kilomètres environ. Elle prend sa source à Allomogne, petit village du département de l'Ain, non loin du territoire suisse, vers lequel elle se dirige en passant par Toiry. La source de cette rivière fournit un volume d'eau d'environ 50 centimètres, sortant des flancs de la montagne et formant une cascade de 4 à 5 mètres de hauteur. La force de l'eau, en tombant, a creusé là un gouffre, un entonnoir; c'est un excellent coup de ligne : jamais je ne suis allé en cet endroit sans être récompensé de ma peine, car on n'y parvient pas sans fatigue. Je ne veux pas dire que la source de l'Allomogne soit aussi difficile à découvrir que celles du Nil, mais il est néanmoins fort peu commode d'y arriver, surtout sans guide. Le bruit de la chute indique bien la direction; mais les fonds de ces ravins escarpés sont si boisés, ils présentent des fourrés tellement épais, qu'ils deviennent infranchissables, surtout avec une ligne à la main.

Jamais dans cette rivière, ni l'inondation, ni l'eau trouble ne sont à craindre; à la fonte des neiges seulement, elle grossit, et l'eau perd un peu de sa limpidité, voilà tout. L'Allomogne est l'idéal d'une rivière à truite; c'est une création du dieu des pêcheurs en faveur des riverains qui sacrifient en son honneur sans bourse délier. Or, comme il serait impossible de pêcher à la mouche artificielle sans dépenser d'argent, ce dieu, toujours complaisant, leur a donné une rivière où cette pêche est impraticable; mais le ver rouge, l'appât par excellence dans ce cours d'eau, est partout sous leurs mains. Les bords de la rivière sont tellement boisés, que le soleil, dans quelques places, n'y a probablement jamais pénétré. C'est à ce point, qu'en plein jour, dans ces endroits, on pourrait se croire au moment du crépuscule; et pour quiconque connaît les mœurs de la truite, il n'y a pas un mot de plus à ajouter. Du reste, la limpidité de l'eau est telle, que l'emploi du ver serait impossible s'il en était autrement.

C'est à M. Tojetti, professeur de langue italienne à Genève, que je dois la connaissance de cette ravissante rivière et de sa source. M. Tojetti est à la fois le pêcheur le plus aimable, le plus obligeant et le plus expérimenté que je connaisse. Je suis heureux de l'occasion qui se présente ici pour lui témoigner toute ma reconnaissance et lui adresser mes bien sincères remercîments.

L'Allomogne se jette dans la London, à un demi-kilomètre en amont du pont de Malval et à un kilomètre en aval du moulin Fabri. La London, par sa situation, serait une excellente rivière à truite, si les effets de cette situation même n'en neutralisaient les avantages. Affluent du Rhône, elle est l'artère principale de plusieurs cours d'eau qui contiennent tous des truites; malheureusement tous les poissons qui quittent le Rhône pour remonter dans ces petites rivières passent forcément par la London. Mais, moins bien partagée que l'Allomogne, qui descend de la montagne, la London coule dans une vallée entre deux versants dont les eaux torrentielles viennent élargir son lit, qui, par son étendue, n'est plus en rapport avec la quantité d'eau qu'elle reçoit dans les temps ordinaires. Il en résulte souvent que son volume d'eau n'est pas assez considérable pour couvrir une surface si large, et que la hauteur des eaux est si minime, qu'elle se trouve insuffisante pour favoriser le passage du poisson. C'est à ce point, qu'en marchant sur de gros galets, j'ai pu traverser bien des fois cette petite rivière sans quitter mes chaussures. Ce peu de profondeur et la limpidité de l'eau forcent la truite à rester cachée toute la journée dans les endroits creux ou sous les fragments de rochers dont le lit de la London est parsemé, et à ne sortir de ces refuges que la nuit.

Si l'eau de cette rivière coulait au contraire dans un lit plus étroit, son cours paraîtrait plus considérable et offrirait plus de profondeur; elle serait d'autant plus poissonneuse, et par conséquent d'autant plus favorable à l'emploi de la mouche artificielle, que par sa position elle unit le Rhône aux autres rivières en amont.

Il n'y a à signaler aucun embarras sur ses bords pour le jet de la ligne ; des oseraies, comme dans l'Ain, dérobent le pêcheur à la vue du poisson ; on jouit partout de la plus grande aisance et de la plus entière liberté.

La London se jette dans le Rhône, à la Plaine.

CHAPITRE XII

§ 1. — *De l'Anguille, de l'Écrevisse
et de la Grenouille.*

L'anguille d'eau douce (fig. 98) appartient au
genre des Murènes. Son corps est serpentiforme; sa
tête est petite et son museau pointu. La ligne laté-

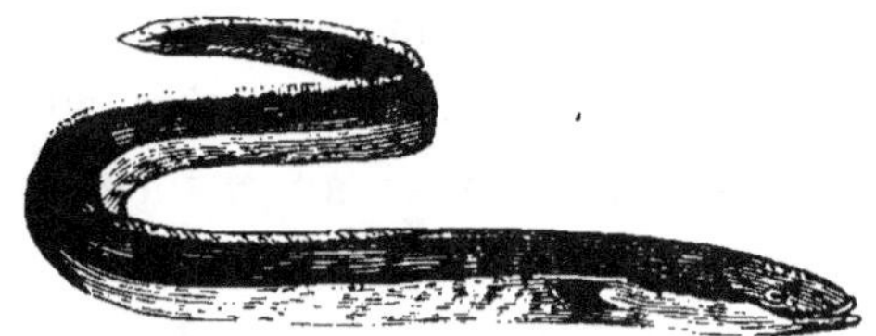

Fig. 98.

rale est garnie, ainsi que ses lèvres, de petites ouvertures par où suinte la matière visqueuse dont son
corps est enduit et qui le rend si glissant. L'ouverture de la bouche est petite; on aperçoit plusieurs
rangs de petites dents aux mâchoires, à la partie

antérieure du palais, sur deux os situés au-dessus du gosier et sur deux autres placés à l'ouverture des branchies. On trouve l'anguille dans presque toutes les rivières.

Tout dans ce poisson, depuis les temps les plus reculés, a été matière à contradiction. Les savants et les naturalistes de différentes époques ont émis des opinions opposées sur tout ce qui le concerne, principalement sur son mode de reproduction : chose surprenante pour un poisson qu'on rencontre partout en si grand nombre et qui se reproduit dans des proportions si considérables. Voici un aperçu, en abrégé, des opinions émises par lés hommes qui depuis l'antiquité jusqu'à nos jours se sont occupés de ce singulier animal. Aristote, ayant vu les anguilles frétiller sur la vase au moment où elles venaient de naître, pensait que dans le fond vaseux de la rivière existait le principe générateur de ces poissons. Pline, de son côté, ayant constaté qu'elles se frappaient contre les aspérités des rochers, et que par ce frottement elles faisaient jaillir des fragments de leur corps qui s'animaient, assurait que telle était leur origine. D'autres écrivains anciens ont prétendu qu'elles naissaient des chairs corrompues, des cadavres de chevaux ou d'autres animaux. Beaucoup plus poétique, Helmont a cru qu'elles provenaient de la rosée du mois de mai. Schwenckfeld, de Breslaw en Silésie, les fait venir des branchies du cyprin bordelière. Schoeneveld, de Kiel, dans le Holstein, veut qu'elles naissent à la lumière, sur la peau des morues ou des éperlans. Sonini rapporte que dans quelques provinces de France on croit que c'est le goujon qui les produit. Lacépède affirme que l'anguille vient d'un véritable œuf comme tous les poissons; que cet œuf éclôt souvent dans le ventre de la mère, et qu'il suffit d'une pression sur la partie inférieure de son corps pour faciliter la sortie. Bloch, au contraire, d'après ses observations et celles qui lui ont été communiquées, croit avec Gesner que la reproduction est vivipare. On voit qu'à des époques très-éloignées les unes des autres, bien des erreurs ont été commises. L'opinion la plus accréditée de nos jours est que les anguilles retournent chaque année à la mer pour s'y reproduire, et remontent ensuite dans les rivières. Sans que l'on puisse naturellement rien affirmer, plusieurs circonstances semblent donner une bien grande vraisemblance à cette opinion.

Ainsi, dans les rivières à anguilles, particulièrement dans les régions méridionales, tout est disposé pour prendre ces poissons aux époques de leur émigration, c'est-à-dire dans l'automne, lorsque les rivières sont débordées. On établit des *nasses*, nom qu'on donne à des passerelles (1) traversant la rivière, et l'on prend les anguilles par centaines de kilogrammes : ce qui prouve que c'est bien la saison où elles retournent à la mer. Si l'on réfléchit ensuite qu'on n'en pêche presque pas l'hiver, et que la *montée* n'a lieu qu'au printemps, toujours à la même époque. Si l'on considère encore le nombre infini de jeunes alevins d'anguilles, de 2 à 3 centimètres de long, dont on fait de si abondantes récoltes à l'embouchure des fleuves dans la mer, et que ces multitudes d'alevins n'apparaissent qu'à la fin de l'hiver, pour commencer leur immigration seulement en avril et mai, selon la température ; qu'alors ils forment une armée innombrable, incalculable, montant nuit et jour, sans trêve ni repos, sur toute la largeur du fleuve, comme poussée par une force irrésistible, ne perdant

---

(1) Ces passerelles sont formées de planches supportées par des piquets ; ces piquets sont plantés de manière à constituer un passage conique au fond duquel on dispose un grand verveux, l'ouverture faisant face au courant : de sorte que lorsque le dernier de ces engins est placé, la rivière se trouve entièrement barrée, et tout ce que le courant entraîne est forcé d'entrer dans ces appareils..

aucun individu, si ce n'est aux abords des affluents, où se détachent des blocs pour recommencer une nouvelle course non moins accélérée et non moins vigoureuse qu'auparavant; que cette immigration, qui s'appelle la *montée*, se fait en deux ou trois fois par agglomérations d'allevins de taille régulière; qu'à l'automne, on verra redescendre, pelotonnées, ces mêmes anguilles devenues adultes, se laissant emporter par le courant rapide d'une rivière débordée : il est bien difficile alors de ne pas admettre que ce soit dans la mer que l'anguille se reproduise.

La croissance rapide des anguilles au premier âge, que le fait seul de la montée indique, se trouve confirmée par l'exemple suivant, relaté dans le *Dictionnaire agricole*. En 1840, M. Millet a jeté dans les fossés et canaux creusés pour l'extraction de la tourbe dans l'Aisne, un kilogramme de montée récoltée à Abbeville, donnant 3500 sujets environ ; ces alevins produisirent cinq ans plus tard 2500 kilogrammes de belles anguilles.

Comment faire concorder ce fait avec l'opinion émise par Lacépède, que les anguilles n'augmentent que de 26 centimètres en longueur dans l'espace de neuf années? On le voit, sur ce poisson tout n'est que contradiction.

POITEVIN.

30

Une autre erreur, c'est de croire que sa couleur dépend de son âge et des endroits qu'il habite. Suivant les uns, le dos de l'anguille ne devient noir qu'en vieillissant; suivant les autres, c'est seulement quand elle habite des fonds vaseux qu'elle prend cette couleur. Les uns et les autres se trompent : j'ai pris des anguilles du poids de 1 kilogramme et demi à 2 kilogrammes, dont le dos était vert plus ou moins foncé; et j'en ai pris de petites au-dessous du quart de ce poids, dont le dos était noir, cela bien des fois dans la même rivière.

L'anguille parvient à une taille assez considérable : en 1786, un pêcheur en prit une dans l'Elbe qui pesait 30 kilogrammes. Mais si sa croissance est aussi lente que le prétend Lacépède, il faut alors admettre chez elle une grande longévité, puisque, d'après cet auteur, elle croît jusqu'à quatre-vingt-quinze ans, et multiplie depuis sa douzième année jusqu'à sa centième. Comme les autres poissons, elle est sujette à certaines maladies qui se manifestent ordinairement par des taches blanches sur la peau.

L'anguille est peut-être le poisson le plus courageux et le plus dur à la douleur. Quand elle est prise, malgré la souffrance qu'elle doit endurer,

elle fait de tels efforts pour s'échapper et elle se
noue à ce point, qu'on la trouve souvent morte
lorsqu'on lève la ligne le matin. Sa force et son
courage pour se défendre sont indomptables : si
elle peut atteindre une branche, elle s'y enroule
avec une telle solidité, qu'il est inutile d'essayer de
la faire lâcher en tirant sur la ligne, quoique ce soit
directement sur l'hameçon fixé dans ses chairs que
l'on tire.

Elle nage avec rapidité et parcourt des distances
considérables. Elle sort souvent de l'eau, surtout
lorsqu'elle est dans les étangs, où elle ne trouve pas
toujours une nourriture suffisante; elle va dans les
prés, dans les gazons, en quête des vers et des insectes. Lacépède dit qu'elle va même dans les jardins
à la recherche des petits pois nouvellement semés,
et dont elle est, dit-on, très-friande (1).

L'instinct de l'anguille, très-supérieur à celui des

(1) Ceci ne peut évidemment être qu'une erreur accréditée par suite
de la rencontre de quelque émigration d'anguilles, se dirigeant vers
une rivière, et surprises pendant la nuit, dans un jardin, au milieu
des pois.

L'émigration des anguilles vers les rivières, où elles se dirigent
instinctivement lorsqu'on les met dans des endroits qui ne leur plaisent
pas, est une fable pour quelques personnes. Le fait suivant suffira
peut-être à leur démontrer que c'est cependant une réalité. Je savais
depuis longtemps que toutes les tentatives pour acclimater l'anguille

autres poissons, est souvent digne de remarque. Par exemple, si l'on en introduit dans un étang peu éloigné d'une rivière, elles abandonneront l'étang pour aller dans la rivière, quoique en apparence rien ne puisse leur en faire soupçonner la proximité.

Il n'est pas douteux que la prudence bien connue de l'anguille ne lui fasse choisir la nuit pour ses excursions ; mais il ne faut pas oublier non plus que la fraîcheur dans ces moments la rend plus vigoureuse et lui permet de faire ce qu'elle ne pourrait accomplir pendant le jour. C'est ce qui explique pourquoi elle vit hors de l'eau, dans l'humidité, tandis qu'elle succombe pendant la sécheresse. Ici encore se présente une de ces innombrables incertitudes dont il a été question : nous avons admis tout à l'heure que c'est dans la mer seulement que l'anguille se reproduit ; or comment expliquer la présence de ce poisson dans quelques grands étangs où l'on n'en met

dans les lacs du bois de Vincennes avaient échoué (chose toute naturelle, le fond de ces pièces d'eau étant bétonné). Il en reste toujours quelques-unes, mais si peu, proportionnellement à celles que l'on y met, que l'insuccès est complet. On ne pouvait se rendre compte de la disparition persistante des anguilles, bien qu'on en remît tous les ans, lorsqu'une nuit on en surprit au milieu des pelouses de la forêt, gagnant la Marne vers Charenton.

Ce fait m'a été personnellement confirmé par M. le Paute, conservateur du bois de Vincennes.

jamais et où il y en a toujours? Faut-il croire à des communications souterraines avec la rivière? Ce n'est guère admissible, à cause du niveau de l'eau. L'instinct qui a guidé les anguilles de l'étang vers la rivière les guide-t-il de la rivière vers l'étang? Mystère!! L'anguille ayant la vie très-dure, et pouvant vivre longtemps sans eau, pourvu qu'elle soit dans l'humidité, comme dans la vase ou dans des trous aqueux, on comprendrait qu'il en reste après avoir pêché et vidé un endroit: mais cela aurait toujours une fin, et n'explique pas comment il se fait qu'il y ait des étangs (s'il y en a, comme on le dit) où l'on en trouve toujours sans jamais y en mettre.

L'anguille se nourrit de petits poissons, de frai, de vers, de substances végétales, etc., etc. Elle a pour ennemis des oiseaux d'eau, les loutres, le brochet, l'esturgeon : on dit que ce dernier l'avale entière et intacte, mais qu'une fois dans son corps, elle parcourt le canal intestinal pour ressortir par l'anus. C'est ce qui a fait dire qu'elle entre volontairement dans ce poisson pour aller manger ses œufs. On prétend aussi qu'elle peut être apprivoisée au point de venir manger dans la main.

Je ne puis dire ce qu'il y a de vrai dans tout cela, mais ce qui est certain , c'est que sa finesse, sa malice, son instinct, son intelligence en un mot, est, comme je l'ai déjà dit, plus développée que celle des autres poissons. L'anguille possède la prudence du serpent, avec lequel, elle a, du reste, tant de ressemblance; c'est le seul poisson qui sache se créer un refuge contre ses ennemis. Lorsqu'elle se prépare un trou, soit dans la vase, soit dans les berges, il y a toujours deux ouvertures pour échapper en cas d'attaque. La facilité qu'elle possède de nager indistinctement en avant ou en arrière lui assure une bonne retraite. Quelques auteurs croient qu'elle reste toute la journée dans ces trous; c'est une erreur, puisque dans certaines rivières on en prend toute la journée. Dans les eaux limpides seulement, pendant le soleil qui donne une grande clarté dans l'eau, elle est timide et prudente, s'éloigne peu de son refuge, à moins qu'elle ne soit sur un fond vaseux, où elle peut disparaître à la moindre alerte. Quoique sa chair soit d'une saveur délicate, elle était proscrite chez les Juifs par la loi de Moïse.

§ 2. — *Pêche de l'anguille.*

Sa voracité en rend la pêche si facile, qu'on peut la prendre avec presque tous les appâts. C'est

surtout dans les rivières où il y en a beaucoup
qu'il est aisé de se livrer à l'étude des mœurs de
ce poisson. L'Arros, rivière qui prend sa source
dans les Hautes-Pyrénées, pour aller se jeter dans
l'Adour, entre Riscle et Plaisance, après un parcours de 70 kilomètres environ est de ce nombre.
Cette rivière réunit au plus haut degré tout ce qui
est désirable pour l'anguille : ses bords sont très-
boisés; son eau, dont la limpidité disparaît à mesure qu'elle s'éloigne de sa source, est toujours plus
ou moins *louche*, ce qui permet à ce poisson d'aller
et venir toute la journée, au lieu de ne sortir que
la nuit, comme dans les rivières où l'eau est limpide.
Çà et là de grandes profondeurs à la suite de quelques courants peu profonds coulant sur des graviers
assez étendus; ici des fonds vaseux, là des fonds
de marne ou d'une terre similaire, avec des parties
garnies d'herbes et de joncs, peuplées de chevennes
et de goujons, d'ablettes, etc., toutes choses enfin
qui attirent ou retiennent les anguilles; aussi y en
a-t-il en quantité. On les prend à la pêche au coup
toute la journée, comme les autres poissons. Voici
un fait qui donnera une idée de leur grand nombre.
Me trouvant au mois d'août dans le Midi, je voulais
aller à la pêche de l'anguille, mais comme c'est un

pays chaud, la difficulté était de se procurer des vers ; je finis cependant par en avoir une douzaine, qui me procurèrent quelques captures. N'ayant plus que deux vers, je les coupai par morceaux afin de pêcher entre deux eaux quelques petites ablettes bonnes à me servir d'appâts, au lieu de ces poissons, à cette distance du fond, je pris encore des anguilles du poids d'une demi-livre à trois quarts. Le fait d'avoir pris ce poisson dans de telles conditions ne prouve pas qu'on doive le pêcher ainsi, mais il confirme certainement son abondance dans cette rivière. L'anguille, à moins qu'on ne la pêche au vif, se prend avec l'appât toujours posé au fond, et lorsqu'elle mord, on ne doit jamais la ferrer qu'après que la flotte aura complétement disparu. Dès qu'elle sera hors de l'eau, il faut immédiatement mettre le pied dessus pour éviter qu'en moins d'une minute elle ne mêle entièrement la ligne. Il est nécessaire, aussitôt prise, de la saisir par la tête et de lui frapper d'un coup sec la queue contre un arbre, contre une pierre ou contre le bout de sa chaussure; on la verra alors se tendre convulsivement et ne plus bouger, car l'anguille, à l'inverse des autres poissons, se tue par la queue.

Les meilleurs appâts sont le ver rouge et le vif;

ce dernier est cependant préférable pour les grosses.
A défaut de ces amorces, on peut se servir de
boyaux de volaille.

Dans les rivières où il y a beaucoup d'anguilles,
on les pêche à soutenir avec un gros ver rouge; on
choisit un endroit profond avec une eau tranquille.
La saison de ce poisson dure depuis le mois d'avril
jusqu'en novembre. Le meilleur moyen de prendre
les grosses anguilles est de les pêcher au solitaire.
(Voyez la *Pêche au solitaire*.)

La traînée ou la cordée, ce qui est synonyme,
est la ligne par excellence pour l'anguille; c'est
celle qu'on emploie dans tous les pays. La traînée
est une longue ficelle bien dévrillée, à laquelle on
attache un nombre plus ou moins grand d'hameçons des n°° 4 ou 5, renforcés et à anneaux, empilés
sur de la bonne cordelette dévrillée, moins épaisse
que le corps de la ligne. On amorce ces hameçons
avec de gros vers de terre, de manière qu'ils soient
entièrement cachés. On choisit un endroit sans
courant ou à peu près; on attache une pierre ou
un plomb au bout de la cordée, et on la descend
dans l'eau, après avoir attaché une empile à un
mètre de la pierre par un nœud coulant dit *nœud
de pêcheur* ou *demi-clef*. On continue d'attacher

de même toutes les autres empiles à 2 mètres d'intervalle, cette distance étant nécessaire, pour éviter que les anguilles ne s'entortillent ensemble. Après quatre hameçons, on met un caillou qui tient la ligne au fond. Si la traînée est longue (on en fait quelquefois qui ont un kilomètre), il faut attacher une grosse pierre après chaque centaine d'hameçons pour qu'elle soit assez chargée, afin que les poissons pris ne puissent l'entraîner. Une aussi longue ligne ne peut se tendre qu'avec un bateau, bien conduit et maintenu, car il faut le temps d'attacher les empiles et les pierres, afin de les immerger à mesure. Une précaution utile est de ne pas trop tirer sur la ligne quand elle descend dans l'eau, pour éviter qu'elle ne tourne en descendant et ne roule en spire les empiles autour du corps de la traînée, ce qui est extrêmement fâcheux. Il faut que l'empile ait sa longueur (40 centimètres), pour que l'hameçon pose naturellement sur le fond, éloigné du corps de la ligne.

Les traînées se tendent à la tombée de la nuit et doivent se lever au petit jour. L'anguille prise fait peu d'efforts pendant l'obscurité, mais dès que la clarté commence à se montrer, elle en fait d'inouïs pour se débarrasser, et souvent elle y parvient.

A mesure qu'on relève la traînée, on défait les empiles, qu'il y ait ou non des anguilles, pour éviter d'emmêler la ligne et les mettre sécher en rentrant. A cette pêche on prend souvent de très-beaux poissons, particulièrement des chevennes, des barbeaux, des brèmes, etc. Lorsque la saison s'avance, vers la mi-août, il est bon d'employer alternativement les vers et les petits poissons, pour ne mettre que ces derniers à partir de la fin de ce mois. Le petit poisson se fixe sur l'hameçon comme on fait pour le brochet.

Les traînées se tendent aussi dans les étangs. On les place et on les relève aux mêmes heures que dans les rivières. S'il n'y a pas de bateau sur l'eau, on ne met que cinq ou six hameçons placés à 1^m,50 de distance, pour éviter une trop grande longueur de ligne, celle-ci devant être lancée au large, à l'aide d'une pierre attachée à un bout, tandis que l'autre restera fixé sur le bord.

L'anguille se prend encore aux jeux avec des vers rouges, surtout en octobre, s'il ne fait pas froid et que l'eau soit un peu trouble. Cette époque est la dernière pour ce poisson, parce qu'il en reste peu l'hiver dans la rivière, et ce qui reste se cache dans la vase ou se terre.

L'anguille, quoique vorace, a la bouche petite, il ne faut donc pas se servir de trop gros hameçons. Les n°s 4 ou 5 sont de grosseur convenable pour ce poisson ; seulement il faut que ce soit des hameçons renforcés.

§ 3. — *Pêche de l'anguille sans hameçon.*

Cette pêche serait très-amusante et même productive, si l'on ne perdait pas autant d'anguilles ; mais malheureusement on en manque beaucoup. Après s'être muni d'une grande quantité de gros vers rouges, car plus ils seront gros, meilleurs ils seront, il faudra, au moyen d'une aiguille, les enfiler dans toute leur longueur avec un fil solide, lond de 2 mètres environ, de façon à avoir un véritable cordon de vers, qu'on repliera plusieurs fois sur lui-même, pour former des chapelets de 25 centimètres environ ; on les réunit par un lien que l'on attache à une ligne fixée sur une canne solide, après avoir mis dans ce paquet de chapelets un plomb conique à large base, disposé pour cet usage. De la rive ou du bateau où l'on est placé, on laisse descendre ce paquet à l'endroit où l'on désire pêcher ; puis, après l'avoir relevé un peu, on le laisse retomber encore jusqu'à ce qu'on sente mordre ; on tire alors vivement le paquet, qu'on jette sur le rivage ou sur le bateau, entraînant l'anguille accrochée par les dents. Si le mouvement est rapide, et le pêcheur habitué à ce genre de pêche, les anguilles sont prises, autrement elles retombent dans l'eau. C'est surtout par les temps orageux que cette pêche réussit.

§ 4. — *Pêche à épinocher.*

La pêche à épinocher, excellente pour prendre les grosses anguilles, réussira mieux dans la haute Seine ou dans la Marne que dans la rivière dont je viens de parler, bien qu'il y ait moins d'anguilles. L'eau étant plus claire, elles restent plus dans leur retraite le jour que si elle était trouble. Mais c'est précisément ce qu'il faut pour cette pêche, puisque c'est dans leur refuge qu'on s'en empare. Il faut une canne d'environ 3 mètres, à laquelle on ajuste un morceau de fil de fer qui prend facilement la forme voulue ; on empile au bout d'une ligne de fouet ou de cordonnet de soie, longue de 4 à 5 mètres, une aiguille à coudre un peu forte, à la place d'un

hameçon; on enlève le trou, et l'on façonne le bout
en cône, pour avoir une aiguille à deux pointes.
Au milieu de sa longueur, on pratique à la lime
une petite entaille circulaire sur laquelle on attache avec un morceau de soie poissée la ligne de
fouet ou de cordonnet; on fait entrer cette aiguille
dans un gros ver jusqu'à ce qu'elle soit entièrement
cachée, et on la place ainsi amorcée sur le fil de
fer fixé sur la canne, lequel ne sert qu'à présenter le ver dans tous les trous où l'on suppose que
se trouve une anguille; seulement ce ver doit être
placé de manière que la plus petite attaque partant
du trou l'enlève du fil de fer. Aussitôt qu'on sent ou
que l'on voit tirer, il faut lâcher une partie de la
ligne enroulée préalablement autour de la main, et,
après un petit moment, tirer un léger coup sec :
l'aiguille s'étant placée en travers dans l'estomac de
l'anguille, celle-ci sort vivement du trou; lorsqu'elle
ne le quitte pas, il faut tâcher de la faire venir, soit
en détruisant sa demeure, soit en tirant sur la ligne.

Les trous à anguilles sont établis dans les berges,
généralement un peu au-dessous de la surface de
l'eau : on les prend souvent pour des trous de rats.

Sur les fonds vaseux, on reconnaît la présence
d'une anguille à un petit nuage limoneux qui

semble se tenir en équilibre au milieu de l'eau limpide, et qui est produit par le mouvement que fait
l'animal en respirant. Comme l'extrémité seule du
museau de l'anguille dépasse un peu et qu'elle a
l'œil ouvert, on peut lui présenter le ver. Cette
pêche, bien entendu, ne peut se faire que de jour.

Quel que soit le genre de pêche employé pour
prendre l'anguille, il faut, dès qu'elle est ferrée,
la sortir promptement de l'eau, car, si l'on voulait
la fatiguer comme les autres poissons, on en perdrait huit sur dix. D'autant plus que la première
chose qu'elle cherche à faire, aussitôt qu'elle se sent
prise, c'est de s'enrouler autour d'une branche ou
d'une pierre, et, si elle y parvient, elle est perdue
pour le pêcheur.

§ 5. — *De l'Écrevisse.*

Bien que l'écrevisse ne se pêche pas à la ligne,
je la fais figurer néanmoins dans cet ouvrage,
d'abord pour ceux qui désirent connaître les moyens
de la prendre, ensuite pour ceux qui veulent la
reproduire ou simplement la conserver.

Les naturalistes ont placé l'écrevisse dans l'ordre
des Décapodes, probablement à cause de ses dix

pattes, y compris les premières, que l'on nomme aussi pinces, ou mains.

Elle appartient à la famille des Crustacés, dans laquelle sont réunis les homards, la langouste, les crabes, etc., etc.

Ce crustacé, autrefois si abondant dans nos eaux, y est presque introuvable à présent. Nous devons attribuer ce fâcheux résultat à l'imprévoyance ou à l'insouciance de nos administrateurs, qui n'ont rien fait pour le protéger. C'est l'Allemagne et principalement la Prusse qui nous l'envoient en grande partie aujourd'hui.

L'initiative privée a fondé aux environs de Paris quelques établissements pour la reproduction de l'écrevisse. L'un des plus importants est sans contredit celui du marquis de Selve, au château de Villiers, sur le bord de l'Essonne; mais, quelle que soit l'importance de ces établissements, pourront-ils jamais remplacer la richesse de nos rivières?..... Je le souhaiterais bien vivement, mais je ne le pense pas.

Il existe en France deux variétés d'écrevisses: l'écrevisse à pattes rouges et celle dont les pattes sont plus blanches. La première vit dans presque toutes les eaux calcaires, et se plaît dans les grandes profondeurs à courant modéré ; la seconde recherche les eaux plus vives et plus rapides.

Voici les différences qu'on remarque entre ces deux variétés : l'écrevisse à pattes rouges a les pinces plus renflées, moins fendues et moins pâles en dessous ; son corps est moins allongé, sa carapace plus brune et plus noirâtre que chez l'autre ; elle est d'ailleurs plus grosse et surtout infiniment meilleure. C'est donc l'écrevisse à pattes rouges que l'on doit préférer quand on veut la multiplier.

Dans l'une comme dans l'autre variété, le mâle est plus gros que la femelle, et par conséquent plus recherché.

L'écrevisse ne se rencontre guère que dans les eaux coulant sur un fond calcaire ; cela se comprend, puisqu'elle ne peut grossir qu'en changeant de carapace, et que cette carapace n'est pour ainsi dire qu'une croûte calcaire. En ceci, l'écrevisse ne cède pas à une préférence, elle obéit à un instinct de conservation du premier ordre. La mue, pour ce crustacé, est un moment difficile, puisqu'il y succombe assez souvent, soit par maladie, soit par impossibilité de se défendre, dans cet état, contre ses ennemis. En effet, lorsqu'elle est dépouillée de sa carapace, qui est sa seule armure défensive, elle est à la merci du premier ennemi qui la rencontre. On comprend la nécessité qu'il y a pour elle de s'en revêtir au plus tôt. L'eau calcaire est donc naturellement celle qu'elle recherche.

L'écrevisse fraye en octobre et novembre. Les œufs que la femelle pond un mois après l'accouplement restent attachés par un filament sous sa queue, jusqu'au moment de l'éclosion, qui n'a lieu qu'au mois de mai suivant.

§ 6. — *Pêche de l'écrevisse.*

Les écrevisses étant très-voraces, la pêche en est facile et souvent fructueuse, à la seule condition de la pratiquer en temps et lieu. D'abord, comme elle craint le froid, il est inutile de la pêcher pendant l'hiver : du 1ᵉʳ décembre au 31 mars, elle ne sort pas de son trou ; mais à cette époque les petites commencent à se mettre en mouvement, et, pour peu que la température s'élève, les moyennes ne tardent pas à faire de même ; quant aux grosses, on ne doit y penser qu'à l'arrière-saison. L'approche du frai met en mouvement les mâles, qui deviennent moins prudents, c'est le moment des récoltes fructueuses. Septembre, octobre et une partie de novembre sont donc bien la véritable saison de cette pêche.

On procède de plusieurs manières à la pêche de ce crustacé. Celle de tous les temps et qu'on pratique en tous lieux se fait avec la main : c'est la pêche primitive. Elle ne peut avoir lieu que le jour. Le pêcheur se met dans l'eau, et, remontant le courant, il soulève les pierres sous lesquelles les écrevisses se cachent; il fouille avec ses mains les trous et les cavités qui se trouvent sous l'eau, dans les berges. C'est ce qu'on nomme *pêche à la main*.

Cette pêche offre plusieurs inconvénients : le premier est d'obliger le pêcheur à se mettre à l'eau; le deuxième, c'est de ne pouvoir que rarement saisir l'écrevisse au milieu du corps, et par conséquent de risquer de se faire pincer, ou de se faire mordre par une couleuvre ou une larve d'hydrophile (ver assassin).

Un procédé non moins primitif est celui qui consiste à lier trois fagots ensemble, au milieu desquels on a placé une pierre servant à les retenir au fond et un appât pour y attirer les écrevisses. Après une immersion jugée suffisante pour leur donner le temps d'y arriver, on relève avec promptitude ces fagots, afin que celles qui se sont engagées dans les branches ne puissent retomber dans l'eau. Inutile d'ajouter que plus les branches composant les fagots seront ramifiées, plus elles rendront de services.

Un moyen plus simple, plus agréable et plus sûr, est de les pêcher avec des balances : on nomme ainsi un petit filet presque cylindrique dans lequel on passe deux cercles de gros fil de fer galvanisé qui ont de 30 à 35 centimètres de diamètre, en ayant soin de donner au cercle supérieur 2 ou 3 centimètres de largeur en plus qu'à l'autre, afin qu'en posant la balance au fond de l'eau les deux cercles ne soient pas l'un sur l'autre. Trois ficelles attachées à une petite corde par un bout et au cercle supérieur de l'autre, supportent le tout, et lui donnent en effet l'aspect d'une balance. On attache un morceau de liége à la corde pour qu'après l'immersion, elle reste tendue et l'on fixe un plomb à la base du filet pour le maintenir au fond. On attache ensuite l'extrémité de la corde portant le liége à une baguette de bois servant à soulever la balance hors de l'eau.

La pêche des écrevisses avec les balances est très-agréable, mais il faut en employer un certain nombre, afin qu'il n'y ait pas d'interruption pour les relever. On place et l'on attache au fond du filet un morceau de foie, du mou, ou des intestins de volaille, et mieux encore un poisson ou une grenouille morte, préalablement éventrés. Tous ces appâts sont bons, à la condition qu'ils soient frais; car il faut se garder de partager l'erreur des personnes qui croient que les viandes en décomposition attirent mieux les écrevisses que celles qui sont fraîches : au contraire elles sont bien plus friandes de ces dernières.

On choisit les endroits les plus sombres et l'on place les balances bien à plat au fond, en ayant soin de marcher bien doucement, surtout si c'est dans un ruisseau que l'on pêche; il ne faut pas oublier que les écrevisses sont cachées dans la berge même, et que le moindre bruit les empêcherait de sortir.

Le moment le plus propice pour cette pêche est celui où, dans l'après-midi, le soleil est déjà assez bas, et lorsque l'ombre commence à s'étendre sur la rivière; il dure jusqu'à la nuit. Les temps orageux sont toujours les plus favorables.

On pêche encore les écrevisses avec des verveux ou nasses que l'on place au fond de la rivière. On fabrique même pour cette pêche une sorte de petit verveux en filet qu'on nomme *cageau*.

Dans les uns et les autres on doit toujours placer un appât.

§ 7. — *La Grenouille commune.*

On trouve la grenouille dans toutes les parties de la France. Elle se prend très-bien à la ligne. Cette pêche devient même assez amusante, à cause de l'ardeur avec laquelle la grenouille s'élance pour s'emparer de l'appât, car il n'est pas rare de la voir essayer jusqu'à trois et quatre fois de le saisir quand elle vient de le manquer.

Elle quitte souvent l'eau, non-seulement pour chercher sa nourriture, mais encore pour aller s'imprégner des rayons du soleil, qu'elle affectionne beaucoup.

La grenouille n'est pas estimée à sa juste valeur. Elle est inoffensive, propre et extrêmement délicate pour sa nourriture; elle recherche les vers, les sangsues, les petits limaçons, les scarabées et d'autres insectes ailés ou non ailés, mais elle n'en prend aucun qu'elle ne l'ait vu remuer, comme si elle voulait s'assurer qu'il vit encore. Malheureusement pour la grenouille, sa grande ressemblance avec le crapaud contribue à la faire confondre avec cet animal ignoble et repoussant, et l'on éprouve

souvent pour elle les mêmes sentiments de répulsion
qui inspire celui-ci.

Cependant les grenouilles, hors de l'eau, n'ont
pas la face contre terre comme le crapaud, elles
tiennent au contraire leur tête haute et le corps
relevé sur leurs pattes de devant; puis, à l'inverse
du crapaud, qui marche en rampant, elles sautent
avec souplesse.

C'est au printemps qu'a lieu la reproduction de
cette espèce. Le mâle monte alors sur le dos de la
femelle, croise ses pattes de devant sur son ventre,
et nage ainsi plusieurs jours avec elle; il ne s'en
sépare que peu de temps après la sortie des œufs,
pour les arroser de sa liqueur séminale. Dans la
position que nous venons d'indiquer, le mâle a les
pattes de devant courbées et roidies à ce point, qu'il
n'est pas en son pouvoir de s'en séparer. L'accouplement dure plus ou moins de temps, quelquefois
trois ou quatre jours, et d'autres fois quinze ou
vingt, suivant la température.

La grenouille, ainsi que nous venons de le voir,
est ovipare; de son œuf naît le têtard, qui devient
à son tour grenouille. Une bizarrerie dans le développement de cet animal, c'est de ne pas conserver
son aspect primitif. Le têtard présente une forme

ovoïde, terminée par une queue, qu'il perd en devenant adulte.

Ce qu'il y a de désagréable dans la grenouille, c'est son coassement, qui a fait donner à toutes les localités humides le nom de *canteraine*. Ce sont les mâles qui font entendre leur voix dans ce concert discordant; quant à la femelle, elle ne pousse qu'un gémissement plaintif.

Quoiqu'il existe plusieurs variétés de grenouilles, je ne mentionnerai ici que celle qu'on désigne du nom de *grenouille rousse* ou *grenouille muette*.

Elle est jaunâtre, avec une tache noire entre les yeux; les pattes de devant sont brunes, et le dessous est blanc tacheté de brun. Elle se tient ordinairement hors de l'eau et habite de préférence les pays montagneux et boisés, où elle rencontre une fraîcheur qu'elle chercherait vainement ailleurs. Elle ne rentre dans l'eau que pour y passer l'hiver.

Cette grenouille ne coasse pas comme la précédente, c'est pourquoi on la nomme *la muette*; elle ne fait entendre un petit grognement que lorsqu'elle est en accouplement, et un cri aigu que lorsqu'on la touche.

Les grenouilles, formant un mets délicat, sont très-recherchées en France.

§ 8. — *Pêche des grenouilles.*

Le printemps est la saison où on les prend en plus grande quantité ; mais elles sont plus estimées en automne, parce qu'elles sont plus grosses et plus grasses.

La pêche la plus fructueuse se fait par une nuit obscure. Un des pêcheurs se tient sur le bord, muni d'une torche de paille ou de petites branches sèches enflammées; il attire les grenouilles, qui sortent de leurs trous pour venir à l'éclat de la lumière, tandis qu'un autre pêcheur entre dans l'eau et s'en saisit avec la main, car elles ne cherchent pas à s'enfuir.

On les prend aussi à la ligne. Cette pêche est facile et très-récréative; mais elle doit se faire en silence et avec précaution. On se servira d'un hameçon n° 4 ou n° 5; on l'amorcera avec du cœur de bœuf, des mouches, des scarabées, des papillons, des vers, et même un morceau de drap rouge, avec lequel on réussit parfaitement.

Lorsqu'on voit une grenouille sur l'eau, à l'aide de la canne on lui présente l'appât devant son museau; à l'instant elle le prend, ou tout au moins elle cherche à le prendre. Comme elle le manque souvent, il ne faut pas bouger plus qu'elle ne le fait; sa gloutonnerie et sa bêtise sont telles, qu'en le lui présentant de nouveau, elle cherchera encore à le saisir. Il n'est pas rare de pouvoir recommencer trois ou quatre fois, sans qu'elle se sauve.

Dans le sud-ouest de la France, on se sert encore, pour prendre les grenouilles, d'une sorte d'arbalète de 4 mètres environ de longueur. A la partie supérieure de cette arbalète, depuis l'arc jusqu'à l'extrémité, c'est-à-dire dans presque toute sa longueur, existe une rainure carrée dans laquelle glisse une longue tige de bois de même forme, à l'extrémité de laquelle est ajusté un trident de fer dont les trois branches sont placées en forme de triangle. On fait descendre cette tige jusqu'à un arrêt derrière lequel on place la corde de l'arc pour le bander, et, en pressant une gâchette semblable à celle d'un fusil, l'arrêt disparaît, et la tige au bout de laquelle est fixé le trident se trouve lancée en avant; mais comme elle ne peut glisser que jusqu'à l'extrémité de la rainure, le coup ne peut atteindre qu'à 8 mètres de distance environ.

Cette pêche est une espèce de chasse très-amusante, qui demande une certaine adresse.

CHAPITRE XIII

S'il y a un fait indiscutable sur lequel tout le
monde soit d'accord, c'est l'accroissement du nombre
des pêcheurs à la ligne. Aider à propager le goût
d'une distraction futile en apparence, mais utile en
réalité, c'est aider au développement d'un plaisir
qui délasse le travailleur et occupe l'homme oisif.
Tout ce qui tend à adoucir les mœurs, à éveiller
l'esprit d'observation, doit être recherché et entre-
tenu au profit de l'amélioration intellectuelle et
physique de l'homme. Les Anglais ont si bien compris l'heureuse influence de la pêche à la ligne,

qu'ils nous ont devancé depuis longtemps dans cette voie. Il y a longtemps que leur gouvernement s'est prêté à tout ce qui pouvait encourager cette salutaire récréation, soit en réservant exclusivement pour cette pêche certaines parties d'une rivière, par la défense expresse, absolue, de pêcher autrement qu'à la ligne dans ces réseaux (l'emploi des filets, sous quelque forme ou de quelque nature qu'ils soient, étant complétement interdit); soit en déléguant à des sociétés privées une part de la surveillance qui appartient au lord-maire, seul dépositaire officiel de ce pouvoir concernant la Tamise.

Si l'on avait besoin d'un exemple de ce que peut l'initiative privée, on le trouverait dans l'origine de la société anglaise dont je parle, et que je donne comme modèle, car les quelques personnes qui prirent l'initiative d'informer le lord-maire de l'appauvrissement de la Tamise dû au braconnage qui s'y exerçait, ne se doutaient probablement pas qu'elles étaient les fondateurs-nés de la puissante société qui existe aujourd'hui sous la dénomination de : *Society for the protection of fish from poachers.*

C'est ce qui est arrivé en France lorsque M. de Nicolaï obtint du gouvernement l'autorisation d'organiser la Société centrale des chasseurs, pour aider à la répression du braconnage. Il ne prévoyait pas ce que cette société deviendrait en si peu de temps. Bien que sa demande ne concernât que les deux départements de la Seine et de Seine-et-Oise, il y en eut neuf, quatre ans après, qui adhérèrent. Et de même qu'au commencement la Société des pêcheurs anglais n'était composée que de sept membres, de même la Société centrale des chasseurs français n'était pas plus nombreuse à son origine. Et cependant l'une et l'autre comptent aujourd'hui des milliers d'adhérents. En présence de ces deux sociétés si facilement constituées, les pêcheurs continueront-ils à vivre dans l'isolement? continueront-ils à assister avec indifférence au dépeuplement de nos rivières? attendront-ils, pour se réunir, la disparition du dernier poisson?

C'est dans le ferme espoir que j'ai de voir se former à Paris, une société semblable à celle qui existe à Londres pour la protection du poisson, que j'ai signalé la nécessité d'apporter des changements à l'état de choses actuel. En mettant sous les yeux du lecteur le résultat acquis, après quatre ans seulement d'existence, par la Société des chasseurs qui poursuivent le même but en ce qui concerne le gibier (voy. *Bulletin périodique*, n° 3 de février 1872), je leur démontre en même temps l'utilité d'une association qui ferait pour la pêche ce qu'on fait aujourd'hui en faveur de la chasse.

Récapitulation générale des prises faites et des primes délivrées pendant l'année 1870.

Départements..	Prises.
SEINE. — Paris.	33
EURE. — Andelys	49
— Bernay.	50
EURE-ET-LOIR — Châteaudun.	7
HÉRAULT. — Montpellier.	33
LOIR-ET-CHER. — Blois.	18
— Romorantin.	54
— Vendôme.	34
PAS-DE-CALAIS — Béthune.	29
— Boulogne.	3
SEINE-ET-MARNE — Melun.	12
SEINE-ET-OISE. — Corbeil	16
— Mantes.	22
— Pontoise.	55
— Rambouillet	42
— Versailles.	41
Divers..	12

Récapitulation.

Perquisitions.	20
Filets détruits (mètres).	6290
Mois de prison.	234 et 11 jours.

Gibier saisi :	Perdrix	152
	Cailles	341
	Alouettes	465
	Lièvres	11
	Faisans	16
	Chevreuils	13

Amendes prononcées 17795
Primes payées.. 8700

Médailles décernées.

Vermeil. 15
Argent. 30
Bronze. 37
Primes d'arrestations. 150
Secours accordés.. 912,45

Après cet exposé, tout commentaire est inutile. Je ferai remarquer seulement que le succès est complet, malgré la modicité de la cotisation annuelle, qui est de 10 francs; et cependant les chasseurs sont bien moins nombreux que les pêcheurs.

Si l'on réfléchit à la permanence du braconnage dans les rivières et à l'utilité indispensable d'une plus grande surveillance; si, d'un autre côté, on songe aux avantages véritables de posséder des rivières bien empoissonnées, il me paraît difficile que les pêcheurs de Paris et des environs hésitent à suivre l'exemple donné par leurs confrères anglais et les chasseurs français. C'est dans cet espoir que je donne ici les statuts qui constituent non-seulement la Société protectrice de la Tamise, mais encore ceux de l'un des nombreux clubs des pêcheurs de Londres, lesquels sont autant d'auxiliaires de cette société.

ORIGINE DE LA SOCIÉTÉ.

Quelques amis demeurant aux environs de Twickenham, s'étant communiqué leurs regrets de voir la pêche dans la Tamise devenir d'année en année moins productive par suite d'un braconnage incessant, et de constater la destruction du petit poisson et du frai particulièrement pendant la période de reproduction, pensèrent qu'en portant ces faits à la connaissance du lord-maire, ce dernier userait, en sa qualité de conservateur de la Tamise, du pouvoir dont il dispose pour la répression de la pêche illégale.

Le 17 mars 1838, sept personnes se réunirent, et, après discussion, on convint de former une société pour empêcher le braconnage : *Society for the from protection of fish from poachers*, c'est-à-dire Société pour la protection du poisson contre le braconnage ». Après avoir fait connaître cette résolution à leurs amis et connaissances, ils dirigèrent leurs efforts vers un seul but : l'amélioration de la pêche à la ligne.

RÈGLEMENT DE LA SOCIÉTÉ.

I. — La Société prendra la dénomination de *Société pour la préservation de la pêche de la Tamise*, et sera dirigée par un président, un vice-président trésorier et autres fonctionnaires désignés par le présent règlement.

II. — Le but de la Société est de protéger les pêcheries de la Tamise, de favoriser l'augmentation du nombre des poissons indigènes, et d'y introduire d'autres espèces au moyen de la pisciculture ou de toute autre manière.

III. — Le donateur d'une somme de vingt guinées sera éligible à la présidence de la Société ; par une donation de dix guinées, ou une souscription annuelle d'une guinée au moins, on acquerra la qualification de membre de la Société éligible au comité de direction.

Les souscriptions moindres seront néanmoins reçues et publiées dans une liste annuelle de souscripteurs.

IV. — Le conseil d'administration aura le pouvoir d'admettre dans la Société, comme membre honoraire, toute personne qui se sera distinguée dans l'art de la pisciculture, ou qui aura aidé particulièrement à atteindre le but que poursuit la Société.

V. — La souscription annuelle devra être versée le 1er mars de chaque année.

VI. — Le conseil d'administration se composera de vingt-quatre membres, dont un quart sera remplacé chaque année, mais ces membres seront rééligibles à l'assemblée générale annuelle. Le comité pourvoira à toute vacance qui pourrait se produire dans l'année. Il suffira de cinq membres du comité pour prononcer. Les membres sortants, aux trois premières assemblées générales annuelles seront désignés par le scrutin secret, et les années suivantes se retireront à *tour de rôle*.

VII. — Le conseil d'administration aura le pouvoir de nommer tout fonctionnaire nécessaire à la gérance des affaires de la Société et à la conservation de ses fonds. Il aura également le droit de les révoquer.

Un auditeur sera nommé par le conseil, et un second

auditeur sera nommé par tous les membres à l'assemblée générale annuelle.

VIII. — Une assemblée générale du conseil d'administration sera tenue le premier mercredi de chaque mois; mais le secrétaire pourra en tout temps convoquer une assemblée extraordinaire, sur la demande, faite par écrit, de trois membres du conseil.

IX. — Le conseil recommandera un nombre suffisant d'aides-gardes de rivière pour la protection des pêcheries, et la nomination desdits aides-gardes étant approuvée par le conseil de conservation de la Tamise, il leur sera attribué une rémunération qui sera fixée en temps et lieu, et ils devront observer les règlements et remplir les devoirs qui seront jugés nécessaires par le conseil, lequel aura le droit de les révoquer.

X. — Il y aura une assemblée générale de la Société chaque année au lieu et à l'époque qui seront jugés opportuns par le conseil.

Dix membres suffiront pour prononcer. A ladite assemblée, il sera présenté un rapport des travaux de la Société pendant l'année écoulée, et l'on examinera les comptes financiers.

Le conseil sera reconstitué suivant l'article 6, et toute proposition qui aura été notifiée au secrétaire un mois auparavant sera prise en considération.

La convocation à l'assemblée générale, avec avis des affaires à y traiter, sera envoyée par le secrétaire à chaque membre au moins une semaine avant le jour de la réunion.

XI. — Toute question qui pourra être soulevée, soit dans l'assemblée du conseil, soit dans l'assemblée générale, sera décidée par la majorité des membres présents, et dans le cas de partage égal des voix, la voix du président sera prépondérante.

XII. — Le conseil aura le droit de poursuivre toute personne accusée d'avoir pêché illégalement, braconné, pêché au filet, ou d'une façon quelconque avoir nui au poisson, en contrevenant à l'acte du Parlement ou aux statuts du Conseil de conservation de la Tamise.

XIII. — Le trésorier tiendra les fonds de la Société en comptes courants chez les banquiers désignés par le conseil, et signera tous les chèques tirés par le secrétaire pour les besoins de la Société.

XIV. — Les auditeurs devront examiner tous les comptes de la Société, tout reçu et chèque du trésorier, les comptes du secrétaire et du collecteur, et veiller à ce que toutes recettes et tous payements soient dûment énoncés et inscrits par le secrétaire, et donner aux membres de la Société à l'assemblée une attestation générale de l'exactitude des états financiers produits.

XV. — Le secrétaire est chargé de la tenue des livres de la Société, de la convocation des assemblées du conseil et des assemblées générales ; il inscrira sur un registre spécial les procès-verbaux des actes desdites assemblées.

XVI. — Toute motion tendante à un amendement ou changement dans le présent règlement devra être envoyée par écrit au secrétaire, et par lui à chaque membre du conseil au moins un mois avant le jour où ladite motion pourra être discutée, et aucun amendement ou changement même admis par le conseil ne pourra avoir force de loi qu'après avoir été approuvé par l'assemblée générale annuelle ou par une assemblée générale spécialement convoquée à cet effet.

Grosseur et poids des poissons qu'il est permis de prendre :

Truite, pas au-dessous d'une livre.
Brochet et barbeau, pas au-dessous de. . 12 pouces.
Juane ou chabot. 9
Perche et Gardon. 8
Flondre. 7
Vandoise 6
Goujon. 5

(Mesure prise de l'œil à l'extrémité de la queue.)

Toute personne prenant du poisson au-dessous des poids et mesures ci-dessus est passible d'une amende de 125 francs pour chaque délit.

Pouvoir des gardes.

Ils pourront entrer sur tout bateau, batardeau ou embarcation quelconque, de tout pêcheur ou dragueur ou toute autre personne pêchant, ou prenant ou essayant de prendre du poisson, et là rechercher, prendre et saisir tout frai, œufs de poisson, ainsi que tout poisson au-dessous de la taille ou du poids légal ou hors de saison ; aussi toute espèce de filet illégal, engins ou instruments pour bateau ou embarcation dans et sur la rivière ; et devront saisir tous lesdits frai, poissons, filets, engins et instruments quelconques servant à prendre ou à détruire le poisson.

Abolition de la pêche au filet.

Il est ordonné et établi que l'article 16 des règlements, ordres et ordonnances concernant les pêcheries dans les rivières Tamise et Meway fait le 4ᵉ jour d'octobre 1785,

est et demeure rapporté, et désormais personne ne pourra
se servir de filet quelconque pour prendre du poisson dans
la Tamise, entre le pont de Richmond et la pierre de la
Cité, à Staines, à l'exception toutefois d'un petit filet pour
prendre de l'amorce, ledit filet n'excédant pas la dimension
de treize pieds en circonférence, et d'une épuisette de
pêche à la ligne.

Fait sous le sceau des Conservateurs de la rivière la Tamise, le 23 janvier 1860.

CLUB DES PÊCHEURS

RÈGLEMENT DE LA SOCIÉTÉ PISCATORIALE

Juillet 1868-70.

1. — Les personnes dont les noms sont inscrits sur un
registre tenu à cet effet formeront une société appelée
Société piscatoriale (*Piscatorial Society*) et composée de
trente membres (pêcheurs à la ligne), avec pouvoir d'augmenter ce nombre.

2. — Le but de la Société étant de réunir leurs amis et
associés (ou cosociétaires) en conversation amicale et so-
ciale (la religion et la politique étant totalement exclues), et
d'encourager la pêche loyale, une partie des fonds sera
consacrée à la formation d'un musée, d'une collection d'ouvrages sur la pêche à la ligne, et à une distribution de plusieurs prix.

3. — La Société se réunira à l'hôtel du Star Garter, 44,
Pall-Mall, chaque lundi soir, à huit heures et demie. Le
premier lundi après chaque semestre et après le 31 décembre et le 30 juin, aura lieu une assemblée générale où devront être présents au moins quinze membres de la Société,
tous les membres ayant été avertis une semaine auparavant.

4. — Une assemblée générale spéciale pourra être con-

voquée sur une demande signée par sept membres; mais aucune affaire ne pourra y être traitée que celles pour lesquelles la convocation aura été faite. Cette convocation devra être adressée par le secrétaire aux membres de la Société une semaine avant le jour de la réunion.

5. — Les affaires de la Société seront dirigées par une commission de neuf membres, plus les fonctionnaires de la Société, lesquels devront se réunir le vendredi précédant l'assemblée semi-annuelle, ou aussi souvent que les affaires pourront le nécessiter pour régler et déterminer toute question relative aux affaires de la Société, avant de les soumettre à l'assemblée générale.

6. — L'élection de la commission, des trésorier, auditeur, secrétaire et bibliothécaire, aura lieu chaque année ; les fonctionnaires ont voix dans toutes les commissions.

7. — Le secrétaire ne pourra être choisi que parmi les membres de la Société et sera exempt de toute cotisation. Il devra tenir compte, sur les livres de la Société, de tout argent reçu et dépensé, rédiger les minutes des procès-verbaux des séances, etc., et devra communiquer lesdits livres à la réquisition de tout membre au lieu et le soir de réunion ; il est chargé de toute correspondance, et veillera, par tous les moyens en son pouvoir, à la conservation de la Société et à la stricte observance de ses règlements.

8. — Le droit d'inscription est de 5 shillings et la souscription annuelle de 12 shillings payables à l'avance. Un membre entrant dans la Société dans le cours de l'année n'aura à payer que pour la fraction de l'année restant à courir jusqu'au 31 décembre.

9. — Toute souscription reçue par le secrétaire sera par lui versée aux mains du trésorier, qui a seul pouvoir pour solder les dépenses et frais à la charge de la Société. Afin de faciliter la recette des souscriptions, le trésorier est autorisé à employer un collecteur accepté par la commission ;

ledit collecteur recevra 5 pour 100 sur toutes les sommes recueillies par lui et dont il devra faire le versement à chaque assemblée générale semi-annuelle.

10. — La commission pourra disposer des fonds de la Société jusqu'à la somme de £ 2 (50 fr.). Tout emploi de somme supérieure devra être voté par l'assemblée générale ordinaire, ou par une assemblée spécialement convoquée à cet effet.

11. — Les comptes de la Société seront contrôlés, et un rapport présenté à chaque assemblée semi-annuelle de juin et janvier, et un inventaire général de tout ce que possède la Société sera dressé et présenté en même temps.

12. — Tout membre dont la souscription sera en retard d'un an en sera dûment averti par le secrétaire, et si l'arriéré n'est pas soldé avant l'assemblée générale suivante, la Société pourra rayer le nom dudit membre de la liste de ses membres.

13. — Toute personne désirant devenir membre de la Société devra être présentée par un membre et la présentation appuyée par un second membre, et le candidat devra avoir assisté comme visiteur au moins à une réunion du lundi.

14. — L'élection des membres se fera au scrutin secret, une boule noire sur quatre excluant le candidat. Le scrutin devra être terminé avant dix heures du soir et le candidat reçu payera (ou un membre pour lui) tout de suite le droit d'inscription et la souscription totale ou partielle, suivant l'article 8, sous peine de nullité de l'élection.

Dans tous les cas où il sera fait exception à ce qui précède, le membre présentant est responsable.

Les élections pourront avoir lieu à toute réunion ordinaire.

15. — Tout membre désirant faire une observation ou mention concernant les affaires de la Société devra en don-

ner avis par écrit au secrétaire, lequel réunira par convocation la commission dans les quatorze jours suivant la communication dudit avis, lequel, sur l'approbation de la commission, pourra être soumis à la prochaine assemblée générale semi-annuelle et inséré à l'ordre du jour de ladite assemblée.

16. — Dans le cas où par une circonstance quelconque le bien-être ou le bon ordre de la Société seraient troublés, il sera du devoir de la commission de prendre connaissance de la conduite de tout membre dont ce pourrait être le fait, et de convoquer une assemblée générale spéciale par avis donné à tous les membres de la Société huit jours à l'avance. La majorité de l'assemblée aura le droit d'expulser le ou les membres inculpés, s'il y a lieu.

17. — En l'absence forcée du secrétaire, un sous-secrétaire temporaire pourra être nommé.

18. — Il est permis à tout membre d'emporter un volume de la bibliothèque le lundi soir, après en avoir fait la demande au secrétaire et signé le registre tenu à cet effet; ledit volume devra être rendu le lundi suivant, avant dix heures du soir, sous peine d'amende de 6 pence, et de 6 pence en plus pour chaque semaine de retard. Si le volume est perdu ou endommagé, il devra être remplacé par l'emprunteur; si le volume fait partie d'un ouvrage complet, le tout devra être remplacé; et si le volume est une ancienne édition qu'on ne peut remplacer, la valeur à rembourser sera déterminée par la commission.

19. — Une somme d'argent sera votée chaque année par la commission pour être divisée en prix comme elle le jugera convenable.

20. — L'inventaire annuel de tous les objets appartenant à la Société sera dressé et signé par le propriétaire du local où siége la Société, lequel, en signant, reconnaîtra que lesdits objets sont bien la propriété de la Société.

21. — Le secrétaire inscrira loyalement sur un registre spécial à cet usage les noms et poids de tout poisson pris par les membres de la Société, avec les détails et circonstances vraies, et chaque lundi soir il donnera connaissance du poids du poisson pris par chaque membre et déposer sur la table ledit registre pour être soumis à l'inspection de chacun.

Tout membre qui refusera de faire connaître l'endroit où il a pris le poisson qu'il présentera ne pourra recevoir le prix pour ledit poisson.

Tout membre qui aura fait une déclaration fausse ne pourra concourir pour aucun prix pendant la saison.

22. — Le désir de la Société étant de faire une collection des différentes espèces de poissons, tout poisson des poids, ou au-dessus, spécifiés dans la tableau ci-après, sera conservé, avec la permission de celui qui l'aura pris, aux frais de la Société. Si un membre, étant à la campagne, envoie à la Société un des poissons méritant d'être conservés, les frais de transport seront à la charge de la Société.

Tableau.

	Liv.	gr.		Liv.	gr.
Saumon. . . .	10	»	Tanche.	3	80
Truite Tamise.	6	»	Suenno.	4	»
Truite.	3	»	Gardon.	2	»
Ombre.	1	8	Vandoise. . . .	»	12
Brochet. . . .	20	»	Brème.	5	»
Perche.	3	»	Goujon. . , . .	»	4
Barbeau. . . .	7	»	Perche goujon.	»	4
Carpe.	5	»	Flondre.	1	»

23. — Le secrétaire devra aussitôt que possible, après la fin de l'année, convoquer la commission pour précéder à la distribution des prix aux concourants; lesdits prix consisteront en vaisselle d'argent ou articles de pêche.

24. — La commission se réunira le 1er lundi de chaque mois, pour s'occuper des affaires casuelles de la Société.

25. — Aucun membre ne pourra concourir pour les prix s'il n'a assisté au moins à six réunions ordinaires de l'année.

26. — Aucun membre ne pourra faire peser et inscrire d'autre poisson que celui pris par lui-même avec la ligne, et deux lignes seulement sont permises pour concourir.

27. — Les prix de la Société seront présentés aux gagnants, par le président, au dîner anniversaire, et si quelques-uns desdits prix ne sont pas gagnés, leur valeur sera acquise aux fonds de la Société.

28. — Les réunions ordinaires auront lieu tous les lundis soir. Le poisson sera pesé et enregistré par le secrétaire ou son délégué.

29.— Tout poisson devra être pesé au local de la Société. et non ailleurs.

30. — Dernier jour du concours pour les prix, 31 décembre.

FIN.

TABLE DES MATIÈRES

FIN DE LA TABLE DES MATIÉRES.

PARIS. — IMPRIMERIE DE E. MARTINET, RUE MIGNON, 2